21世纪全国本科院校土木建筑类创新型应用人才培养规划教材

外国建筑简史

主 编 吴 薇

参 编 谷云黎 高 明

北京大学出版社

PEKING UNIVERSITY PRESS

内 容 简 介

本书主要内容包括：建筑艺术的起源与古代奴隶制国家的建筑，中古时期的建筑，欧美 18—20 世纪初的建筑，20 世纪初新建筑运动的高潮——现代主义建筑与代表人物，1945 年—70 年代初期的建筑——国际主义建筑的普及与发展，现代主义之后的建筑发展。本书各章节都对相应历史阶段最具代表性的建筑理论流派与建筑实例进行了深入的分析与讲解，促使学生能够较快地理解和掌握知识点，开阔视野、拓展思维、提高建筑素养，学习和借鉴优秀建筑实例的设计思路与手法，并能将其应用于建筑设计创作与管理活动中。

本书采用建筑理论结合建筑典型实例讲解的方法，内容全面翔实、重点突出、图文并茂、综合性强、实用性强，可作为建筑学、城市规划、环境艺术、风景园林、房地产等相关专业师生的教材，也可供从事相关专业的学者和工程技术人员参考。

图书在版编目(CIP)数据

外国建筑简史/吴薇主编．—北京：北京大学出版社，2016.2

（21 世纪全国本科院校土木建筑类创新型应用人才培养规划教材）

ISBN 978-7-301-26828-5

Ⅰ．①外…　Ⅱ．①吴…　Ⅲ．①建筑史—国外—高等学校—教材　Ⅳ．①TU-091

中国版本图书馆 CIP 数据核字（2016）第 025083 号

书　　　名	外国建筑简史
	Waiguo Jianzhu Jianshi
著作责任者	吴　薇　主编
策划编辑	吴　迪　王红樱
责任编辑	伍大维
标准书号	ISBN 978-7-301-26828-5
出版发行	北京大学出版社
地　　　址	北京市海淀区成府路 205 号　　100871
网　　　址	http://www.pup.cn　　新浪微博：@北京大学出版社
电子信箱	pup_6@163.com
电　　　话	邮购部 62752015　　发行部 62750672　　编辑部 62750667
印刷者	北京鑫海金澳胶印有限公司
经销者	新华书店
	787 毫米×1092 毫米　　16 开本　　18.5 印张　　436 千字
	2016 年 2 月第 1 版　　2016 年 2 月第 1 次印刷
定　　　价	38.00 元

前　　言

外国建筑简史作为建筑学的一门基础学科，自 20 世纪 20 年代开始已陆续在我国各高校建筑系设立。它为建筑系学生提高修养、丰富建筑知识、激发创作灵感、了解建筑技术与艺术等都起到了积极作用，并且为培养一代又一代的新型建筑师、学者、管理人员等奠定了建筑思想、审美情趣和建造方法的理论基础。今天，在新时代的形势下，外国建筑简史又应该承担怎样的使命呢?

随着我国经济、社会的快速发展，社会对建筑设计领域的人才需求量逐渐增多，社会对高校的相关专业学生的应用能力和实践能力越来越看重，并提出了较高的要求。为此，高等教育已逐步由培养研究型人才向培养应用型人才和复合型人才转变，以适应经济和社会发展的需要。因此，建筑历史教育的目标是为了扩大知识面，提高文化素养，了解建筑发展规律，学习优秀的设计手法，培养审美能力，辨析建筑理论源流，这既可以为建立正确的建筑观发挥作用，又能直接为建筑设计作参考。

本书为适应应用型人才和复合型人才的培养目标，从可读性和实用性方面入手，在内容中突出特点，强调若干重要实例，用简洁明了的文字结合图片进行讲解，使学生能够通过具体形象的图片对历史产生深刻印记。同时，本书通过关联知识的系统编排，引领学生尽快进入专业领域；针对学生的学习兴趣和特点，编写时注重理论联系实际，并遵循课程教学规律，由浅入深、循序渐进。本书每章节设定教学目标，并辅以思考题，让学生能够对本书的基本概念、相关知识点、能力培养等有一个更深入的理解，具有可读性强、综合性强、实用性强的特点。

本书编写的具体分工为：第 1 章第 4～7 节，第 2 章第 3 节由谷云黎编写；第 2 章第 4 节，第 3 章第 1 节，第 6 章第 1、4、5 节由高明编写；其余部分由吴薇编写。最后，在此书完成之际，衷心感谢北京大学出版社相关编辑的支持和不断督促。

由于作者水平有限，编写时间仓促，书中疏漏和不足之处在所难免，恳请广大读者批评指正。

编　者
2015 年 7 月

目　　录

建筑艺术的起源与古代奴隶制国家的建筑

【教学目标】

主要了解欧洲建筑的起源以及奴隶制社会时期古希腊与古罗马建筑的发展概况，掌握欧洲古典时期建筑的基本特征以及代表性建筑。了解古代西亚地区城池与建筑的建造活动概况，通过评析代表性的城池，理解并掌握其在城池营建中的建筑思想与艺术风格。了解古代印度地区城池与建筑的建造活动概况，理解并掌握其中的建筑思想与艺术风格。了解古代埃及建筑的建造活动概况，理解并掌握其中的建筑思想与艺术风格。了解古代美洲地区城池与建筑的建造活动概况，通过评析代表性的城池与建筑，理解并掌握其在营建中的建筑思想与艺术风格。

【教学要求】

知识要点	能力要求	相关知识
建筑艺术的起源	(1) 了解欧洲建筑产生的历史背景 (2) 掌握原始宗教性建筑的特征	(1) 巨石建筑 (2) 巨石阵
爱琴文化与古代希腊建筑	(1) 了解爱琴文化及其典型建筑 (2) 了解古希腊神庙建筑的演进 (3) 掌握古希腊柱式的发展与特征 (4) 掌握雅典卫城的总体布局艺术	(1) 柱式 (2) 围廊式 (3) 雅典卫城
古罗马建筑	(1) 了解古罗马建筑材料与结构的发展 (2) 掌握古罗马柱式的发展 (3) 掌握古罗马建筑类型与典型实例 (4) 了解维特鲁威与《建筑十书》	(1) 拱券结构 (2) 罗马五柱式 (3) 万神庙 (4)《建筑十书》
古代西亚建筑	(1) 了解两河流域的城池营建特点 (2) 掌握乌尔城居民区的空间布局特点 (3) 了解沿地中海地区的城池营建特点 (4) 掌握豪尔萨巴德高台宫殿的营建特色及布局艺术 (5) 掌握"廊厅式"建筑空间布局方式	(1) 山岳台 (2) 人首翼牛像 (3) 空中花园 (4) 廊厅式 (5) 六室城门
古代印度建筑	(1) 了解印度建筑文化特点 (2) 掌握佛教建筑的主要形式与特点 (3) 掌握印度教建筑的主要形式与特点 (4) 掌握泰姬陵建筑的主要构成与特点	(1) 石柱 (2) 窣堵波 (3) 石窟

续表

知识要点	能力要求	相关知识
古代埃及建筑	(1) 了解古代埃及建筑文化特色 (2) 掌握金字塔的起源、基本结构与艺术成就 (3) 掌握神庙建筑群的空间布局方式	(1) 玛斯塔巴 (2) 金字塔群 (3) 狮身人面像 (4) 柱厅 (5) 方尖碑
古代美洲建筑	(1) 了解北美洲印第安人"图腾柱"的意义 (2) 了解特奥蒂瓦坎的建筑空间布局方式 (3) 掌握库库尔坎神庙及其附属建筑的构成特点 (4) 了解马丘比丘的选址与空间布局特点	(1) 图腾柱 (2) 太阳金字塔 (3) 坡板组合 (4) 马丘比丘

基本概念

巨石建筑、巨石阵、围廊式、柱式、券柱式、巨柱式、多立克柱式、爱奥尼柱式、科林斯柱式、山岳台、空中花园、廊厅式、六室城门、窣堵波、门塔、方尖碑、图腾柱、太阳金字塔、坡板组合、马丘比丘

引言

建筑艺术的成就是人类智慧的结晶，世界各个国家和民族都为人类的建筑艺术宝库作出过不同的贡献。世界上最早具有文化的民族分别在埃及、西亚、希腊、印度和中国，它们被誉为世界文明的摇篮。正是这些地方影响了周围地区建筑艺术的发展，树立了古代建筑艺术的丰碑。西方古代建筑在罗马帝国时期达到了顶点，取得了巨大的成就，标志着人类社会智力与技术的巨大进步。西半球的美洲，古代建筑文化也同样取得了令人震惊的进展。

1940年的一天，几个孩子钻入了法国南部蒙提尼亚郊区的一个山洞，突然发现了一个布满色彩斑斓的壁画的岩洞。这一意外发现，震惊了当时的考古界。原来，这个山洞曾是原始人聚居的地方，而这些壁画正是埋没了一两万年的原始人的艺术。这个山洞被命名为拉斯科洞窟。这些洞穴岩壁上所绘的壁画为我们展示了艺术史上辉煌的第一章。

1.1 建筑艺术的起源

旧石器时代的欧洲原始人，以狩猎和食物采集为生，他们或追逐着兽群，或随着季节的变化，从一地迁徙到另一地。在这种居无定所的状态下，他们只能居住在天然的洞穴中或栖居在大树上。旧石器晚期，当人口日渐增多，天然洞穴不敷使用时，伴随着劳动工具的进步，出现了原始的穴居，即挖穴居住。新石器时代，原始人类在经济上由渔猎、采集逐渐转向原始农牧业生产后，开始选择适宜的地方定居下来，这便产生了修建坚固房屋的要求，出现了人工生产的建筑材料——土坯，使得房屋的质量大为提高，增强了人对环境

的适应能力。随着原始人的定居，开始出现村落的雏形。例如，在东欧地区发现了群体生活的场所，许多用石块或土坯建成的小屋集中在一起，围成环形，如图 1.1 所示。原始社会晚期，人类对木头与石头的加工能力增强，在西欧许多湖沼地区出现了水上村落，以及如图 1.2 所示的建造在湖泊沿岸的高架建筑群——湖居。直至青铜器时代，欧洲人们都是过着简单的村落生活，没有出现城市社区。但是，在地中海地区，以及从斯堪的纳维亚半岛南部经法国沿海与不列颠群岛，再到伊比利亚半岛的整个大西洋沿岸，发现了大量史前石建筑，它们就是所谓的"巨石建筑"（Megalithic Architecture）。

图 1.1　新石器时代环形村落复原图

图 1.2　原始湖居复原图

1.1.1　史前巨石建筑

巨石建筑的出现可视为欧洲原始先民走向定居生活所迈出的重要一步。这些建筑用巨石或大型卵石叠垒而成，年代在公元前 4500—前 1500 年之间。巨石建筑主要有两类：一类是有内部空间的陵墓及神庙；另一类为独立巨石或由巨石排列成的石列或石圈。曾经普遍认为，欧洲的巨石建筑来源于西亚和地中海文化，但在 20 世纪 70 年代经过科学手段的年代测定，证明它们是在西欧独立发展起来的。

在以巨石修筑的陵墓建筑中，数量最多的是巨石冢（Dolmens），如图 1.3 所示。墙壁是直立的石块，其上架起大石板作为屋顶或横梁，以此构成了一个墓室。像这样的巨石陵墓广泛分布于西欧，总数达 5 万个之多。

图 1.3　远古时代的巨石冢复原图

由于当时人类对于许多自然现象与社会现象还不能了解，因此产生了对于自然的崇拜，并且可能已经有了宗教观念的萌芽，催生了不少宗教性建筑。地中海岛国马耳他(Malta)的新石器时期的巨石神庙特别有名。它们建造于公元前 3000 年以前，属于已知最早的独立石构建筑。如图 1.4 所示为位于马耳他詹蒂亚的一座大型神庙建筑，它由两个小庙及圆形前院组成，采用巨石进行堆筑。厚重的墙体由两层石头组成，中间填入泥土和碎石。外墙面是一层当地产的天然珊瑚藻风化石灰岩，外墙石块没有修琢的痕迹，而内墙显然经过修饰。

　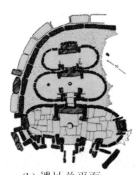

(a) 遗址外观（局部）　　　　　　(b) 遗址总平面

图 1.4　马耳他原始庙宇遗址

没有内部空间的巨石建筑主要有独立巨石、石列和石圈三种形式。独立巨石建筑主要分布于从法国到苏格兰的大西洋地区，尤其以法国西部的布列塔尼(Brittany)最为集中。那里既有高达 10m 的独立巨石，又有由巨石组成的石列与石圈。石列是由少则三四块，多则二三十块的巨石以直线排列而成的。石块之间的间隔，短的一千多米，长的达十余千米。而石圈的排列很少有正圆形的，多为半圆形与椭圆形。石列与石圈还常常结合在一起组成巨石建筑群。

1.1.2　巨石阵

从石圈发展成石阵只有一步之遥。石阵一般为圆形，有沟堑与堤坝围绕。目前发现的规模最大、最典型的实例是位于英格兰的"巨石阵"。据专家推测，公元前 3500—前 2900 年之间，在英格兰索尔兹伯里(Salisbury)平原上掘出了一圈近似圆形的大壕沟；公元前 2200 年左右，在大壕沟之内竖起了一圈同心圆的砂岩石柱，这些石柱成对安放，上置巨石横梁；公元前 2000 年前后，在内圈建起了同心圆的青石圈以及马蹄形石圈，将一块巨型祭坛石围在中央。如图 1.5 所示，这些竖立在广阔地平线上的巨石，高度都在 1.8～2.4m 之间。当时的人们在没有现代起重设备的情况下，要将这些巨石从几百千米外的山区运送过来，并竖立安装到位，这无论在运输、技术还是工程组织方面，都是一个奇迹，恐怕只有宗教信仰才可能激发神奇的力量，所以一般认为它是史前的一个重要的祭祀中心。此外，科学家还发现巨石阵具有天文观测的作用。

图 1.5　英格兰索尔兹伯里(Salisbury)的石环

1.2 爱琴文化与古代希腊建筑(公元前 3000—前 146 年)

公元前 8 世纪起,在巴尔干半岛、小亚细亚西岸和爱琴海的岛屿上建立了许多小小的奴隶制城邦国家。它们向外移民,又在意大利、西西里和黑海沿岸建立了许多国家。它们之间的政治、经济、文化关系十分密切,总称为古代希腊。古希腊文化是古代世界文化史上光辉灿烂的一页,被称作欧洲文化的种子。它在建筑上具有很高的成就,是古代建筑的辉煌时代,其源头可追溯到公元前 3000—前 1400 年的爱琴文化。

1.2.1 爱琴文化与建筑

古代爱琴文化是希腊上古时代的文化,时间大约在公元前 3000—前 1400 年。爱琴文化在历史上曾有过高度繁荣的时期,创造了杰出的建筑艺术成就,其中心地域在克里特岛和迈西尼城周围。现代考古学家对于克里特岛的发掘,已向世人揭示出在这个小岛上所建造的宫殿的重要性。它们是欧洲建筑的最早实例,西方建筑史学家将这里作为"西方建筑史的开端"。

在这一时期的建筑中,曾创造了史无前例的上大下小的奇特柱式,其形成的原因至今仍是未解之谜。古代爱琴建筑最早创造了"正厅"的布局形式,它成为后来希腊古典建筑平面布局的原型。古代爱琴建筑的典型实例包括米诺斯王宫和迈西尼卫城。

1. 米诺斯王宫(Palace of Minos,Knossos,公元前 1600—前 1500 年)

米诺斯王宫位于希腊南端的地中海克里特岛内,北面临爱琴海,是欧、亚、非三洲海上交通的重要枢纽。遗址规模之大与组合之复杂令人惊叹,如图 1.6 所示。宫殿大约建造于公元前 1600—前 1500 年,依山而筑,西面房屋和庭院的地平面比东面房屋高出 2 层。西面建筑为 2 层,东面为 3 层。整个建筑群的平面略呈一个不整齐的正方形,每边长大约110m。中央是一个长方形的大院子,东西宽 27.4m,南北长约 51.8m。王宫内部空间高低错落,布局开敞。国王的正殿在庭院的西北侧,也称双斧殿,双斧是米诺斯王的象征。整座建筑内部墙面满布壁画,多为动植物以及人物装饰图案,色彩鲜艳,形象写实,具有很高的艺术水平。

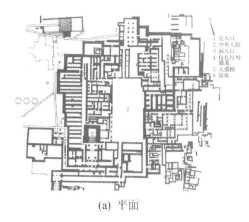

(a) 平面　　　　　　　　　　　　　　　　　　(b) 复原鸟瞰图

图 1.6　米诺斯王宫

　　米诺斯王宫的外观采用大块石料建成，屋顶上有檐部，各层外部采用透空柱廊形式。柱子形式上粗下细，外部漆成鲜艳的红色，形象十分醒目。在室内布置上，米诺斯王宫创造了"正厅"的形式，即在入口处两侧墙中间布置两根柱子，退后一个门廊才是主要隔墙与大门。这种布置方式对以后古希腊与古罗马建筑的布置有广泛的影响。

　　2. 迈西尼卫城（Mycenae，公元前 1400—前 1200 年）

　　迈西尼卫城位于一个海拔 270m 的山坡上，主要是作为国王和贵族的聚居地。卫城周围沿地形布置有自由轮廓的城墙，东西端最长处约为 250m，南北端最长处约为 174m。城墙用大石块干砌而成。卫城内部也是地形起伏，王宫与庙宇布置在地势最高处，从城外远望，形象十分壮观。一般民居则布置在卫城外围与山下。

　　卫城西北角有一个主要城门，称为"狮子门"。它是迈西尼的著名建筑遗物，大约建于公元前 1250 年。如图 1.7 所示，狮子门高约 3m，两边有直立的石柱承托着一根石梁，长约 5m。梁上用叠涩法砌成镂空三角形，高约 3m，内嵌石板，板前中央刻一半圆柱，也是上粗下细，柱上有厚重的柱头，柱下有一大基座，和克里特岛发掘的建筑形式基本相同，说明了这个时期文化的相互交流。

图 1.7　迈西尼卫城"狮子门"

　　古代爱琴建筑是古希腊建筑的雏形。在古爱琴建筑文化圈中已孕育了希腊卫城布局的原型。另外，古爱琴建筑中上大下小的奇特柱式构图和鲜艳的装饰，都为后来希腊古典建筑的兴起开辟了道路。

1.2.2 古代希腊建筑

在公元前 1200 年，古代希腊开始了它的文明进程。它的古代历史可以划分为四个时期：荷马时期(公元前 12—前 8 世纪)、古风时期(公元前 7—前 6 世纪)、古典时期(公元前 5—前 4 世纪)、希腊普化时期(公元前 3—前 2 世纪)。其中，古典时期是古希腊文化与建筑的黄金时期。它所创造的建筑艺术形式、建筑美学法则及城市建设等堪称西欧建筑的典范，为西方建筑体系的发展奠定了良好的基础。

1. 神庙的演变与柱式的定型

古风时期，在小亚细亚、爱琴和阿提加地区，许多平民从事手工业、商业和航海业，他们同氏族的关系薄弱了。地域部落代替了氏族部落，民间的保护神崇拜就代替了祖先崇拜，民间的自然神圣地也发达起来。圣地里定期举行节庆，人们从各个城邦汇集拢来。圣地周围陆续造起了竞技场、旅舍、会堂等公共建筑，而在圣地的中心则建有神庙，它们是公众欢聚的场所，也是公众鉴赏的中心。

初期的神庙采用民居的样式，平面呈规则的长方形，以狭端作为正面，前设一圈柱廊，屋顶为两坡。在长期的实践过程中，庙宇外一圈柱廊的实用性与艺术性被发掘。至公元前 8 世纪，希腊神庙室内的承重柱被去除，形成了无阻隔的内部空间，可以供奉神像；室外则有一圈支柱环绕支撑屋顶，既可以避雨，又可以使建筑四个立面连续、统一。这种形式无疑增加了建筑外部的庄严感。阳光的照耀还使柱廊形成丰富的光影与虚实变化，消除了封闭墙面的沉闷之感。公元前 6 世纪以后，这种成熟的围廊式庙宇形制已经在古希腊普遍采用了。

由于大型神庙的典型形制为围廊式，因此，柱子、额枋和檐部的艺术处理基本上决定了庙宇的面貌。希腊建筑艺术的种种改进，也都集中在这些构件的形式、比例和相互组合上。公元前 6 世纪，它们已经相当稳定，有了成套的做法，这套做法以后被罗马人称为"柱式"(Order)。可以说，"柱式"就是石质梁柱结构体系各部件的样式和它们之间组合搭接方式的完整规范。它是除中世纪外，欧洲主流建筑艺术造型的基本元素，控制着大小建筑的形式与风格。希腊建筑创造了三种古典柱式：多立克(Doric)柱式、爱奥尼(Ionic)柱式和科林斯(Corinthian)柱式，如图 1.8 所示。

1) 多立克柱式

主要流行于意大利、西西里寡头制城邦及伯罗奔尼撒的民间圣地里，风格刚劲、质朴，比例粗壮，如图 1.9 所示。柱径与柱高之比为 1∶5.75～1∶5.5，开间较小(1.2～1.5 倍柱底径)；柱身上细下粗，收分和卷杀明显，外廓成很精致的弧形。柱身凹槽相交成锋利的棱角，共 20 个。柱头为简单而刚挺的倒置圆锥台。檐部较重，檐高约为柱高的 1/3，分为上中下三层，即檐口、檐壁与额枋。多立克柱式檐壁的明显特点是被一种竖长方形板块分隔成段落，板块上有两条凹槽，称为三陇板。多立克柱式无柱础，它的基座是三层阶座，每层高度随柱式整体的高度而变化，线脚也较少，方棱方角，无雕饰。

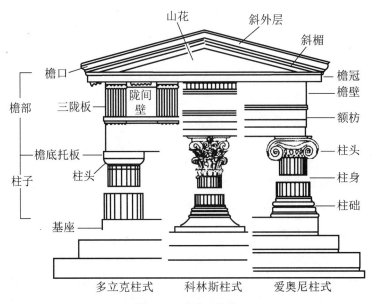

图 1.8　希腊三柱式

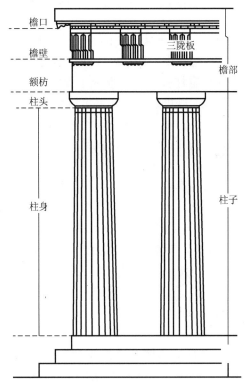

图 1.9　多立克柱式

2）爱奥尼柱式

　　主要流行于小亚细亚共和城邦，风格秀美华丽，比例轻快。柱身比例修长，柱径与柱高之比为 1∶10～1∶9，开间较宽（2 倍柱底径左右）；柱身有凹槽（24 个），槽与槽之间不相交，保留一小段弧面，因此，柱身上垂直线条密且柔和，显得轻灵。柱头左右各有一个秀逸纤巧的涡卷，涡卷下箍一道精致的线脚，如图1.10所示。檐部较轻，檐高不足柱高的1/4，也分为檐口、檐壁和额枋三层。檐壁不分隔，形成完整的一长条，通常做内容连续的大场面故事性雕刻。爱奥尼柱式有复杂且看上去富有弹性的柱础，线脚为多复合曲面的，其上串着雕饰，母题多为盾剑或忍冬草叶饰。

3）科林斯柱式

大约公元前430年，帕提农（Parthenon）神庙的建筑师伊克提诺（Iktino）在伯罗奔尼撒的巴沙（Bassae）造了个多立克柱式的阿波罗神庙，在这个庙的内部立了一根全新的柱子，柱头刻了一株完整的、苗壮的忍冬草的形象，后来被称为科林斯柱式，如图1.11所示。古希腊时期的科林斯柱式远没有定型，檐部和基座都袭用爱奥尼柱式的。

图1.10　爱奥尼式柱头

图1.11　科林斯式柱头

2. 雅典卫城

18世纪德国的艺术史家温克尔曼（J. J. Winckelmann，1717—1768年）在《论模仿希腊绘画和雕刻》里说，"希腊艺术杰作的普遍优点在于高贵的单纯和静穆的伟大"。这"高贵的单纯"和"静穆的伟大"就典型地体现在使用爱奥尼和多立克两种柱式的建筑里，最成熟、最完美的代表就是雅典的卫城建筑群。

公元前479年，波希战争的胜利解放了希腊各城邦。雅典成为希腊政治、经济和文化的中心。作为全希腊的盟主，雅典城进行了大规模的建设，建设的重心就在卫城。卫城在雅典的中心，它建在一座石灰岩的小山上。小山四周陡峭，形成一个东西长280m，南北宽130m的台地，只有西端有不宽的一个斜坡可以上山。卫城发展了民间自然神圣地自由活泼的布局方式，建筑物的安排顺应地势，没有轴线，不求对称，如图1.12所示。其总体设计是与祭祀雅典娜女神的仪典密切相关的。它采用了逐步展开、均衡对比和重点突出的手法，使得这组建筑群给人留下深刻印象。一年一度祭祀雅典娜的大典，全雅典的居民都聚集在卫城脚下西北角的广场上，献祭的行列由此出发，绕城一周。经过卫城北面时，伊瑞克先神庙秀丽的门廊俯瞰着人群；当绕到南面时，帕提农神庙隐约可见；行进至西南角，胜利神庙的庙宇唤起雅典人对战胜强大波斯帝国的回忆；至西面，人们一抬头，即可看见陡峭的狭道通向高高的山门。进入山门之后，迎面是雅典的守护神——雅典娜的镀金铜像，高达11m，是建筑群内部的构图中心。雕像注意到了建筑群体间的呼应关系，将雕像基座不正对山门轴线，而是向帕提农神庙一方偏斜了一定角度。雕像的右前方是帕提农神庙，左边是伊瑞克先神庙，再左侧是胜利神庙，给人的画面是不对称的，但主次分明、构图完整。为了同时照顾山上山下的观赏，主要建筑物贴近西、北、南面三个边沿布置。

同时，建筑物不是机械地平行或对称布置，而是因地制宜、突出重点，将最好的角度朝向人群。设计师考虑了人们的心理活动，利用建筑群体间的制约、均衡形成了丰富、统一的外部空间形象。

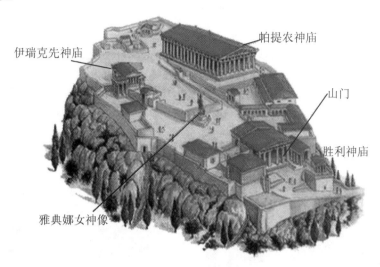

图 1.12　雅典卫城总体复原鸟瞰

雅典卫城不仅在群体空间布局上取得了很大的成功，在单体建筑上也大胆创新。雅典卫城的主要建筑包括帕提农神庙、伊瑞克先神庙、胜利神庙和山门。

1) 帕提农神庙(公元前 447—前 438 年)

如图 1.13 所示，帕提农神庙是希腊本土最大的多立克围廊式庙宇，平面呈长方形。它打破了希腊神庙正立面 6 根柱子的传统习惯，大胆应用了 8 根柱子，侧立面为 17 根柱子，高度 10.4m。虽然体量很大，但尺度适宜。檐部较薄，柱子刚劲有力(柱高是柱底径的 5.47 倍)，柱间距适当(净空为 1.26 倍柱底径)，各部分比例匀称，使人感觉开敞、爽朗。它还综合运用了视差校正的手法，如角柱加粗，柱子有收分卷杀，各柱均微向里倾，中间柱子的间距略微加大，边柱的柱间距适当减小，把台阶的地平线在中间稍微突起等，以纠正光学上的错误视觉，使建筑的整体造型和细部处理非常精致、挺拔。

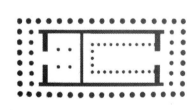

(a) 帕提农神庙平面　　　　　　(b) 神庙现状外观　　　　　　(c) 多立克柱

图 1.13　帕提农神庙

帕提农神庙是卫城上的主题建筑，建筑师通过几个方面竭力突出它：在布局上，将它置于卫城最高处，距离山门约 80m，有最好的观赏距离；在规模上，它是希腊本土最大的多立克式庙宇；在形制上，它是卫城上唯一的围廊式庙宇，形制最隆重。在用材和装饰上，它是卫城上最华美的建筑物，全部采用白色大理石建造，并饰以生动、逼真的雕刻和大量的青铜镀金饰品。

同时，帕提农神庙也是融合多立克和爱奥尼两种柱式的最成功的作品。建筑外部全部采用多立克柱式，但在建筑内部，采用了 4 根爱奥尼式柱子支撑屋顶。爱奥尼柱式和多立克柱式在一座建筑中同时使用，这还是希腊现存建筑中的首例。

2）伊瑞克先神庙（公元前 421—前 406 年）

位置在帕提农神庙的北面，地势高低不平，起伏很大。根据地形和功能的需要，成功运用了不对称的构图法，打破了在神庙建筑中严整对称的平面传统，如图 1.14 所示。神庙东立面采用爱奥尼柱式，秀美挺拔（柱高是柱底径的 9.5 倍），涡卷坚实有力。由于神庙东部室外地面比西部高 3.2m，为了处理成一个完整的空间，就在西部建了一个高台基，上设爱奥尼式柱廊。如图 1.13 所示，南立面是一片封闭的石墙，其西端造了一个小小的女郎柱廊，面阔 3 间，进深 2 间，雕刻精美。每座雕像有一点向中间倾斜，既纠正了视差，又达到了稳定和整体的艺术效果。

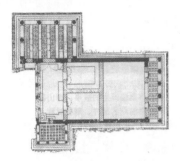

(a) 伊瑞克先神庙平面　　　　　(b) 神庙现状外观

图 1.14　伊瑞克先神庙

伊瑞克先神庙用小巧与精致的手法，与帕提农神庙的庞大体量、刚劲有力的列柱遥相呼应，形成强烈对比。这不仅突出了帕提农神庙的庄重、雄伟，同时也表现了伊瑞克先神庙的精致、秀丽，避免了体形与形式的重复，丰富了建筑群面貌。

3）胜利神庙（公元前 437—前 432 年）

胜利神庙的出现是为了纪念波希战争的胜利，加强整个卫城的纪念意义、宗教意义与政治意义。神庙占地面积很小，紧靠着山门的西南侧斜置，前后各 4 根爱奥尼式柱子构成整个建筑体形，比例较粗重，如图 1.15 所示，这可能与神庙的意义及其所在的险要位置有关。本来山门的两侧不对称，胜利神庙的建设使得整体建筑群取得了均衡。

4）山门（公元前 449—前 421 年）

山门位于卫城西端的陡坡上，根据地形需要采用了不对称形式。正立面朝西，主体前后采用 6 根多立克式柱子，中央一跨特别大，强调了大门的特点。中间横隔墙上开了 5 个门洞，正中是游行队伍的通道，尺度高宽，如图 1.16 所示。

(a) 山门平面

(b) 山门现状外观

图 1.15　胜利神庙

图 1.16　雅典卫城山门

3. 埃庇道拉斯剧场(约公元前 350 年)

公元前 5—前 4 世纪是希腊戏剧的繁荣时期，在许多城邦里，戏剧是宗教节庆的主要项目之一。早期的剧场只是依山而建成的几层形状不规则的看台，前面有小小的表演用的舞台。埃庇道拉斯剧场是比较成熟的作品。埃庇道拉斯是位于伯罗奔尼撒东北部的一座希腊古城，是供奉阿波罗之子阿斯克勒庇俄斯的著名圣地。建于公元前 4 世纪的埃庇道拉斯露天剧场是希腊保存得最好的古剧场与古典建筑之一。剧场也以其极佳的声效而闻名于世，舞台上的声音能传到剧场的每个角落。由于音响效果极佳和所在地环境优美，直至现在还在使用。

埃庇道拉斯剧场(图 1.17 和图 1.18)，坐落在埃庇道拉斯城东南的斜坡上，是传统的圆形露天剧场，周围绿荫环绕，风景幽美。它依山而建，结构奇特，一排排大理石座位逐级升高，如同一把巨大的折扇展现在人们面前。中心是歌坛，直径 20.4m。这座剧场中间的圆形舞台被大理石环绕，以便与观众席分开。正对舞台的前方是演员们进行化妆的后台，设成柱廊支撑的平顶房形式，与气势开阔的观众席形成对比。歌坛前是看台，依地势建在山坡上，原来只有 34 排座位，后面的 21 排为公元前 2 世纪加建的部分，全场能容纳1.5 万余名观众。剧场在早期是作为祭祀的场所而被建造的，在这座剧场的观众席对面的空地上，原来设有供祭祀用的祭坛，人们在这里载歌载舞、祭礼酒神，这从保存下来的剧场的部分建筑遗址与酒神题材有关的雕刻上可以看出当时的场景。

图 1.17　埃庇道拉斯剧场 (1)

图 1.18　埃庇道拉斯剧场 (2)

1.3 古罗马建筑(公元前 750—公元 395 年)

古代罗马帝国的疆域包括大半个欧洲、北非和西亚。在这个范围里有经济和文化十分发达的希腊和埃及、叙利亚、小亚细亚等地中海东部的前希腊化地区。古希腊晚期的建筑成就由古罗马直接继承，并将之向前大大推进，达到了世界奴隶制时代建筑的最高峰。

它的古代历史可以划分为三个时期：伊达拉里亚时期(公元前 753—前 510 年)、共和国时期(公元前 510—前 30 年)和帝国时期(公元前 30—公元 476 年)。伊达拉里亚时期的石工技术与拱券结构为罗马建筑的发展创造了有利条件。共和国时期，由于国家的统一、领土的扩大、财富的集中，使得建筑的繁荣成为可能。在帝国时期，由于经历了长期的和平，拥有充足的财力，使得建筑的发展突破了地区的局限，发明了先进的结构方法、建筑材料和施工技术，在公元 1—4 世纪初的极盛时期达到了古代世界建筑的最高峰。

古罗马人在建筑上的主要贡献包括以下几方面。

(1) 适应生活领域的扩展，拓展了建筑创作领域，设计了许多新的建筑类型，且每种类型都有相当成熟的功能形制和艺术样式。

(2) 创造了完善的拱券结构体系，发明了以火山灰为活性材料的天然混凝土。混凝土和拱券结构相结合，使罗马人掌握了先进的技术力量。

(3) 丰富了建筑艺术手法，增强了建筑的艺术表现力。这包括改造了古希腊的柱式，提高了柱式的适应能力，增加了许多构图形式和艺术母题。

(4) 空前地开拓了建筑内部空间，发展了复杂的内部空间组合，创造了相应的室内空间艺术和装饰艺术。

(5) 建筑理论活跃，维特鲁威的《建筑十书》(公元前 32—前 22 年)是人类最早、最完善的建筑理论著作。

1.3.1 混凝土的应用与拱券结构

古罗马建筑的伟大成就，得力于它的混凝土工程技术，也得力于拱券结构。在古罗马大规模的建设活动中，混凝土得到广泛和大量的应用。古罗马混凝土所用的活性材料为天然火山灰，相当于当今的水泥，水化拌匀之后再凝固起来，抗压强度很高。大约在公元前 2 世纪成为独立的建筑材料。至公元前 1 世纪中叶，天然混凝土的施工积累了丰富的经验，技术上也有新的进步，使得拱券结构的建设几乎可以完全排斥石块，成为古罗马建筑最大的特色和成就之一。

首先，拱券结构技术的成熟，从根本上改变了一些依托于梁柱结构的古老的建筑形制和艺术，使得建筑内部空间艺术的发展开始与外部形式艺术处于同等重要的地位。古希腊建筑的梁柱结构不可能形成宽阔的内部空间，而大跨度的拱顶与穹顶可以覆盖很大的面积，形成宽敞的建筑内部空间。而且，穹顶与拱顶的结合还可以构成复杂的空间组合，从而造就建筑既可集中又可连续扩展的内部空间艺术。其次，拱券结构赋予古罗马建筑崭新的艺术形象，出现了新的造型因素——券洞。券洞这种圆弧形的造型因素与方形的柱式相结合，组成了连续券和券柱式，使得古罗马建筑构图丰富、适应性强。最后，拱券结构对城市的选址、布局和规模等方面也产生了一定的影响。使用拱券技术的输水道给了古罗马人在选择城址时很大的自由，也保证了城市规模几乎不受供水的限制。法国南部的迦合桥（Pont du Gard）就是古罗马的输水道，如图 1.19 所示，在它跨越迦合河的时候，由 249m 长的一段用 3 层重叠的发券架起来，最高点高度达到 49m，非常壮观。

图 1.19　法国迦合桥

1.3.2　柱式的发展

1. 罗马五柱式

古罗马的柱式为五种，如图 1.20 所示。一方面，它在古希腊柱式的基础上继续向前发展，形成了和古希腊风格略有不同的三种柱式：多立克式、爱奥尼式和科林斯式。另一方面，古罗马人创造了两种柱式：塔司干（Toscan）柱式和复合（Composite）柱式。塔司干柱式形式与多立克柱式很相近，但是柱身没有凹槽。复合柱式是一种更为华丽的柱式，由爱奥尼柱式和科林斯柱式混合，有很强的装饰性。为了显示罗马帝国的强大，罗马建筑通常具有庞大体形，为了与这种巨大的尺度相协调，罗马柱式中会使用较多的线脚、花纹，与希腊的精细柔美很不相同，显得豪放、浑厚。

2. 柱式与拱券的结合

1）券柱式与连续券

拱券结构的外观，由于有厚实的砖石或混凝土墙体而显得笨重、粗陋，这在建筑艺术上是个大问题。古罗马人创造性地发明了用柱式来装饰墙体的方法：在门洞或窗洞两侧，各立上一根柱子，上面架上檐部，下面立在基座上。券洞口用线脚镶边，与柱式呼应。一个券洞和套在它外面的一对柱子、檐部、基座等所形成的构图单元，称作券柱式，如图 1.21 所示。

采用券柱式的最典型建筑是凯旋门。凯旋门的建造是为了炫耀战争的胜利，如图 1.22 所示。它的典型形制是：方方的立面，高高的基座和女儿墙，3 开间的券柱式，中央 1 间采用通常的比例，券洞高大、宽阔，两侧开间较小，券洞矮，上面设浮雕。女儿墙上刻铭文，女儿墙头有象征胜利和光荣的青铜铸的马车。门洞里面侧墙上刻主题性浮雕。

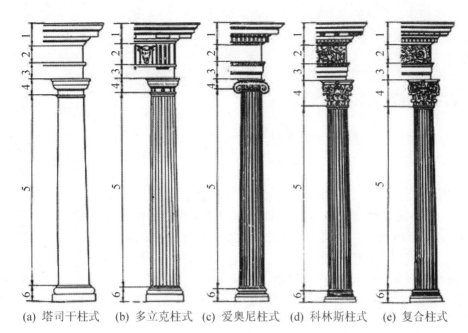

(a) 塔司干柱式　(b) 多立克柱式　(c) 爱奥尼柱式　(d) 科林斯柱式　(e) 复合柱式

图 1.20　罗马五柱式

1—檐口；2—檐壁；3—额枋；4—柱头；5—柱身；6—柱础

图 1.21　券柱式

图 1.22　凯旋门

　　拱券与柱式的另一种组合方法是连续券，即将发券的券脚直接落在柱式柱子上，中间垫一小段檐部。这种方法适用于较轻的结构，但使用不多。

　　2）叠柱式与巨柱式

　　早在希腊普化时期，已经有些两层的公共建筑将柱式上下重叠使用，但没有一定的规范。罗马人在发明了拱券结构之后，大型公共建筑经常达到三至四层，叠层使用券柱式的情况很普遍，于是像一切艺术手段走向成熟一样，终于产生了规范。规范的要点是：将比较粗壮、简洁的柱式置于底层，越往上越轻快、华丽。通常底层采用塔司干柱式或多立克柱式，二层为爱奥尼柱式，三层为科林斯柱式，四层可用科林斯式壁柱。每层向后稍退一步，形成了既稳定又美观的多层叠柱式。也有少数神庙与公共建筑，内部很高，采用一个柱式贯穿两层或三层，称为巨柱式。在局部使用巨柱式可以突出重点，但大面积使用易使尺度失真。

1.3.3 古罗马建筑的典型实例

古罗马的建筑成就主要集中在"永恒之都"——罗马城，简单而言，可以用罗马城里的大角斗场(Colosseum)、万神庙(Pantheon)和大型公共浴场(Thermae)来代表。

1. 大角斗场(Colosseum，公元 70—82 年)

大角斗场，又称圆剧场(Amphitheatre)，是两个半圆剧场面对面拼接起来的意思。角斗场的形制脱胎于剧场，在希腊化时期的意大利，开始有椭圆形的角斗场。公元前 1 世纪，罗马城里至少有 3 个椭圆形角斗场，最大的就是大角斗场(Colosseum)。如图 1.23 所示，大角斗场的长轴 188m，短轴 156m，周围 527m。中央为表演区，长轴 86m，短轴 54m，外围排列层层看台。看台约有 60 排座位，逐排升起，由低到高分为 5 个区。角斗士与野兽从看台底层出发，进行殊死的搏斗，满足统治阶级野蛮与血腥的"娱乐"。

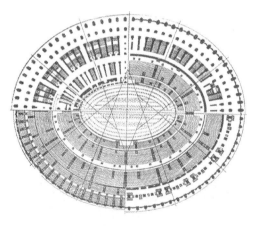

(a) 大角斗场平面示意图　　　　　　　　　　　(b) 大角斗场现状外观

图 1.23　大角斗场

大角斗场的看台架在 3 层放射状排列的混凝土筒形拱上，每层 80 个喇叭形拱。它们在外侧被两圈环形的拱廊收齐，加上最上一层实墙，形成 50m 高的立面。大角斗场外面用灰白色的凝灰岩砌筑，下面用券柱式装饰，顶上一层实墙用壁柱分划，每个开间中央开一个小窗。一圈 80 个开间，只有长短轴两端 4 个大门稍有变化，但是它的椭圆形体和券柱式却形成了丰富的光影变化与对比。大角斗场的底层为敞廊入口，上两层为窗洞，看台逐层后退，形成阶梯式坡度，如图 1.24 所示。喇叭形拱里安排楼梯，分别通向看台的各区。观众根据入场券的号码，找到自己的入口，再找到自己的楼梯，方便到达自己的座位。整个大角斗场可以容纳 5 万人左右，出入井然有序。它的设计原则被历代沿用，直到现代体育场还仍然沿用。

大角斗场是混凝土筒形拱与交叉拱的结构，而且根据结构构件的受力情况，合理选用

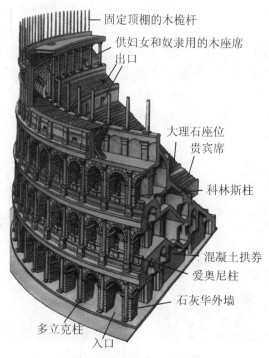

图 1.24　大角斗场局部剖析图

不同材料。如在基础上用坚硬的火山灰混凝土，墙壁用凝灰岩混凝土，拱顶则用轻石混凝土。在混凝土的外面使用石灰华制成的柱子、台阶、檐口和席面等饰面。

2. **万神庙**（Pantheon，公元 120—124 年）

万神庙是罗马圆形庙宇中最大的一座，也是现代建筑结构出现之前，世界上跨度最大的建筑。它是单一空间、集中式构图的建筑物的代表，代表着当时罗马建筑的设计和技术水平。无论是体形、平面、立面和室内处理，都成为古典建筑的代表。

神庙面对着广场，坐南朝北。如图 1.25 所示，万神庙平面可以分为两部分：前面是一个 34m 宽、15.5m 深的矩形大柱廊，16 根柱子，正面 8 根，后面两排各 4 根；后面是圆形的神殿，顶上覆盖直径为 43.3m 的大穹顶。穹顶的最高点也是 43.3m，支撑穹顶的

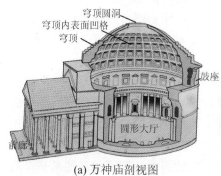

(a) 万神庙剖视图

(b) 万神庙外观　　　　　(c) 万神庙鸟瞰

图 1.25　罗马万神庙

一圈墙垣的高度大体等于半径。这种非常简单、明确的几何关系，使得万神庙单一的空间完整、统一。

万神庙的外观比较封闭、沉闷，但内部空间单纯宏大，显得庄严、崇高。一方面，采用小尺度的分划承托空间的宏大。穹顶内表面做了5层凹格，每层数量相同，因此凹格从下往上逐渐缩小，呈现出穹顶向上升起的球面。另一方面，在穹顶正中开一个直径8.9m的圆形大洞，是庙内唯一的采光源。光线从天而泄，氤氲出天人相通的神圣气氛，如图1.26所示。

图 1.26　罗马万神庙室内

3. 卡拉卡拉浴场（Thermae of Caracalla，公元2—3世纪）

公共浴场是罗马建筑中功能和空间最复杂的一种建筑类型。它兴起于希腊化时期，主要包含浴场和体育锻炼场所；大发展是在罗马帝国时期，里面增加了演讲厅、音乐堂、图书馆、交谊厅、画廊、商店、健身房等。公元2—3世纪时，仅罗马城就有大的浴场11个，小的达800多个，成为罗马人谈买卖、议政治和消磨时间的公共场所。其代表作是罗马城里的卡拉卡拉浴场，如图1.27所示。

卡拉卡拉浴场包括主体建筑与辅助建筑，长375m，宽363m，地段前沿和两侧前半部分都是店面。两侧的后半部分向外凸出一个半圆形，里面有演讲厅，旁边为休息厅。地段后部正中有贮水库，容量3300m³，水由高架输水道送来，水库前有竞技场，看台背靠水库，左右分别为图书馆和交谊厅。地段中央是浴场的主体建筑，长216m，宽122m，内部完全对称布局，正中轴线上从前到后排列着冷水浴池、温水浴厅和圆形的热水浴厅。轴线两侧是门厅、衣帽运动场、按摩厅和蒸汽浴厅等。锅炉房、仓库、仆役休息室都在地下，地下有过道供仆役通行到各大厅。

主体建筑是古罗马拱券结构的最高成就之一，如图1.28所示。热水浴大厅的穹顶直径为35m。大温水浴厅是3间十字拱，长55.8m，宽24.1m，十字拱的重量集中在8个墩子上，墩子外侧有一道短墙抵御侧推力，短墙之间再跨上筒形拱，增强了整体刚性，又扩大了大厅。

在先进的结构技术保障下，浴场内部空间的阔大和复杂的组合达到了很高的水平，简洁而多变，层次丰富。中央纵轴线上冷水浴、温水浴和热水浴三个空间串连，以集中式的热水浴大厅作结束。大空间之间以小空间过渡，两侧的运动场、更衣室等形成的横轴线与

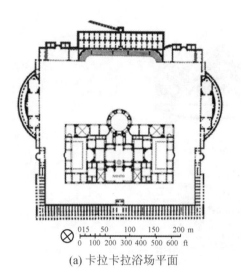

(a) 卡拉卡拉浴场平面

(b) 浴场现状遗迹

图 1.27　卡拉卡拉浴场

纵轴线相交在最宽敞的大温水浴厅，使它成为最开敞的空间。两条轴线上都是大小、开阔不同的空间有序地交替。大厅之间还布置了一些院落，保证每个室内都有足够的光照，同时也增加了空间组合的趣味。

4. 图拉真广场（公元 98—113 年）

图拉真广场位于罗马市中心，是一组具有纪念性的建筑群。为了纪念对达基亚人的征服，罗马皇帝图拉真下令建造了这座广场。整座广场的主体建筑于公元 112 年落成，而图拉真圆柱则是于次年落成的。

如图 1.29 和图 1.30 所示，广场的正门是一座凯旋门，进门后是一个用各色大理石铺成的 120m×90m 的广场。广场的两侧各有一个半圆形的柱廊，形成一条横轴线。在纵、横轴线的交点上矗立着图拉真皇帝骑马的镀金铜像。后面是一

图 1.28　卡拉卡拉浴场主体建筑剖视图

个大的巴西利卡厅，厅长 159m，深 55m，大厅两端是半圆形龛，厅的纵轴线和广场的纵轴线相垂直。大厅的后面是一个小院，两侧是希腊文和拉丁文的图书馆。小院里有图拉真纪功柱，连基座带雕像总高 43m，如图 1.31 所示。柱子底径 3.7m，高 29.77m，柱身刻有长达 200m 的连续浮雕，记录了图拉真征战的丰功伟绩。柱顶立着皇帝的雕像。柱子的基座有门可以进入，内有盘旋而上的白色大理石楼梯直达柱顶。这个院子很小，柱子却很高，柱子和院子间尺度和体积的对比非常强烈。巨大的柱子从小小的院落升腾而出，使人对皇帝的崇拜之情油然而生。穿过这个纪功柱的小院，进入另一个庭院，院子的正中间立着高大的图拉真祭庙。

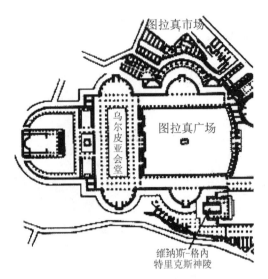

图 1.29　图拉真广场平面示意图

图 1.30　图拉真广场复原想象图

图 1.31　图拉真纪功柱

图拉真广场用一条纵深的轴线，贯穿着大的、小的、开敞的和封闭的空间，以严整的布局及相应的艺术处理，营造了一种神秘、威严的气氛。

5. 庞贝城潘萨府邸（公元前 2 世纪）

庞贝城是当今保存最完好的古罗马城市之一，始建于公元前 2 世纪。公元 79 年 8 月 24 日，维苏威火山突然爆发，将这座拥有 25000 居民的商业和休养城市埋没。1748 年该城又被重新发现，经过多年的挖掘，形成了如今所见的庞贝城遗址。

庞贝城潘萨府邸是古罗马时期的主要住宅形式——中厅住宅的代表性建筑，建于公元前 2 世纪，位于庞贝城中心广场的北侧，规模宏大，几乎占了一个街坊。其平面基本上是规整的矩形，南北长 97m，东西宽 38m，三面临街，是一个四合院式住宅，如图 1.32 所示。房屋布置在一条轴线上，基本可分成三进，前面两进的房间绕着庭院四周布置，后面是花园。门厅在南部中间，进门后就是一个南北较长的天井院，两侧有会客室、书房和服务用房，院子的中央有一个小水池。穿过中间的大厅到达四周柱廊环绕的第二进庭院，中间也设有水池，四周植花木。迎面中轴线上是宽敞的接待厅。接待厅后是大花园，约占整个府邸用地的1/3。府邸的住房全部是两层楼，外观整齐，楼上房间有小窗。府邸室内装饰富丽堂皇，不仅主要房间的地坪由彩色大理石铺砌，而且墙壁上也有许多色彩鲜艳的壁画。

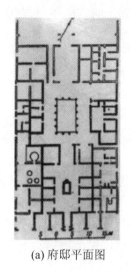

(a) 府邸平面图

(b) 中庭实景

图1.32 庞贝城潘萨府邸

1.3.4 维特鲁威与《建筑十书》

为适应蓬勃发展的建设活动的需要，帝国初年罗马皇帝奥古斯都指示其御用建筑师维特鲁威总结了当时的建筑经验，在公元前1世纪末写成了一本书，共有十篇，被称为《建筑十书》，它奠定了欧洲建筑科学的基本体系。它十分系统地总结了希腊与罗马建筑的实践经验，并且相当全面地建立了城市规划和建筑设计的基本原理，以及各类建筑的设计原理。《建筑十书》的主要内容包括一般理论、建筑教育、城市选址、选择建筑地段、各种建筑物的设计原理、建筑风格、柱式以及建筑施工和机械等，是世界上遗留至今的第一部完整的建筑学著作，并最早提出了建筑的三要素：实用、坚固、美观。

1.4 古代西亚建筑(公元前30—前7世纪)

古代西亚地区，包括两河流域、伊朗高原、小亚细亚、叙利亚、巴勒斯坦和阿拉伯半岛。它被里海、黑海、地中海和波斯湾所包围，这些海湾也就构成了它的天然界限。

古代西亚是最早的古代文明的发祥地之一。在这广大的地区，先后出现过许多大大小小的国家。古代两河流域南部，是西亚最早进入奴隶制社会的地区。公元前3000年前后，在这里相继出现十几个城市国家(城邦)。大约于公元前2340年建立的阿卡德王国是两河流域历史上出现的第一个统一的集权制国家。经乌尔第三王朝(公元前2011—前2003年)，到古巴比伦王国汉谟拉比时代(公元前 1792—前 1750 年),中央集权的专制制度已趋于完备,奴隶制社会进入鼎盛时期。古巴比伦王国衰落后,小亚细亚的赫梯、地中海东岸的腓尼基以及巴勒斯坦地区的以色列和犹太王国,相继进入自己的繁荣昌盛时期,在历史上产生过相当的影响。公元前 8 世纪,亚述帝国第一次将西亚的大部分置于自己的版图之内。继起的新巴比伦王国统治时期(即迦勒底王朝,公元前 626—前 538 年),两河流域的奴隶制经济达到了较高的水平。后来,波斯帝国(公元前 538—前 330 年)兴起,征服了整个西亚、埃及以及其他地区,建立了横跨亚、非、欧的大帝国。这些国家都在这片土地上兴起、繁盛、交流和灭亡。

1.4.1 两河流域的城池营建

发源于土耳其东南部托罗斯山脉的底格里斯河(Tigris)和幼发拉底河(Euphrates),流经叙利亚和伊拉克,汇入波斯湾(Persian Gulf),构成了西亚的两河流域。两河流域的定期泛滥,使两河沿岸因河水泛滥而积淀成适于农耕的肥沃土壤,孕育了早期的农业生产。稳定的食物供应催生了人类的繁衍,灌溉系统的建立与维护需要足够的劳动力,以及稳定的社会运行,政权与城邦的诞生成为必然。在这个区域中相继出现了多个古代文明,它们都以城市作为政权的中心,知名的有青铜器时代的古巴比伦王国(Early Babylonia,公元前 19—前 16 世纪)、亚述帝国(公元前 8—前 7 世纪),铁器时代的新巴比伦王国(Neo-Babylonian Empire,公元前 626—前 539 年)和波斯帝国(Persian Babylonia,公元前 6—前 4 世纪)。

1. 乌尔城

乌尔城被认为是世界上最早出现的城市,大约在公元前 3500 年就出现了建造的迹象,位于巴格达城南、幼发拉底河流域冲积平原的土丘上,呈现卵形平面,面积约 880000m²,人口约 34000 人,九成多的人从事种植业。城市具备完整的防御系统,建有城墙与城壕,运河穿城而过,与城外的幼发拉底河相连。港口是位于城墙内的"内港",借助运河建于城市东北角,非常安全。城内功能分区明确,宫殿、庙宇和贵族府邸位于西北高地,偏东南部是平民和奴隶的居民点,四周环绕有加厚的城墙。这是因为城市东侧缺少幼发拉底河的天然屏障,砌筑加厚的城墙既可以增强这一侧对外的防御力量,又可以对内拦截奴隶的逃亡;作为"内城"的行政与宗教中心,也被保卫在两层城墙内。作为宗教中心的高大的塔庙从围墙后面挺立出来,丰富了城市的天际线,如图 1.33 所示。

山岳台,又称为观象台或塔庙。乌尔城中的大山岳台最初建于早期青铜器时代(Early Bronze Age,公元前 21 世纪),后来重建于新巴比伦(Neo Babylon,公元前 6 世纪)时期。它类似一个大型的阶梯金字塔,长 64m,宽 45m,高度(推测为)超过 30m,远远高于其他建筑物,构成了乌尔城的标志性建筑。它供奉着乌尔城的守护者月神南那(Nanna)。因为本地区缺少石材,只能使用泥砖垒砌而成,黏合剂是泥,每隔 6~8 层砖增加水平铺设的编织芦苇层,用来排泄渗透的雨水和湿气;为了增加耐久性,在外表皮加砌了一层烧结砖,厚约 2.4m,由沥青黏合。塔庙被认为有三层,建有复杂的梯道系统,满足垂直和水平交通,如图 1.34 所示。

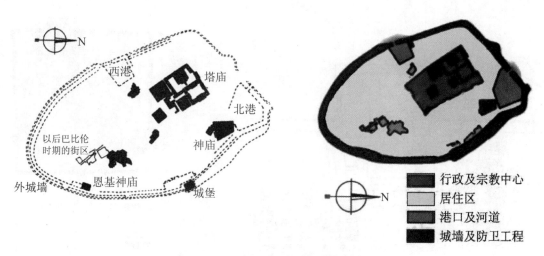

图 1.33　乌尔城平面图与功能分区

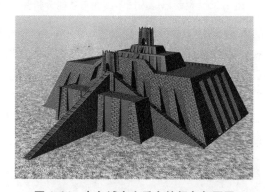

图 1.34　乌尔城大山岳台的想象复原图

在两河流域，先后有苏美尔人(Sumerians)、巴比伦人(Babylonians)、埃兰人(Elam-ites)、阿卡德人(Akkadians)、亚述人(Assyrians)建造过这种多层塔式建筑。具有代表性的包括乌尔城的大山岳台、位于巴格达附近的阿卡库夫山岳台等。另外，伊朗高原上也出现了同样的山岳台，如位于今伊朗胡齐斯坦省(Khūzestān)的乔加赞比尔(Chogha Zanbil)，位于卡桑(Kashan)附近的西亚尔克(Sialk)等。

2. 科萨巴德城(Khorsabad，公元前721—公元705年)

科萨巴德城是萨艮二世带领亚述人(Assyrian)建造的首都，位于今伊拉克北部摩苏尔(Mosul)东北，城市平面为长方形，面积约为1758m×1635m。开有7座城门，城墙以本地较为少见的石材为基础，厚约24m，有可供战车上下的大坡道，还有碉堡和防御性门楼。在科萨巴德的城市布局中，世俗建筑已经占据主导地位，宗教建筑成为宫殿的附庸，宫殿被历代加建、扩建或重建并且有内城城墙环绕，塔庙建造于外城城墙的位置，与城墙组合形成城市外观的主要天际线。另一个有内城城墙环绕的是基本位于对角线方向的军械库，军械库靠近城市广场，而城市广场则通过纵横方向的"十字形"道路与各个城门连接，便于军队集结与调动，如图 1.35 所示。

内城中最主要的建筑是萨艮城堡(Fortress of Sargon)，由宫殿与塔庙构成，共同建在

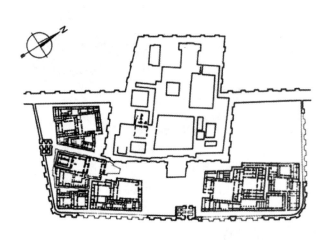
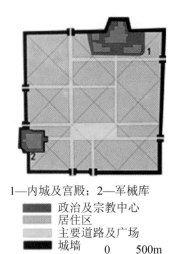

1—内城及宫殿；2—军械库

■ 政治及宗教中心
居住区
主要道路及广场
■ 城墙
0　　　500m

图1.35　科萨巴德内城平面图与功能分析图

一高18m、边长300m的方形平台上，如图1.36所示。平台的砌筑较为独特，放弃了需要木材做模板的夯土形式，选用未干的泥砖分层铺设，强烈的日照和干燥的气候使得泥砖很快脱水，待到下层泥砖干燥之后，再逐层向上铺设，各层之间省却了作为黏合剂的灰浆，上层湿软的泥砖自然贴合下层干硬的泥砖。如此施工，土质的平台也可以高达10多米，只是在外侧加筑了石材的挡土墙。从图中可以看出，通过宽阔的坡道和台阶可达宫门，宫殿由30多个内院组成，功能分区明确，有200多个房间。

图1.36　萨艮城堡复原鸟瞰图

王宫正面的一对塔楼突出了中央的券形入口，如图1.37所示。宫墙满贴彩色琉璃面砖，上有雉堞，下有3m高的石板贴面，其上雕刻着人首翼牛像（Winged bull）。人首翼牛像是古代西亚地区的保护神，最早出现在公元前3000年的艾贝拉（Ebla）地区，通常是牛或狮子的身体、鹰的翅膀、人的脑袋，如图1.38所示。人类很早就意识到动物有着身体方面的优势，而人作为万物之灵的优势是在于头脑，因此，这两者的结合象征着力量与智慧的统一体。由于当地石材较少，在单体建筑中只用于大门、门洞饰面、护墙板、铺地等位置，该处的人首翼牛像是门洞饰面的组成部分，也是上面半圆拱券的支撑，如图1.39所示。

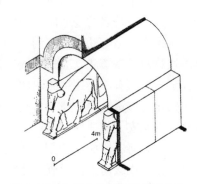

图 1.37　宫殿券形入口　　　　图 1.38　人首翼牛像　　　图 1.39　大门守护石像及拱券结构

3. 古巴比伦城(Babylon，公元前 30 世纪—前 729 年)

　　古巴比伦城最初是汉谟拉比统一美索不达米亚地区之后的都城，之后历经战乱，到了新巴比伦王朝，由尼布甲尼撒二世(Nebuchadnezzar Ⅱ，公元前 605—前 562 年)又进行了大规模建设，成为当时世上最繁华的城市之一，也是西亚最重要的工商业城市，充分显示了古代两河流域的建筑水平。

　　巴比伦城以两道围墙环绕，内墙厚约 6.5m，外墙厚 3.7～4m，都是泥砖墙体，两墙之间宽约 7m，填以碎砖。城墙上按照每 20m 间距修建一对内外突出的塔楼，内城共有塔楼 360 座。外墙以外有护城河，宽 20～80m，墙角到护城河之间有宽 20m 的护堤，护城河内壁用沥青砌筑烧砖加固，两端与幼发拉底河连通，各类船只可以绕河而行。幼发拉底河自北向南纵贯全城，提供水源的同时带给城内丰富的景观。初期城市建于河东，而后逐渐在西岸形成新城，新旧城之间通过先后修建的 5 座桥梁联系。城市平面由菱形变成不规则的矩形，如图 1.40 所示。

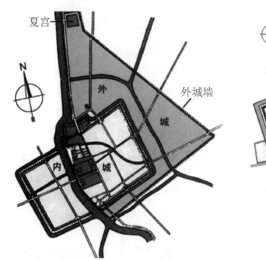

图 1.40　巴比伦城总平面图

城内的主要街道与河道平行或垂直，主干道中央用白色及玫瑰色石板铺成，通向 9 座城门，其中最著名的是通向北门（伊什塔尔城门）的巡游大道，城内主要宫殿与宗教建筑安排在这条主干道与幼发拉底河之间，如图 1.41 所示。城内的主要建筑埃萨吉纳大庙及所属的埃特梅兰基塔庙，高达 91m，基座每边长 91.4m，上有 7 层，每层都用不同色彩的釉砖砌成。塔顶有一座用釉砖建成、供奉玛克笃克神金像的神庙。

巴比伦城最重要的遗迹是空中花园，其原意是梯形高台，是尼布甲尼撒二世为其患思乡病的王妃安美依迪丝（Amyitis）修建的，如图 1.42 所示。该花园位于河边，采用了立体造园手法，将花园放在四层平台之上，由沥青及砖块建成。平台由 25m 高的柱子支撑，通过退台，逐级向上，形成立体绿化，远看花园就像悬于天空中，被称为空中花园。花园内建有富丽堂皇的宫殿，可以饱览全城景色。

图 1.41　伊什塔尔城门与巡游大道的复原模型

图 1.42　空中花园想象图

1.4.2　沿地中海地区的城池营建

1. 乌加里特古城（公元前 18 世纪）

乌加里特古城位于古代腓尼基沿海奥伦河河口之南，是腓尼基重要的海港城市。手工业和商业发达，与塞浦路斯、爱琴诸岛以及埃及、巴比伦等地均有频繁的贸易联系。古城城墙呈现不规则矩形，既有分区，又结合港口地势灵活布局神庙、宫殿、市政建筑、民用住宅、图书馆等，如图 1.43 所示。

王宫，拥有 9 座院落和 90 多个房间，如图 1.44 所示，并且形成了具有当地特色的"廊厅式"空间布局方式。这种方式集中表现在宫殿前部，在入口台阶之后是柱廊，柱子从 1 根到 3 根不等，柱廊之后是长方形的御座厅（接待厅），通往上层（屋顶）的楼梯设置在柱廊一端。

2. 津吉尔利古城

津吉尔利古城是叙利亚北部现存最完整的古城，分为内城和外城。外城城墙为双层，近似圆形，直径约 800m，三处城门均匀分布，东南方向地势较低，城门外设置"外堡"。内城近似椭圆形，用来保卫宫殿群，宫殿群的位置坐落在地势较高的位置，在地势较低的

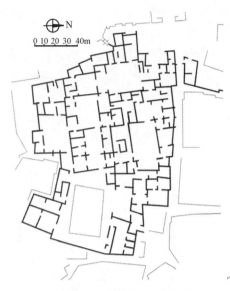

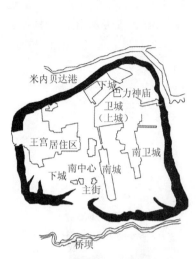

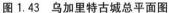

图 1.43 乌加里特古城总平面图   图 1.44 乌加里特王宫总平面图

东南方向开门，并且设置瓮城，如图 1.45 所示。城市营建充分考虑了地势地形的条件，从外城到内城，地势逐级提高，在临河面修建城墙，通过高度和天然河流增加城池的防御性。

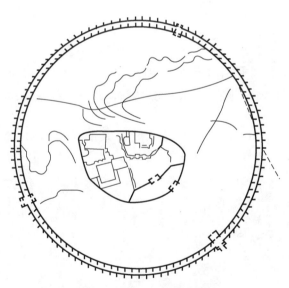

图 1.45 津吉尔利古城平面图

3. 耶路撒冷古城

耶路撒冷古城，如图 1.46 所示，位于今日老城东南的山脊上，两侧陡峭，便于防御。唯一的水源是泉水，位于东侧山坡，在此形成了早期的居民区。泉水西南是大卫城，重点防御的北部形成了类似卫城的奥费尔。之后城池向北、向西拓展，水源也通过并不成熟的坑道技术引入了山坡的西侧。

耶路撒冷古城城门的修建达到了相当成熟的水平，通过对城门扶垛的加长，形成了有多个附加空间的"六室城门"，如图1.47所示。两道城门加装在内外口部，中间通道两侧的六个空间可以作为"警卫室"，也可以在和平时期作为法庭、税务所等公共服务部门。

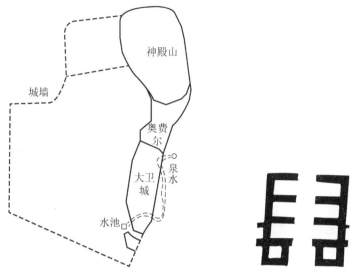

图1.46　耶路撒冷(君王时期)城市总平面图　　图1.47　六室城门示意图

1.4.3　波斯地区的宫殿

伊朗高原的波斯，继承了两河流域的传统，又发挥了本地建筑石材的优势，并吸收了古埃及和古希腊的建筑文化，融合而成了自己独特的建筑体系，创造了规模巨大、艺术精湛的建筑成就。

波斯波利斯(Persepolis)，其含义是"波斯人的城市"，位于伊朗境内的设拉子(Shiraz)东北善心山下，曾经是波斯帝国的首都，如图1.48所示。

图1.48　波斯波利斯的全景

波斯波利斯的宫殿是两河流域宫殿建筑的代表，大约在公元前560年由居鲁士二世开始建造，经历了5个时期，到公元前338年结束，总建筑面积约135000m²，包括了库房、万国门、大流士寝宫、古城入口的大石台阶、薛西斯一世寝宫及后宫、百柱厅、陵墓等一系列建筑。宫殿建在一高 13m 的石头平台之上，平台长 448m、宽 297m，西北端设置阶梯，宽 6.6m，共 111 级，每级石阶梯只有 10cm 高，方便骑马上下。

　　宫殿的正门被称为"万国门"（图 1.49），暗示天下诸国臣服，门边侧柱上雕刻着古代西亚地区常见的人面兽翼像。门上石刻着三种文字（古波斯文、埃兰文、古巴比伦文）的铭文："薛西斯一世创建了此门。"

　　觐见厅（Apadana）由薛西斯所建，建在独立的正方形平台上，三面设置柱廊，共有 72 根石柱支撑，柱径下端为 2.1m，高 18m 多，收分优雅，无卷杀，柱头设置牛头装饰，如图 1.50 所示，柱子间距较大（近 9m），与古埃及的多柱神庙相比，内部可以容纳较多人员参加庆典仪式。

图 1.49　万国门遗迹

图 1.50　觐见厅遗迹

1.5　古代印度建筑（公元前 30—公元 7 世纪）

　　印度是世界四大文明古国之一。古代印度位于亚洲南部次大陆，范围包括现在的印度、巴基斯坦和孟加拉等地区。北部疆域在古代称作雅利安吠尔陀。高耸的喜马拉雅山山脉蜿蜒于印度北部，南部则以文帝业山脉为界。这些山脉把雅利安吠尔陀与印度南部的德干高原隔开。雅利安吠尔陀由印度河与恒河流域构成，是一块农业的富庶地区。古代印度的文明活动首先是发源于北部，然后逐渐向东部、中部与南部蔓延。公元前 3000 年左右，在印度北部已形成了一些小的奴隶制国家。至公元前 2000 年时，雅利安人的部族征服了印度河流域，并建立了自己的国家。到公元前 1000—前 600 年时，北方的印度居民又自印度河向东面的恒河流域移动，在恒河下游一带建立了许多小国家。伴随着奴隶制国家的出现与壮大，在印度逐渐形成了婆罗门教和佛教，因此在古代印度建筑中出现了大量的婆罗门教和佛教的寺庙，尤其是孔雀王朝和笈多王朝时期，佛教建筑更是在印度盛行一时。当时佛教建筑的类型主要是供奉舍利的佛塔和供佛教僧侣诵经和修行的石窟，这些建筑类型对中国、日本和其他东南亚国家都曾产生过深远的影响。

1.5.1　印度河流域的文明

根据考古发现，最古老的印度文明是公元前 3000 年的印度河流域文明，通常以其代表遗址所在地哈拉巴命名，称为哈拉巴（Harappa）文化，主要包括摩亨焦达罗（Mohenjo-Daro）和哈拉巴（Harappa）两处古城遗址。

摩亨焦达罗古城，如图 1.51 所示，按照公共建筑和居民区分离的城市功能区划呈南北分布。公共部分位于城市的南部，地势比居民区要高，包括有谷仓、浴室、城堡、塔、学校等建筑，城内还修建了瞭望塔和防御城门。主要街道的走向是南北向，同常年主要风向保持一致，宽约 10m，由东西向的次要街道连接起来，每个街区面积约 336m×275m。

图 1.51　摩亨焦达罗古城遗迹

居民区的住房规划统一，有统一的修建标准和规范。绝大多数的住宅配备内院，很多高达三层，有室内楼梯接通上下楼层，一些住宅配置了浴室和火炕。居民区基本上是沿着城市的南北大街呈对称分布。居民楼临街而建，整齐排列，房屋门都统一开向背面的狭窄小巷。建筑材料中大量使用烧结砖与沥青。

整个城市的地下建有下水道排污系统，下水道三面用砖砌成，顶部用石灰石封盖。石灰石可以对下水道中的污物进行杀菌消毒，起到公共卫生防疫的作用。下水道的拐弯处设计成弧形，并且打磨光滑，从而避免污水中的垃圾沉积在下水道的拐弯处。

哈拉巴（Harappa）文化在达到相当发达和成熟的情况下，由于至今不明的原因而衰落，以至最终彻底消失。

取代哈拉巴文化的是由西北方进入印度的雅利安人带来的新文化体系——吠陀文化，是古代印度文化的起源，延续时间为公元前 1500—前 700 年。期间种姓制度逐步显现，崇拜梵天、毗湿奴、湿婆三大神的婆罗门教逐渐代替了敬奉自然神灵的早期吠陀信仰。当时的建筑多为泥墙草顶的木结构，今已无存。

1.5.2　佛教的兴起及其主要建筑形式

公元前 600 年左右，吠陀时代基本结束，古印度进入了列国时期，佛教产生于这一时期，通常也称为"佛陀时期"。列国时期的古印度出现了许多哲学或宗教流派，其中对于建筑影响极为深远的是佛教。

公元前 6 世纪末期，波斯阿契美尼德王朝国王大流士一世征服了印度河平原一带。这是有记载的印度雅利安人社会与其他发达文明的第一次接触。在大流士之后侵入印度的是古代欧洲最伟大的征服者马其顿国王亚历山大大帝。

亚历山大撤出印度之后不久，旃陀罗笈多建立起印度历史上的第一个帝国式政权——孔雀王朝（Maurya），逐渐赶走了希腊人在旁遮普的残余力量，征服了北印度的大部分地区，在阿育王时期到达巅峰。阿育王大力支持佛教，广泛进行传教活动。目前保留下来的佛教建筑形式主要有石柱、窣堵波和石窟。

1. 石柱

以柱形建筑来强调纪念性和标识性，在古代世界各个文明中较为常见，如埃及方尖碑、罗马纪功柱和中国陵墓的石柱、宫殿前的华表等皆有同类功能。阿育王石柱也同样，有些石柱树立在帝国全境各交通要道处，起到标识作用，柱旁还建有供旅人休息的住屋和水井。有些置于窣堵波之前，强调纪念作用。

现存的阿育王石柱有 30 多座，高度都在 10m 以上，重约 50t。一般柱身圆形，刻有长达 5000 字的阿育王诏文，其中以鹿野苑萨尔纳特狮子柱最为著名。鹿野苑是佛教在古印度的四大圣地之一。萨尔纳特石柱残高 12.8m，柱身有希腊柱式的凹槽，柱头有波斯莲瓣组成的覆钟，通称波斯波利斯钟形，在圆形石盘上有圆雕的四头一组蹲踞的雄狮，雄狮面向四方怒吼，喻示佛法广布。石盘壁上浮雕马（南）、狮子（北）、大象（东）和瘤牛（西）代表宇宙四方，其间刻小法轮，喻示佛法常存，如图 1.52 所示。

**图 1.52　鹿野苑出土的萨尔纳
特狮子柱柱头**

2. 窣堵波

窣堵波（梵文 stūpa 的音译，传到中国逐步演化成为熟知的“塔”），是指用泥土砖石垒筑的高冢，其基本形制是用砖石垒筑圆形或方形的台基，周围建有通道，设围栏，分设 4 座塔门，围栏和塔门上装饰有雕刻。在台基之上建有一半球形覆钵，即“塔身”，塔身外砌石，内施泥土，埋藏石函或硐函等舍利容器。

以桑奇窣堵波为例，如图 1.53 所示，圆形台基高 4.3m，直径 36.6m，沿台基边建栏杆和露天走廊。其上部为实心覆钵状半球体，由石块包面，平面直径 32m，覆钵高 12.8m，顶部竖立石栅栏，围成正方形，称“平头”。栅栏正中基上立一根石杆，杆上串连三层圆形伞盖，伞盖正下方通常埋藏舍利子。“伞盖”的造型起源于达罗毗荼人的圣树，佛教则将它转化并具体为菩提树。因释迦牟尼曾在这种树下降生、成道和涅槃，由此被赋予神圣的意义。“菩提”的本意是指对佛教“真理”的觉悟。伞盖三层喻指佛、法、僧三宝。这种杆上串连伞盖的做法，随着窣堵波传入中国，演化成为中国佛塔上的构件——“相轮”。

图 1.53　桑奇窣堵波(重建于公元 1 世纪)

古印度人习惯在圣树或圣迹外建围栏，先是木制，后改为石材，桑奇窣堵波围绕伞盖的"平头"也建立围栏。同时，围绕整座大塔，后世又加建了一圈称为"玉垣"的围栏。后又在这圈围栏四面加建了四座砂石门，标志着宇宙的四个方位。信徒从东门入，由门内折道引导，顺时针绕行大塔，与太阳运行的方向相同，体现了宇宙的律动。在大乘佛教的仪式中，四座石门分别代表佛教"四谛"，即苦、集、灭、道；栏杆围成的回行道表现轮回，圆冢和华盖代表宇宙及宇宙中心须弥山；刹杆是宇宙立轴的象征，如图 1.54 所示。

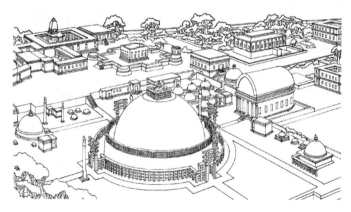

图 1.54　印度桑奇大佛塔组群

窣堵波在早期是被作为佛陀涅槃的象征，用于顶礼膜拜的，后被视为宇宙图式的象征。佛教从孔雀帝国阿育王时期加速向周边地区扩展，随之窣堵波这种佛教建筑形式，也逐渐传入中亚、南亚、东南亚诸国，以及中国、朝鲜、日本等地，并与当地建筑相融合，其后的变体形式异彩纷呈。

3. 石窟

从公元前 2 世纪初开始，多种势力先后侵入印度，其中大月氏人在北印度建立了贵霜帝国。贵霜时代产生的文化瑰宝是大乘佛教和犍陀罗艺术，犍陀罗艺术随佛教传播也影响到中国新疆和西北其他地区的石窟造像和绘画。贵霜帝国在强盛了若干世纪之后分裂为一些小的政治力量。取代他们的是旃陀罗笈多一世建立的笈多王朝(Gupta)。笈多王朝是由印度人建立的最后一个帝国政权，常常被认为是印度古典文化的黄金时期。

石窟作为古印度佛教建筑的主要形式之一，在笈多王朝时期得到了发展，其中以阿旃陀石窟最具有代表性，按其形制，有24座为毗诃罗窟，5座为支提窟，全部为29窟。

毗诃罗，即僧院、精舍之意。梵语原义指散步或场所，后来转为指佛教或耆那教僧侣的住处，也即佛教徒聚集居住的地方，可以理解为佛寺。原是建造在地面的方形小院，中央为庭，四面围绕木结构单间小室，供僧众居住。毗诃罗窟是对它的模仿，外观比较简单，左右展开的列柱廊，将全部立面分为三到九开间，前廊正中一间开门，门内为方形平顶大厅，早期厅内无柱，晚期多有列柱出现。大厅的左右壁和后壁上又凿出小的方形支洞。后壁中间支洞为佛堂，凿佛像，其他支洞用于僧徒居住，方形，内有石床、石枕，可供一或两位僧徒坐卧、禅定，如图1.55所示。

支提(梵文 chaitya)意为在圣者逝世或火葬之地建造的庙宇或祭坛，一般指礼拜场所。作为印度佛教建筑的支提，指的是安置纪念性窣堵波的塔庙、祠堂、佛殿。其形制平面为U字形，前殿为长方形，两侧各立一排纵向列柱，以隔出中殿和侧廊，后殿为半圆形，殿中央置一小型窣堵波，殿顶为仿木结构的圆筒形肋拱，正面有拱窗。支提窟按照如此形制在洞窟的中央设"塔"，所以又叫做塔庙窟，如图1.56所示。

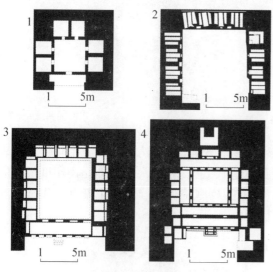

图 1.55 阿旃陀石窟中的毗诃罗窟

图 1.56 阿旃陀石窟中的支提窟

1.5.3 印度教的兴起及其主要建筑形式

笈多王朝时期文化繁荣，婆罗门教再度兴起，开始向印度教转变。婆罗门教是印度古代宗教，以吠陀经为主要经典。当时进入印度的雅利安人的游牧文化(吠陀教)与印度河文明中土著居民的农耕文化发生融合，土著居民的许多崇拜形式、宗教仪式植入到雅利安人的文化中，混生出以梵天、毗湿奴和湿婆为三大主神的新的文化。公元前6—公元4世纪，婆罗门教达到鼎盛；公元4世纪以后，由于佛教和耆那教的发展，婆罗门教开始衰弱；公元8—9世纪，婆罗门教吸收了佛教和耆那教的一些教义，结合印度民间的信仰，经商羯罗改革，逐渐发展成为印度教。

"这个宗教既是纵欲享乐的宗教，又是自我折磨的禁欲主义的宗教；既是林伽崇拜的宗教，又是扎格纳特的宗教；既是和尚的宗教，又是舞女的宗教。"印度教的包容性使得它的建筑艺术充满自由与表现力，尤其是神庙建筑与雕塑的"混合"，充分展示了生命活力与生存意志。

北方的神庙一般由方形的门厅、神殿及神殿顶上的塔三部分组成，四周不设围墙。神庙是三位一体神的化身，门厅和塔分别象征着死亡之神湿婆和护持神毗湿奴。内部空间狭窄、昏暗，其中的圣坛象征创造之神——梵天。塔的造型轮廓多呈抛物线状，形同竹笋，与中国密檐塔的轮廓相似，富有动感。最著名的神庙是玛哈迪瓦庙，建于公元 1000 年，其屋顶由若干小屋顶拼合而成，层层叠叠，堆积如山。浮雕主题多元，内容丰富，如图 1.57 所示。

图 1.57　玛哈迪瓦庙及其雕塑

南方神庙也是由门厅、神殿和塔组成，外观多呈逐渐上收的方形或长方形角锥体，表面饰多级而密集的雕饰，最上部覆以球形顶石。建于 8 世纪初的海岸神庙是南印度最早的石砌神庙，如图 1.58 所示。神庙坐东朝西，前有石砌庭院，矮墙的墙头安放有成排的湿婆坐骑公牛南迪圆雕。穿过庭院为前殿，其后为中殿，再后为主殿。

图 1.58　海岸神庙

建于南印度马哈巴里普拉姆(Mahabalipuram)的五车神庙代表了较早阶段南方印度教建筑的基本形制，如图 1.59 所示。神庙由 5 块岩石雕凿而成，形如战车，以印度史诗《摩诃婆罗多》中般度族的人物命名，即黑公主战车、阿周那战车、毗摩战车、法王战车、偕天战车。黑公主战车仿自民间草庐；阿周那战车是南印度教神庙的原始形态，方形而略长的平面，前部为简单门廊，后部屋顶为两阶方形毗摩那角锥体，最上为八角盔帽形盖石；毗摩战车最大，为长方形，屋顶类似佛教支提窟的圆筒拱，四周为成排盔帽形和棚形小阁；法王战车是阿周那战车的放大；偕天战车则是毗摩战车的简化。

图 1.59　五车神庙

中部地区的神庙兼收南北方的特点，并保有自身个性。神庙形制多为周围一圈柱廊，院子的中央布置大厅，作为宗教活动的主要场所。大厅的两侧和背后，设置 3～5 个神殿，神殿顶上依然设塔，高度有限。以 1268 年所建的卡撒瓦神庙（Tempke Kesava）为例，主殿平面呈十字形，东西 27m，南北 25m，屋顶塔高 9m 有余。主殿装设精致的镂空石板窗户，如图 1.60 所示。

图 1.60　卡撒瓦神庙

1.5.4　伊斯兰文化的侵入及其主要建筑形式

阿拉伯人在 8 世纪初征服了印度西北部的信德，揭开了穆斯林入侵印度的序幕。伊斯兰世界对印度的真正征服始于 11 世纪，伽色尼王朝的苏丹马茂德入侵印度 12 次以上，给北印度造成严重打击。廓尔王朝在 1192 年的第二次德赖战役中决定性地击败了兆汉人，而后于 1206 年采用苏丹头衔统治被穆斯林征服的北印度地区，定都德里，为德里苏丹国。德里苏丹国时期，印度的穆斯林文化有了很大发展，形成了所谓"德里风格"的建筑风格。1526 年，巴布尔打败德里苏丹国的统治者后，建立了莫卧儿帝国，阿格拉成为帝国的政治经济中心，阿格拉堡（Agra Fort）作为宫殿和战时的堡垒得以修建。城堡周围护城河长 2.5km，墙高 20 余米，十分壮观，如图 1.61 所示。由于阿格拉堡是用邻近所产的红色砂岩为主建材，因此又称红堡（Red Fort）。

莫卧儿帝国的阿克巴在漫长的统治期间征服了印度北部全境，并把帝国的版图第一次扩展到印度南方。阿克巴去世后，莫卧儿帝国先后由贾汉吉尔和沙贾汉（Shah Jahan，

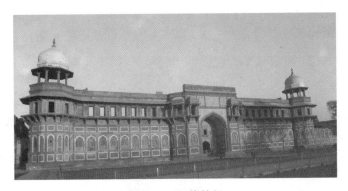

图 1.61 阿格拉堡

1592—1666 年)统治。沙贾汉在阿格拉为自己的爱妃修建了闻名遐迩的泰姬陵（1632—1653 年），被泰戈尔誉为"永恒面颊上的一滴眼泪"。

泰姬陵建于 1632—1653 年，工期 22 年。陵区南北长 580m、宽 305m，中间是一个正方形花园。花园中间是大理石水池，水池尽头是陵墓。陵墓全部用洁白的大理石砌成，在清澈的水池中形成无比圣洁的倒影。陵墓的平台是红砂石，与白色大理石陵墓形成鲜明的色调对比。陵墓中央覆盖着一个直径达 17m 的穹顶，高耸饱满，四角各有一座高达 41m 的尖塔。以天空为背景，构成壮美洁净的轮廓，如图 1.62 所示。

图 1.62 亚穆纳河畔的泰姬陵

1.6 古代埃及建筑（公元前 32—前 1 世纪）

埃及是世界上最古老的国家之一，在这里产生了人类第一批巨大的纪念性建筑物。埃及的领土包括上下埃及两部分：上埃及是尼罗河中游峡谷，下埃及是河口三角洲。大约在公元前 3000 年，埃及成为统一的奴隶制国家，埃及的奴隶主直接从氏族贵族演化出来，民族公社没有完全破坏，公社成员受奴隶主奴役，地位同奴隶相差无几。因此，国家机器特别横暴，形成了中央集权的皇帝专制制度。有很发达的宗教为这种政权服务，产生了强大的祭司阶层。皇帝的宫殿、陵墓以及庙宇因此成了主要的建筑物，它们追求震慑人心的艺术力量。

古埃及的建筑史主要分为以下三个时期。

第一时期，古王国时期（公元前三千纪）：这时候氏族公社的成员还是主要劳动力。庞大的金字塔，反映着原始的拜物教，纪念性建筑物单纯、宏大。至今尚存的建筑以玛斯塔巴、金字塔为主。

第二时期，中王国时期(公元前 21—前 18 世纪)：由于手工业和商业的发展，出现了一些有经济意义的城市，建筑活动集中在首都底比斯周围。金字塔的艺术构思已不适合法老的要求，因此效仿贵族传统在山岩上凿石窟作为陵墓。新宗教形成了，从皇帝的祀庙中产生了神庙的基本形制。现存的建筑，以庙宇为主，有些规模很大并巧妙地与地形结合。

第三时期，新王国时期(公元前 16—前 11 世纪)：古埃及最强大的时期，频繁的远征掠夺来大量的财富和奴隶。最重要的建筑物是神庙，力求神秘和威压的气氛。新王国时期，太阳神庙代替了陵墓，成为法老崇拜的纪念性建筑物。巨大而开敞的外部庭院与封闭的大殿内部形成了明暗强烈的反差，空间感觉神秘而虚幻。现存的有庙宇、石窟庙、石窟墓与住宅等。

1.6.1 金字塔的演化与艺术成就

尼罗河畔地区的肥沃与不远处戈壁沙漠的贫瘠形成强烈的对比，触目可及的生机勃勃与死亡寂静鲜明对立，太阳东升西落无休止地轮回，干燥的气候环境易于保存尸体，生命的短暂善变与死后的长久永恒……所有这些条件促成了古埃及人最基本的宗教信仰：灵魂永恒不灭，妥善保管尸体，三千年后就会在极乐世界复活并且永生。因此，制作木乃伊、修建坚固的陵墓就成为法老和贵族们的必需。

最早的金字塔是仿照住宅建造的。古埃及比较原始的住宅大致有两种：下埃及的以木材为墙基，上造木构架，以芦苇束编墙，屋顶是用芦苇束密排而成的，微呈拱形；上埃及的以卵石为墙基，土坯砌墙，密排圆木成屋顶，再铺上一层泥土，外形像一座有收分的长方形土台。贵族和王族的坟墓多用土坯建造，模仿住宅，墙壁有收分，形成长方形的平台，称为"玛斯塔巴(Mastaba)"，长度通常是宽度的 4 倍，如图 1.63 所示。除了庞大的地下墓室之外，还在地上用砖造了祭祀的厅堂，其形式可能源于对当时贵族的长方形平台式砖石住宅的模仿。

后来，出于增加可视性、纪念性的要求，"玛斯塔巴"出现了叠加，向上发展，形成了最初的"阶梯形"金字塔。第一王朝皇帝乃伯特卡(Nedetka)在萨卡拉的陵墓祭祀厅堂之上造了 9 层砖砌的台基，向高处发展的集中式纪念性构图萌芽了。古王国初期第三王朝(公元前 2780—前 2180 年)的昭赛尔(Zoser)法老的金字塔，基底东西长 126m，南北长 106m，高约 60m，呈现 6 层台阶状，墓室在地下 27m 处。周围另外建有庙宇和 9m 高的围墙，整个建筑群占地约 547m×278m，如图 1.64 所示。建筑群的入口在围墙东南角，连接一个狭长、幽暗的封闭通道，从尼罗河西岸边河神庙进入通道，走出通道，才是院子，明亮的天空和金字塔同时呈现在眼前。这样处理的用意在于造成从现世走到了冥界

图 1.63 玛斯塔巴示意图

的假象，光线的明暗和空间开阔的强烈对比，同时震撼着人们，着力渲染了法老的"神性"。昭赛尔金字塔的建设，将祭祀厅堂从高台基顶上移到塔前，把多层的台基向上耸起，发展成为单纯的纪念碑。塔本身排除了仿木构的痕迹，在形式和风格上与贵族坟墓一致。但是，昭赛尔金字塔的祭祀厅堂、围墙和其他附属建筑物还没有摆脱传统的束缚，它们依然模拟用木材和芦苇造的宫殿，用石材刻出那种宫殿建筑的种种细节。

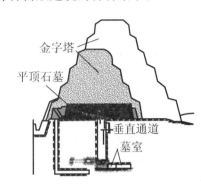

图 1.64　昭赛尔金字塔及其剖面

　　古埃及金字塔最成熟的代表是位于现在开罗郊区的吉萨高原上的大型金字塔陵墓群——吉萨金字塔群。古埃及公元前三千纪中叶，在尼罗河三角洲的吉萨(Gizeh)造了 3 座相邻的大金字塔，形成一个群体。它们从东北向西南排成一条斜线，依次是胡夫(Kufu)、哈夫拉(Khafra)和门卡乌尔(Menkaura)的墓。在这 3 个主要金字塔旁有著名的狮身人面像和 3 座属于皇后的小型金字塔，以及其他一些附属建筑，如图 1.65 所示。

图 1.65　吉萨金字塔群

　　胡夫金字塔是三者中最高，也是世界上现存的最大的金字塔，埋葬的是埃及第四王朝时期的法老胡夫，由 230 万块巨石搭建而成。由于常年的风吹日晒，塔高已经由原先的 146.5m 变为 137m，边长接近 230m。起初外表皮覆盖白色的石灰岩石块，全部从尼罗河东岸的图拉采石场开采、运输过来，因为地震、偷窃等原因已经不复存在。金字塔的内部有三个墓室：第一个位于地下，开凿在岩基上；第二个高于地平面，根据研究得知这个墓室并非想象的王后墓室，可能是用于放置法老自己的神像；第三个则是法老的墓室，它里面放置的红色花岗岩石棺，几乎位于金字塔的正中心，如图 1.66 所示。

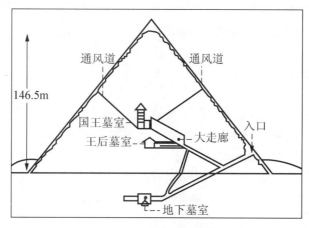

图 1.66　胡夫金字塔剖面图

　　狮身人面像斯芬克斯(Sphinx)位于哈扶拉(Khafra)金字塔的前面，据说头像是按照法老哈扶拉的样子雕成，作为看护他陵墓的守护神。斯芬克斯最早见于古埃及的神话，它被描述为长有翅膀的怪，通常为雄性，是"仁慈"和"高贵"的象征。在希腊神话中斯芬克斯是带翼狮身女怪，在欧洲很多国家的古代雕塑中也都有类似的形式。吉萨的这尊斯芬克斯是世界上最大、最著名的一座，身长约73m，高21m，脸宽5m，如图1.67所示。

图 1.67　一度被流沙掩埋的斯芬克斯像

　　金字塔的艺术构思反映着古埃及的自然和社会特色。由于原始拜物教的影响，古埃及人萃取了高山、大漠、长河形象的典型特征赋予了皇权纪念碑。在埃及的自然界中，这些特征就是宏大、单纯。在外部，金字塔的形象阔大而雄伟，朴实而开朗，形成对视觉直观的强大冲击力，适应于埃及的自然环境，在沙漠灼热的阳光下和空旷无垠的旷野中，高大而单纯的形体，折射出原始浑朴的美。人们在这些奇大无比的冷漠的物质堆脚下祭祀，显得渺小而微不足道，一种崇高神圣的情感自然而生，宣示了法老的无上权威。与巨大的体量相比，金字塔的内部空间微不足道，使得它更像一个雕塑。这反映出建筑与雕塑作为观念艺术的手段，特别适宜于表现宗教题材。

　　世界上许多不同的文明都有建造金字塔的传统，除了在埃及，还有美洲的玛雅金字塔、阿兹特克金字塔(太阳金字塔、月亮金字塔)、印度神庙中的门塔等，或者修建类似金字塔的高台建筑，如中国陵墓中"方上"的做法，就是利用黄土做成棱台，也同样具有纪念意义。这反映出利用体量与高度来达到艺术表现力是建筑艺术发展的普遍规律。

1.6.2　神庙的营建

中王国时期，古埃及的政治中心从下埃及靠近三角洲地区向上埃及的底比斯（Thebes）转移，峡谷窄狭，两侧悬崖峭壁，金字塔的艺术构思就不适合了。皇帝们效仿当地贵族的传统，大多在山岩上凿石窟作为陵墓，利用原始拜物教中的山岩崇拜来神化皇帝。

皇帝陵墓的新格局是祭祀厅堂成为陵墓建筑的主体，扩展为规模宏大的祭庙。它造在悬崖之前，按纵深系列布局，最后一进是凿在悬崖里的石窟，作为圣堂。整个悬崖被巧妙地组织到陵墓的外部形象中来。

最著名的"祭庙"当属中王国第 11 王朝曼特赫特普三世的"祭庙"（Mentu-hotep Temple），约建于公元前 2000 年，在尼罗河西岸山崖东麓，依山而建，坐西朝东，庙宇隐秘的长方形部分嵌在岩石中，前体建在一个从岩石中割切出的平台（60m×43m×5m）上，在前体建筑的中央发现了一个墙外侧是倾斜的巨大建筑物，类似一个小型的金字塔。平台的外立面和其他三面也都有柱廊围绕，如图 1.68 所示。平台前面是中央坡道和庭院，在坡道的左右两边和平台前面都有双排柱子的柱廊。它的出现是对金字塔建筑传统的突破，同时喻示了新王国时期神庙建筑的大量呈现。

曼特赫特普三世"祭庙"的旁边是哈特谢普苏特的"祭庙"（Hatshepsut's Temple）。也同样用长的坡道形成轴线对称布局，使用了列柱廊结构，并且出现了把神像雕塑安放在柱身外侧的做法，如图 1.69 所示。这些成熟的建筑艺术表现手法比著名的雅典卫城神庙早出现了近千年，因此完全可以推测古希腊艺术受到近邻古埃及影响的可能性。

图 1.68　曼特赫特普三世"祭庙"想象复原图　　图 1.69　哈特谢普苏特的"祭庙"和"神像柱"

从公元前 16 世纪开始的新王国时期，随着僧侣集团势力的兴起，神庙的建造成为新的传统，太阳神庙代替陵墓成为皇帝崇拜的纪念性建筑物，占据最重要的地位。它们都利用巨大的尺度和沉重、封闭的外观，渲染着超人性的精神压抑力量。太阳神庙的典型形制是一进一进的大殿包围在一圈封闭、沉重、厚实、高大的石墙里，正面一对高大的梯形石墙夹着一个小小的门道。进门之后，院落前方与左右都是石柱廊。柱廊之后为大殿，大殿里密密拥挤着许多粗壮的石柱。石柱后中部为皇帝坐像，皇帝身后又有一串厅堂。以卡纳克阿蒙神庙（Amon Temple in Karnak）为例，卡纳克神殿规模浩大，它的大柱厅（the Great Hypostyle Hall）5000 多平方米，厅内有 134 根石柱，分 16 行排列，中央两排特别粗大，每根高达 21m，直径 3.57m，柱头为开放的纸莎草花。殿内石柱林立如同原始森林，如图 1.70 所示，仅以中部与两侧屋面高差形成的高侧窗采光，被横梁和柱头分去一半后，光线渐次阴暗，形成法老所需的"王权神化"的神秘、压抑气氛。精神在物质的重量感下形成压抑，压抑感成为崇拜的基点，巨大的形象震撼人心，这就是神庙艺术构思的起点。

　　另一著名的实例是卡纳克阿蒙神庙（Precinct of Amun-Re），它和附近其他 3 座神庙：蒙图神庙（Precinct of Montu）、穆特神庙（Precinct of Mut）、阿蒙霍特普四世神庙（Temple of Amenhotep IV）共同组成了一个神庙复合体（Temple Complex）。它们拥有各自的轴线，通过在轴线上安排"石像生"侧立的神道、方尖碑（Obelisk）、塔门、庭院、多柱厅，以及它们的反复出现，如图 1.71～图 1.73 所示，营造出非常丰富的空间层次结构，借以屏蔽世俗，创造了神秘的纪念性氛围。方尖碑是古埃及崇拜太阳的纪念碑，常成对地竖立在神庙的入口处。其断面呈正方形，上小下大，顶部为金字塔形，常镀合金，高度不等，已知最高者达 50 余米，用整块的花岗岩制成，碑身刻有象形文字的阴刻图案。

图 1.70　大柱厅

图 1.71　神道两侧的"石像生"

图 1.72　神庙的塔门

图 1.73　方尖碑

1.7 古代美洲建筑(公元前 15—公元 16 世纪)

美洲也是世界文明的发祥地之一。美洲在地理上可分为北美洲、中美洲和南美洲三部分。美洲的原有居民是印第安人。在北美洲,直至 15 世纪初都是处于部落联盟状态。古代美洲的建筑文化在 16 世纪新大陆被发现之前,主要活动集中在中美洲的墨西哥、危地马拉和洪都拉斯一带,以及在南美洲的秘鲁、厄瓜多尔、哥伦比亚等地域的印加王国。

1.7.1 北美洲印第安人的建筑

北美洲印第安人最常见的居住方式是尖顶帐篷,以交叉木棍搭建并覆以皮革。几个氏族组成一个部落村。所有的帐篷都分布在村子边缘,围成圆圈,包围着中央公共空地。空地中或者还有一座帐篷,作为议事中心,如图 1.74 所示。这种向心围合式的布局,几乎是世界各地原始村落的通例。

除此之外,生活在北美洲大陆西北太平洋沿岸及岛屿的印第安人,则通过就地取材形成了木板结构的房屋样式。首先,用巨大完整的树干搭成房屋框架和横梁,然后再用木板搭成墙壁和房顶,通常会在房顶上开一小口做烟洞,房前开一圆形洞口供出入。每座房子都属于一个独立的家户(Household)。家户是人类社会的普遍现象,是经济生产、消费、继承、子女抚养和提供住所等活动得以组织和落实的基本居住单位。

在村落中最引人注目的是房前屋后竖立着的一根根雕刻有种种动物图形的木柱。这些柱子是用当地盛产的红雪松雕刻而成的。细的一人可以合抱,粗的需要几人合抱。其短的两米多,高的可达二三十米。这些就是最初定义的"图腾柱"(Totem Pole),是初次见到它们的欧洲人的误读,随着了解的深入,人们发现固然有些"图腾柱"是单一表现图腾动物形象,用于氏族的祭祀与仪式,具有庄严、神圣的意味,但更多的图腾柱则是表现祖先传说、神话故事等,并没有神秘、庄严的宗教意义,更多体现了"柱体"特有的纪念性,如图 1.75 所示。

图 1.74 北美洲印第安人的帐篷

图 1.75 西北太平洋沿岸印第安人的"图腾柱"

1.7.2　中美洲印第安人的建筑

古代中美洲地区主要出现了玛雅人(Mayan)建立的玛雅文明。玛雅文明是世界上唯一一个诞生于热带丛林而不是大河流域的古代文明。中美洲的建筑文化发展也相对较早，大致可划分为三个时期。

第一时期，公元前1500—公元100年，称为前古典期或形成期。在今洪都拉斯境内曾发现有圆锥形与方锥形土堆金字塔200余处，其中有的高达30余米。

第二时期，公元100—900年为古典期。建设活动主要集中在特奥蒂瓦坎城和提卡尔城。

第三时期，公元900年—16世纪为后古典期，其中，公元3—9世纪为其鼎盛时期。主要建筑活动在托尔特克人的首府图拉城和尤卡坦半岛上的奇钦伊查城。

玛雅文明属于石器文明，玛雅人没有发明使用青铜器和铁器。在这样的条件下玛雅人却能对坚固的石料进行精细加工，创造出许多类似于古埃及的纪念碑和仪式中心。他们的宗教信仰纯朴简单，建筑物的规模令人惊奇。

传说玛雅人在3000年前就开始建造宗教性建筑，最早的遗迹是由一些简单的土坟所组成，后来进一步演化成为"金字塔"，用作举行祭祀与祭坛庆典。位于奇琴伊察(Chichen Itza)的库库尔坎神庙(Temple of Kukulcan)是一典型实例。神庙呈塔形，如图1.76所示，底部每边宽55.3m，坡度为53°向上升起，塔高24m，顶部神庙高6m，四面台阶成45°，每面都是91级踏步，加上顶端神庙前的一级踏步，共365级，寓意一年的天数。该神庙祭祀的是羽蛇神(Plumed Serpent)，因此在台阶的底部增加了蛇头的雕塑，如图1.77所示。每年的春分与秋分日的傍晚，金字塔的西北角投射到北面台阶西护栏上，形成了"蛇形"的阴影，如图1.78所示。

图1.76　库库尔坎神庙　　　　　　　图1.77　蛇头雕塑

在玛雅文化最兴盛的时期，玛雅人建设了数百座城市。大多数城市的布局与营建是顺应自然的地势条件，灵活、自由、不规则地"蔓延"，或者利用台地建造神庙和塔，以提升标高。而特奥蒂瓦坎城是较为特殊的例外，采用了棋盘式(Grid)街道布局，基本的轴线为东偏北15.5°。一种理论分析认为，当地每年夏季太阳从这个方向升起，农民以此校对时间，安排耕种。

特奥蒂瓦坎意为"诸神诞生之地"，先后有多个部族参与了这个古城的营建。公元100年，最大的太阳金字塔(Pyramid of the Sun)建成，如图1.79所示，是一个五层的方锥台体，顶部有一座平顶祭殿。它是特奥蒂瓦坎城最大的建筑物，底边长 210m，高 64.5m。神庙朝向大道的一侧设置有台阶，直通祭殿。坛体由砖和土坯砌筑，表面贴毛石。太阳金字塔是中美洲一系列金字塔的典型代表。

图 1.78　金字塔上"蛇形"的阴影

图 1.79　太阳金字塔模型

公元 450 年，特奥蒂瓦坎城的面积达到 30km²，人口超过了 12 万人，城中甚至出现了多层的"公寓楼"以解决居住问题，成为当时中美洲地区的"中心"。在营建进程中，逐渐形成了一种"坡板组合"（Talud-tablero）的建筑风格。所谓"坡板组合"是指向内倾斜的斜坡（Talud）与水平镶嵌的挑板（Tablero）组合，形成"高台建筑"（包括一些金字塔）的立面结构和造型，如图 1.80 和图 1.81 所示。

图 1.80　"坡板组合"结构示意图

图 1.81　"坡板组合"的"高台建筑"

1.7.3　南美洲印加帝国的建筑

南美洲的印加帝国，是印加人于 11—16 世纪时期建立的，也是前哥伦布时期美洲最大的帝国，其政治、军事和文化中心位于今日秘鲁的库斯科。马丘比丘（意为"古老的山"），是著名的前印加帝国遗迹，在库斯科西北方 130km，整个遗址高耸在海拔 2350～2430m 的山脊上，俯瞰着乌鲁班巴河谷。

人们认为，马丘比丘是印加统治者帕查库蒂（Pachacuti）于 1440 年左右建立的，直到

1532年西班牙征服秘鲁时都有人居住。考古学的发现（加上最近对早期殖民文件的解读）显示，马丘比丘并非普通城市，而是印加贵族的乡间修养场所。围绕着庭院建有一个庞大的宫殿和供奉印加神祇的庙宇，以及其他供维护人员居住的房子。据估算，在马丘比丘居住的人数在高峰时也不超过750人，而在没有贵族来访的雨季时就更少了。

印加王国选择在此建立城市，可能是由于其独特的地理和地质特点。据说马丘比丘背后的山的轮廓代表着印加人仰望天空的脸，而山的最高峰"瓦纳比丘"代表印加人的鼻子，如图1.82所示。印加人认为不该从大地上切削石料，因此从周围寻找分散的石块来建造城市。一些石头建筑连灰泥都没有使用，完全靠精确的切割堆砌来完成，修成的墙上石块间的缝隙还不到1mm宽，如图1.83所示。

有人说印加帝国是一个工程帝国，它存在的300多年间，一直没有中断过规模浩大的工程。其中最有名的，就是留存至今的印加古道。印加古道途经秘鲁、哥伦比亚、厄瓜多尔、智利、阿根廷和玻利维亚6个南美洲国家，全长约30000km，其中7000km路段上有古迹遗址。这条古道是印加帝国在1438—1532年期间沿着安第斯山脉修建的山路，是当时统治者传达政令，以及印加人生产、生活和进行贸易的交通动脉。古道两边的雕像都是印第安人的保护神，因此，这条古道又被称为神道。

图1.82　马丘比丘

图1.83　全靠堆砌而成的石墙

本 章 小 结

本章主要讲述了欧洲建筑的起源、爱琴文化与古代希腊建筑、古罗马建筑、古代西亚建筑、古代印度建筑、古代埃及建筑及古代美洲建筑。

欧洲建筑文明的起源是与社会生活从狩猎采集经济向农业畜牧业经济的转变紧密相关联的，它是人类定居生活方式的产物。地中海周边区域以及大西洋沿岸地区的史前巨石建筑，为西方石造纪念性建筑打下了基础，更预示着后来高度发达的石造建筑的技术水平。

希腊古典建筑是欧洲建筑的直接源头。希腊人创造了三种基本古典柱式，并赋予它们人体的比例以及人性化的寓意。柱式体系伴随着古希腊神庙建筑的发展而不断完善。直至19世纪末之前，古典柱式一直是西方建筑的本质特征。

希腊化时期，希腊建筑又对罗马建筑产生了深刻的影响。可以说，罗马人在很大程度上是通过希腊化建筑来了解、接受和丰富古典建筑语言的。罗马建筑在更大范围内对东西方传统因素进行综合，从而将西方建筑文明向前大大推进。

西亚地区作为联系欧、亚、非三大洲的交通枢纽，特殊的地理位置引发了城池营建的需求，人类最早的城市诞生于此。城市的防御体系、功能分区以及神庙与世俗建筑的安排，既有人类城池营建的共性，也具有其独特的个性。由于气候干燥，同时缺乏石材，两河流域的大量建筑依靠生土材料完成。它们形成了独特的建造技法，结合方便得到的沥青材料，修建了立体的花园，以及充分发展了墙面装饰材料，对人类建筑历史的影响悠长而广泛。

古代印度特殊的气候条件和地理位置引发了宗教活动与宗教建筑的繁荣。印度教、佛教、伊斯兰教及其建筑风格在这一地区彼此影响、融合，形成了具有独特魅力的地域性风格的古印度建筑文化。古代印度在公元前3000年就已创造了道路整齐的城市和设施完善的城市排水系统。古代印度婆罗门教和佛教建筑的类型，曾影响了亚洲各国的建筑，尤其是佛塔与石窟寺，曾对中国、日本与东南亚都有过深远的影响。

古代埃及作为人类较早进入文明社会的地区。沿尼罗河带状而居的特殊方式，沙漠与良田比邻的生存条件，充分日晒的气候环境，诱发了古代埃及独特的宗教信仰，引发了大量陵墓、神庙的修建；尼罗河上游不乏石材，河流也提供了方便的交通，坚固的石材代表了宗教所需的永恒。由于气候干燥，大量一般性建筑依靠生土材料完成。漫漫的沙漠成为天然的屏障，古代埃及并没有出现带有城池防御系统的城市。雄伟的金字塔和神庙是古埃及最突出的成就。

古代美洲文明与其他古代地区相对隔绝，在封闭的环境中形成了完整的体系，其建筑、城市的营建受到宗教及相关的天文学影响较多，同时也受到地理环境的制约，形成了独特的热带丛林文明和高原文明。古代美洲的建筑活动主要集中在中美洲的墨西哥和洪都拉斯一带，以及南美洲的印加帝国范围。古代美洲在公元1世纪后陆续建造了相当规模的城市，道路布局整齐，房屋砌筑灵活，成为后来拉美城市建设的基础。古代美洲建筑的杰出代表是石砌的金字塔庙和布局自然的城堡。

思 考 题

1. 什么是柱式？简述古希腊柱式的类型与特点。
2. 简述雅典卫城的布局特色与主要组成建筑。
3. 以罗马大角斗场和万神庙为例，论述罗马建筑的艺术特点和工程技术成就。
4. 简述波斯波利斯宫殿建筑群的布局特点。
5. 简述西亚地区城门空间的布局特点。
6. 简述巴比伦城市的布局特点。
7. 理解印度佛塔演进的过程。
8. 简述吉萨金字塔建筑群的布局特点与艺术成就。
9. 简述古代埃及神庙的空间布局特点。

第**2**章
中古时期的建筑

【教学目标】

主要了解欧洲中世纪东、西欧建筑的发展情况，了解宗教建筑在这一时期建筑发展中的重要意义。掌握中世纪东、西欧建筑的特征以及代表性建筑实例。主要了解伊斯兰建筑的建造活动概况；掌握其建筑表现规律；通过评析代表性的建筑，理解并掌握其中的建筑思想与艺术风格。了解中古日本建筑的发展历程，掌握其建筑的主要类型与艺术风格。主要了解欧洲15—18世纪建筑的发展情况；掌握意大利文艺复兴时期建筑的发展历程与主要特征；掌握巴洛克建筑与城市广场的发展与特征；了解法国古典主义建筑产生的背景，掌握古典主义建筑的风格特征以及洛可可风格的主要特征。了解英国文艺复兴与古典主义建筑产生的背景与发展历程，掌握古典主义建筑的风格特征。

【教学要求】

知识要点	能力要求	相关知识
东欧拜占庭建筑	(1) 了解拜占庭建筑产生的社会与历史背景 (2) 掌握拜占庭建筑的主要特征 (3) 掌握拜占庭建筑的典型实例	(1) 希腊十字式 (2) 帆拱 (3) 圣索菲亚大教堂
西欧罗马风建筑与哥特建筑	(1) 了解罗马风建筑产生的社会与历史背景 (2) 掌握罗马风建筑的主要特征 (3) 掌握罗马风建筑的代表作品 (4) 了解哥特建筑产生的社会与历史背景 (5) 掌握哥特式建筑的主要特征 (6) 掌握哥特式主教堂的典型实例	(1) 罗马风 (2) 拉丁十字式 (3) 比萨主教堂 (4) 肋架券 (5) 尖券 (6) 飞券 (7) 巴黎圣母院
中古伊斯兰建筑	(1) 了解伊斯兰建筑的主要发展历程 (2) 掌握凯鲁万大清真寺的空间构成 (3) 掌握阿尔罕布拉宫的选址、院落、建筑特点	(1) 宣礼塔 (2) 门楼 (3) 桃金娘院 (4) 狮子院
中古日本建筑	(1) 了解中古日本建筑的发展历程 (2) 掌握日本建筑的主要发展特征 (3) 掌握日本建筑的典型类型与风格特征	(1) 平城京 (2) 寝殿造 (3) 书院造 (4) 神社 (5) 草庵风茶室 (6) 数寄屋 (7) 天守阁

续表

知识要点	能力要求	相关知识
意大利文艺复兴的建筑	（1）了解意大利文艺复兴建筑产生的社会历史背景与发展历程 （2）掌握意大利文艺复兴建筑在各时期的主要特征 （3）简要分析意大利文艺复兴建筑的代表作品	（1）文艺复兴 （2）坦比哀多 （3）帕拉第奥母题 （4）手法主义 （5）圣彼得大教堂
巴洛克建筑与广场建筑群	（1）了解巴洛克建筑产生的社会历史背景 （2）掌握巴洛克建筑的主要特征 （3）简要分析巴洛克城市广场建筑群的代表作品	（1）巴洛克 （2）巴洛克教堂 （3）威尼斯圣马可广场
法国古典主义建筑	（1）了解法国古典主义建筑产生的社会与历史背景 （2）掌握法国古典主义建筑发展历程与各时期的主要特征 （3）简要分析法国古典主义建筑代表作品	（1）古典主义 （2）卢浮宫东立面 （3）凡尔赛宫 （4）洛可可
英国文艺复兴与古典主义建筑	（1）了解英国文艺复兴与古典主义建筑产生的社会与历史背景 （2）了解英国文艺复兴与古典主义建筑发展历程与各时期的主要建筑活动 （3）简要分析英国古典主义建筑代表作品	（1）都铎风格 （2）圣保罗大教堂 （3）帕拉蒂奥主义 （4）勃伦南府邸

基本概念

巴西利卡、希腊十字、拉丁十字、帆拱、鼓座、罗马风、哥特式、飞券、阿尔罕布拉宫、狮子院、宣礼塔、寝殿造、书院造、草庵风茶室、数寄屋、天守阁、文艺复兴建筑、巴洛克、手法主义、帕拉第奥母题、古典主义、洛可可

引言

公元 395 年，罗马正式分裂为东、西两个帝国。东罗马帝国从 4 世纪开始封建化。公元 479 年，西罗马灭亡，经过漫长的战乱时期，西欧形成封建制度。欧洲封建制度主要的意识形态上层建筑是基督教。基督教早在古罗马帝国晚期(公元 4 世纪)就已经盛行。在中世纪分为两大宗教：西欧为天主教，东欧为正教。封建分裂状态和教会的统治，对欧洲中世纪的建筑发展产生了深远的影响。宗教建筑成为建筑成就的最高代表。

西欧和东欧的中世纪历史很不一样。它们的代表性建筑物——天主教堂和东正教堂，在形制上、结构上和艺术上也都不一样，分别为两个建筑体系。东欧大力发展了古罗马的穹顶结构和集中式形制；在西欧，则大大发展了古罗马的拱顶结构和巴西利卡形制。

古罗马的巴西利卡(Basilica)是一种综合用作为法庭、交易所与会场的大厅性建筑。平面一般为长方形，两端或一端有半圆形龛。大厅常被两排或四排柱子纵分为 3 或 5 部分。正中部分宽且高，称为中厅；两侧部分狭且低，称为侧廊。巴西利卡的形制对中世纪的基督教堂与伊斯兰礼拜寺均有影响。

2.1 东欧拜占庭建筑(公元 395—1453 年)

公元 330 年,罗马的君士坦丁皇帝为加强统治,将首都迁至东方的拜占庭,并将地名改为君士坦丁堡。公元 395 年,罗马正式分裂为东、西两个帝国,如图 2.1 所示。东罗马帝国的版图大致以巴尔干半岛为中心,包括小亚细亚、叙利亚、巴勒斯坦、埃及,以及美索不达米亚和南高加索的一部分。东罗马以希腊语系为主,手工业与商业发达,信仰正教。在 11 世纪后逐渐凋敝,1453 年被土耳其人灭亡。因首都君士坦丁堡是拜占庭旧址,所以以后的史学家称东罗马帝国为拜占庭帝国。

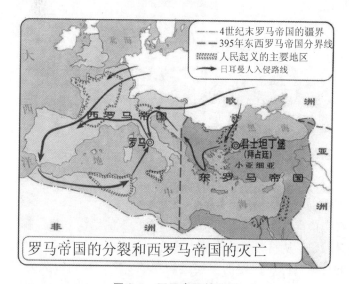

图 2.1 罗马帝国的分裂

拜占庭帝国地处欧亚大陆交接处,是黑海与地中海间水路的必经之地,也是欧洲和亚洲陆路运输的中心。地理上的优势使拜占庭成为帝国扩张的中心。从历史发展的角度看,拜占庭建筑是古西亚的砖石拱券、古希腊的古典柱式和古罗马的宏大规模的综合,是在继承古罗马建筑文化的基础上发展起来的,同时,由于地理关系,它又汲取了波斯、两河流域、叙利亚等东方文化,形成了自己的建筑风格,并对后来俄罗斯的教堂建筑、伊斯兰的清真寺建筑都产生了积极的影响。

拜占庭建筑的发展主要可以分为三个阶段。

(1)前期(公元 4—6 世纪):兴盛时期,主要是按古罗马城的样子来建设君士坦丁堡。基督教(返回东方后称为正教)为国教。代表性建筑为君士坦丁堡的圣索菲亚大教堂。

(2)中期(公元 7—12 世纪):外敌相继入侵,建筑规模大不如前,特点是占地少而向高处发展,采用富于装饰的几个小穹隆群。代表性建筑为威尼斯的圣马可大教堂和基辅的圣索菲亚大教堂。

(3)后期(公元 13—15 世纪):十字军的数次东征使帝国大受损伤,建筑上没有什么新创造。

2.1.1 拜占庭建筑与装饰的特点

拜占庭建筑中最重要的是宗教建筑。为了适应宗教仪式的需要，并结合当地传统，拜占庭建筑与装饰形成了自己的特点。

（1）从建筑形制来看，拜占庭人创造了集中式的教堂布局。教堂的平面在古罗马巴西利卡的基础上发展成十字形平面，即教堂的中央穹顶和它四面的筒形拱成等臂的十字，得名为"希腊十字式"。从公元9世纪起，希腊十字式平面的教堂成为拜占庭教堂最普遍的形式，如图2.2所示。它使得教堂内部的空间得以最大限度地扩大，形成集中式空间。

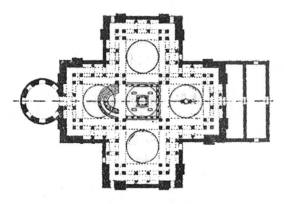

图2.2 希腊十字式

（2）创造了将穹顶支撑在4个或更多的独立支柱上的结构方法，解决了方形平面上建筑穹顶的承接过渡问题。从材料与结构技术来看，拜占庭建筑常采用砖砌或砖石混砌的结构，这是由当地的自然资源所决定的。经过长期的实践，拜占庭人发展出高超的砖砌技术，尤其是各种造型精美的拱顶与穹顶。其穹顶的高度与跨度，可与古罗马以混凝土建造的万神庙相媲美。但是，这两种穹顶的技术方式是完全不同的。万神庙的穹顶直接坐落于下面的圆形鼓座与圆形承重墙上，而拜占庭的穹顶之下是一个正方形的空间。可以说，拜占庭建筑的主要成就是创造了将穹顶支撑在4个或更多的独立支柱上的结构方法，解决了方形平面上砌穹顶的承接过渡问题。其典型做法是在方形平面的四边发券，然后在4个券的顶点之上做水平切口，在切口上再砌半圆穹顶。为了进一步提升穹顶的标志作用，加强集中形制的外部表现力，又在水平切口之上砌一段圆筒形的鼓座，将穹顶置于鼓座之上。在穹顶的砌筑过程中，在方形平面的4个发券的顶上的水平切口和发券之间所余下的4个角上的球面三角形部分，因像

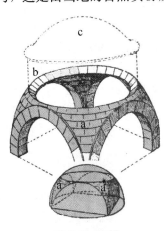

图2.3 帆拱

a—帆拱；b—鼓座；c—穹顶

当时船上兜满了风的帆，名为"帆拱"，如图2.3所示。帆拱，既使建筑方圆过渡自然，又扩大了穹顶下空间，是拜占庭结构中最具有特色的部分。

（3）从建筑装饰来看，拜占庭建筑的内墙装饰色彩丰富，十分精美。拜占庭中心地区的主要建筑材料是砖或石块。为减轻重量，常常用空陶罐砌筑拱顶或穹顶。因此，无论是内部还是外部，都需要大面积的表面装饰，促使了贴面、彩画装饰以及石雕的广泛应用，如图2.4所示。教堂建筑一般以彩色大理石贴面，在拱券和穹顶表面等不便于贴大理石板的部位，用玻璃、马赛克等材料做镶嵌画，没有深度层次，人物的动态很小，比较适合建筑的静态特点，但砌筑感较强，使建筑内部显得灿烂夺目。不很重要的教堂，则采用墙面抹灰做粉画的装饰方法，镶嵌画和粉画的题材都是宗教性的。石雕主要用于发券、柱头、檐口等部分，题材以几何图案或程式化的植物为主，在雕饰手法上常保持构件原来的几何形状，而用镂空和三角形截面的凹槽来形成图案。

(a) 拜占庭建筑的内墙装饰

(b) 彩色玻璃镶嵌画

(c) 石雕

图2.4 拜占庭建筑的室内装饰

2.1.2 拜占庭建筑的典型实例

1. 圣索菲亚大教堂(Santa Sophia，公元532—537年，君士坦丁堡)

拜占庭建筑最光辉的代表是君士坦丁堡的圣索菲亚大教堂，东正教的中心教堂，是君士坦丁堡全城的标志。教堂平面为长方形，东西长77m，南北长71m，前面有一个很大的院子。从外部造型看，它是一个典型的以穹顶为中心的集中式建筑，如图2.5所示。

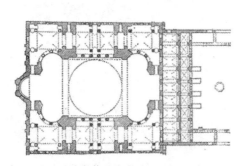
(a) 圣索菲亚大教堂平面

(b) 教堂的外观

图2.5 圣索菲亚大教堂

圣索菲亚大教堂的一个重要特点是它的复杂而条理分明的结构系统，如图2.6所示。

它创造了以帆拱上的穹顶为中心的复杂的拱券结构平衡体系。教堂正中是直径 32.6m、高 15m 的穹顶，有 40 个肋，通过帆拱架在 4 个 7.6m 宽的墩子上。中央穹顶侧推力由东西两面半个穹顶抵挡，它们的侧推力又各由斜角上两个更小的半穹顶和东西两端各两个墩子抵挡，它们的力又传到两侧更矮的拱顶上。结构关系明确，层次井然。

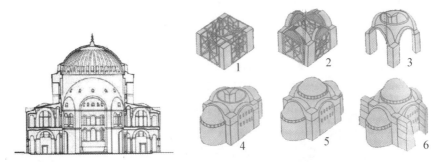

(a) 圣索菲亚大教堂剖面　　　　(b) 圣索菲亚大教堂的结构砌筑过程

图 2.6　圣索菲亚大教堂的结构

教堂的另一个特点就是它的集中统一又曲折多变的内部空间，如图 2.7 所示。大穹顶直径 32.6m，离地 54.8m，覆盖着主要的内部空间。这个空间同南北两侧明确分开，而同东西两侧半穹顶下的空间则是完全连续的。东西两侧逐个缩小的半穹顶形成了步步扩大的空间层次，但又有明确的向心性，适合宗教仪式的需要。穹顶底部密排着一圈 40 个窗洞，将天然光线引入教堂，使得从内部看大穹顶犹如飘浮在空中，整个空间变得缥缈、轻盈与神奇。

图 2.7　圣索菲亚大教堂的内部空间

教堂的第三个特点是内部灿烂夺目的色彩效果。大厅采用白、绿、蓝、黑、红等色彩斑斓的大理石贴面。帆拱及穹顶上贴蓝色和金色相间的玻璃马赛克，镶拼成圣徒、天使像等，色彩交相辉映，既丰富多变，又和谐相处，构成了一个统一的意境：神圣、高贵与富丽，充分显示了拜占庭建筑利用色彩语言构造艺术意境的魅力。

教堂的外墙较朴素，采用陶砖砌成，无装饰，表现着早期拜占庭建筑的特点。现存的外观是经土耳其人作为清真寺后改变的，在四周加建了挺拔高耸的邦克楼（授时塔），为其沉重的外观增加了表现力。

2. 圣马可主教堂(St. Mark，始建于 829 年，重建于 1043—1071 年，威尼斯)

威尼斯的圣马可主教堂位于圣马可广场，是为纪念威尼斯人摆脱罗马教皇的统治而建造的。威尼斯人为了表示与教皇决裂，接受了支持它独立运动的拜占庭帝国的建筑风格，是拜占庭风格在西方的典型实例。

圣马可主教堂最初的外貌十分朴素、沉重，后历经多年改建，逐渐趋向华丽。现在所见到的教堂外貌是 12—15 世纪期间形成的，如图 2.8 所示，冠冕式的顶部、尖塔以及壁龛等都是后加的。

(a) 从广场看圣马可主教堂　　　　(b) 主教堂的穹顶　　　　(c) 主教堂剖面图

图 2.8　圣马可主教堂

外观上，它的五座圆顶来自土耳其的圣索菲亚教堂；正面的华丽装饰源自拜占庭风格；而整座教堂的形制与结构则呈现出希腊十字式设计。在中心和四端有 5 个穹顶，中央和前面的较大，直径约 12.8m，另外 3 个较小一些。穹顶由柱墩通过帆拱支撑，底部有一列小窗。为了使穹顶外形高耸，在原结构上加建了一层鼓身较高的木结构穹顶。

教堂内部空间丰富多变，由 5 个穹顶覆盖下的空间融合为一个整体，以中央空间为构图重点，它们之间用筒形拱连接，相互穿插，融为一体。室内装饰十分华美，拱底及穹顶的内表面都采用彩色玻璃马赛克镶嵌，题材均为宗教性的，如图 2.9 所示。

图 2.9　圣马可主教堂室内

拜占庭建筑汇集了古罗马建筑的经验与东方建筑营造的手法，并将两者糅合，发展了自己独特的建筑风格。在穹顶结构方面、复杂的内部空间构图以及建筑装饰方面都取得了显著的成就。教堂是拜占庭建筑的重点。一般，它的外形简朴、内部复杂，具有浓厚的地方特色。教堂的结构系统采用拱券体系，特别创造了用帆拱解决方形平面或多边形平面上覆盖圆顶的做法。窗子多为集合式的，它不仅成为内部采光的主要来源，而且烘托出明亮的空间氛围。拜占庭教堂内部常常具有华美的装饰。拜占庭建筑对意大利文艺复兴建筑和俄罗斯建筑都有过一定的影响。当阿拉伯人建立了伊斯兰教国家之后，也直接从拜占庭学到了不少建筑经验，这些经验都成为伊斯兰教建筑风格的重要组成部分。

2.2 西欧罗马风建筑与哥特建筑（公元 4—15 世纪）

2.2.1 罗马风建筑

古罗马帝国在公元 395 年分裂为东、西两部分。西罗马帝国于公元 479 年被哥特人灭亡。经过漫长的战乱时期，西欧形成封建制度。在普遍的愚昧和野蛮状态中，基督教迅速发展，教堂和修道院是当时唯一质量比较好的建筑。

中世纪早期，西欧各地教堂的形制不尽相同，但基本上都是继承了古罗马末年的初期基督教教堂的形制，即古罗马巴西利卡形制。公元 9—12 世纪，西欧重新出现了作为手工业和商业中心的城市，市民文化开始萌芽，具有各民族特色的文化在各国发展起来。建筑除基督教堂外，还有封建城堡和教会修道院等。其规模远不及古罗马建筑，设计、施工也较粗糙，但建筑材料大多来自古罗马废墟，建筑艺术上则继承了古罗马的半圆形拱券结构，形式上也略有古罗马的风格，故称为"罗马风"建筑。它流行于除俄罗斯与巴尔干半岛以外的欧洲广大地区。

1. 罗马风建筑的特点

早期罗马风建筑承袭初期基督教建筑，并采用古罗马建筑的一些传统做法，如半圆拱、十字拱等。在长期的演变过程中，对古罗马的拱券技术不断进行实践与发展，逐渐采用轻盈的骨架券代替了厚拱顶，创造了四分肋骨拱和六分肋骨拱，堪称罗马风建筑最大的结构特色，如图 2.10 所示。

教堂的平面多采用有长、短轴的拉丁十字式，如图 2.11 所示。长轴为东西向，由较高的中厅和两边侧廊组成。西端为主要入口，东端为圣坛。短轴为横厅，横厅比中厅短，这样的十字形叫做"拉丁十字"，以区别于拜占庭的"希腊十字"。由于圣像膜拜之风日盛，在东端逐渐增设了若干小祈祷室，平面形式渐渐趋于复杂。在教堂的一侧常附有修道院。

罗马风建筑的外观常常比较沉重，墙体巨大而厚实。为减少沉重感，墙面用连列小券，门窗洞口用同心多层小圆券层层退进，称作"透视门"。教堂西面常有一两座钟楼，有时在拉丁十字交点和横厅上也有钟楼，如图 2.12 所示。

图 2.10 罗马风教堂内的肋骨拱顶

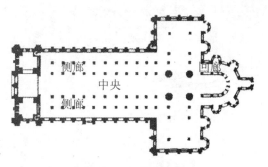

图 2.11 拉丁十字式

(a) 罗马风建筑外观

(b) 大门（透视门）

图 2.12 罗马风建筑外观

在教堂内部空间中，为适应宗教仪式的需要，中厅大小柱有韵律地交替布置，朴素的中厅与华丽的圣坛形成对比，中厅与侧廊较大的空间变化打破了古典建筑的均衡感。窗口窄小，在较大的内部空间造成阴暗、神秘的气氛。

罗马风教堂为了适应宗教发展与社会的需要，中厅越升越高，平面日益复杂。如何减少和平衡高耸的中厅上拱脚的横推力；如何使拱顶适应于不同尺寸和形式的平面；围绕这些矛盾的解决，推动了建筑的发展，最终出现了崭新的哥特建筑形式。

2. 罗马风建筑的典型实例

罗马风建筑的著名实例首推意大利的比萨主教堂建筑群（Pisa Cathedral，11—13 世纪），由教堂、洗礼堂和钟塔组成。如图 2.13 所示，洗礼堂位于教堂前面，与教堂处于同一条中轴线上；钟塔在教堂的东南侧，外形与洗礼堂不同，但体量上保持均衡。三座建筑的外墙都采用白色与红色相间的云石砌筑，墙面饰有同样层叠的半圆形连续券，形成统一的构图。

教堂平面为拉丁十字式的，全长 95m，有 4 条侧廊，4 排柱子。中厅用木桁架，侧廊

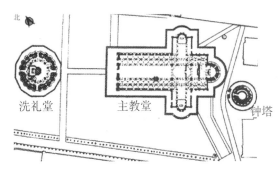

(a) 比萨主教堂建筑群总平面　　　　　　　　(b) 比萨主教堂建筑群外观

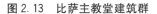
图 2.13　比萨主教堂建筑群

图 2.14　比萨斜塔

用十字拱。正面高约 32m，有 4 层空券廊作装饰，形体和光影都有丰富的变化。

钟塔，也就是享誉世界的比萨斜塔，如图 2.14 所示，位于主教堂东南 20 多米外。圆形，直径大约 16m，高 8 层，中间 6 层围着空券廊。由于基础不均匀沉降，塔身开始逐年倾斜。但由于结构的合理性和设计与施工的高超技艺，塔体本身并未遭到破坏，并留存至今，历时近千年。

2.2.2　西欧哥特建筑

罗马风建筑的进一步发展，就是 12—15 世纪西欧以法国为中心的哥特式建筑，它是欧洲封建城市经济占主导地位时期的建筑。"哥特"本是欧洲一个半开化的民族——哥特族的名称，他们原是游牧民族。文艺复兴的艺术家们认为，12—15 世纪的欧洲艺术是罗马古典艺术的破坏者，因此将"哥特"这个名字称呼当时的艺术与建筑。这个时期，由于城市的兴起、手工业的发展与进步，建筑在技术与结构上都有自己的特点与突破性创新，取得了很大的成就。同时，随着新的社会生活的需要，出现了不少新的建筑类型。

哥特建筑最初诞生于以巴黎为中心的法国北方地区，以主教教座所在的主教堂（Cathedral）为最高代表。然后从法国流传到英国、德国、西班牙和意大利北部地区。

这一时期的建筑仍以教堂为主，但反映城市经济特点的城市广场、市政厅、手工业行会等建筑也不少，市民住宅也大有发展。在建筑风格上，哥特式建筑完全脱离了古罗马的影响，而是以尖券（来自东方）、尖形肋骨拱顶、坡度很大的两坡屋面和教堂中的钟楼、扶壁、束柱、花空棂等为其特点。

1. 哥特式建筑的特点

哥特式教堂是中世纪西欧最突出的建筑类型，也代表了西欧哥特式建筑的最高成就。

1）哥特式教堂的平面形制与规模

典型的哥特式教堂平面为拉丁十字式，规模较大，如图 2.15 所示。大门朝西，中舱很长，空间的导向性很强，渲染了强烈的宗教情绪。内部空间包含以下三大部分。

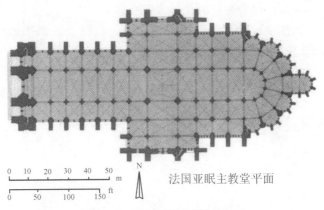

图2.15 典型的哥特式教堂平面

（1）大厅：长方形，被两排或四排柱子纵向划分成一条中舱和左右的舷舱。中舱窄而长，空间的导向性很强，渲染了强烈的宗教情绪。

（2）圣坛：在大厅的东端正对中舱，尽端呈半圆形或多边形。

（3）袖厅：圣坛与大厅之间的一个横向空间，也被柱子划分成中舱与舷舱。

2）哥特式教堂的结构

哥特式教堂的结构体系，是基督教和教堂的作用在市民文化影响下发生变化，利用新技术而形成的，主要特点如下。

（1）使用肋架券作为拱顶的承重构件，将整体的筒形拱分解成承重的"券"和不承重的"蹼"两部分，如图2.16所示。券架在柱子顶上，"蹼"的重量传到券上，由券传到柱子，再传到基础。这是一种框架式的结构，重力传递相当明确。

图2.16 哥特式教堂的结构体系

（2）使用尖券。即肋架券不是半圆形的，而是尖矢形的，如图2.17所示。尖券的优点是可以调节起券的角度，使券脚同在一个水平线上的不同跨度的拱和券的最高点，都在一个高度上，视觉上容易形成完整、统一的空间。同时，尖券的侧推力比半圆券小，中舱上部可以开较多的高侧窗，符合哥特时代的市民心理。

（3）使用飞券。抵住中舱拱顶的侧推力，使中舱可以大大高于舱舱，克服了大多数"罗马风"教堂的沉重压抑，如图 2.18 所示。

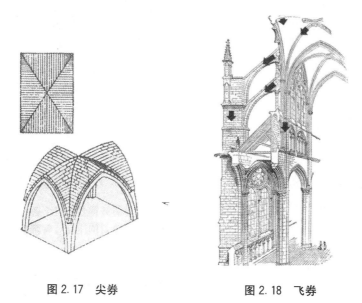

图 2.17　尖券　　　　　　　　　图 2.18　飞券

3）哥特式教堂的外观

哥特式教堂的外观在几千年的建筑史中，个性是极其鲜明的，如图 2.19 所示。

（1）典型的西面构图。一对塔夹着中厅的山墙，垂直地划分为 3 部分。水平方向利用栏杆、雕像等也划分为 3 部分：上部是连续的尖券，中央是彩色圆形玫瑰窗，下部是三座门洞，套多层线脚，线脚上常刻成串的圣像。

（2）垂直线条强调向上的动势。钟塔、小尖塔、飞券、尖矢形窗和无数的壁柱、线脚等在主教堂周身布满了垂直线，形成了向上升腾的动态。

（3）丰富多彩的外部装饰。哥特式教堂的外部布满装饰，其中彩色玻璃窗是建筑最有表现力的装饰部位。窗的面积很大，常用连续的画面来表现圣经故事。光线通过五颜六色的窗户透进教堂内部，空间迷离而幽幻。

2. 哥特式建筑的典型实例

哥特式建筑的最主要代表就是教堂，以结构方式为标志，初成于巴黎北区王室的圣德尼教堂，在夏特尔主教堂配套成型，成熟的代表是巴黎圣母院，最繁荣时期的作品有兰斯主教堂、亚眠主教堂等。到 15 世纪，西欧各国的哥特式教堂趋于一致，而且都被烦冗的装饰、花巧的结构和构造所淹没。

1）法国巴黎圣母院（Notre Dame，Paris，1163—1252 年）

巴黎圣母院位于塞纳河中的斯德岛上，是世界驰名的天主教堂，如图 2.20 所示。入口西向，前面广场是市民的集市与节日活动的中心。

(a) 典型的西面构图

(b) 彩色玻璃窗

(c) 充满装饰的大门

(d) 外观满布的垂直线条

图 2.19 哥特建筑的外观

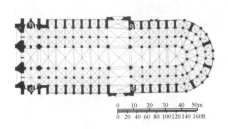

(a) 平面

(b) 大门上的玫瑰窗

(c) 建筑内部

(d) 建筑外观

(e) 西立面

(f) 中厅拱顶

图 2.20 巴黎圣母院

教堂平面宽约 47m，深约 125m，可容近万人。中间有 4 排柱子，分成 5 个通廊，中间通廊较宽敞。两翼凸出很小，后面有一大圆龛，周围环绕着祈祷室。教堂屋顶采用尖券和肋料拱构成，中央通廊两旁圆柱支撑着联排的尖券。侧通廊上有一层夹楼。

正立面朝西，两旁是一对高 60 余米的塔楼。立面上下水平划分为 3 段，以两条水平向的雕饰作为联系。下层雕饰是历代帝王雕像，上层为券带。底层有 3 个入口，在门洞正中都有一根方形小柱，大门两侧层层退进。立面正中有一个直径 12.6m 的彩色玫瑰窗，图案精美。教堂两侧的玫瑰窗，既是室内光的来源，也是建筑重要的装饰部位。在建筑侧面与背面联排的飞券，既是平衡屋顶拱券侧推力的结构构件，在造型上也起着重要的装饰作用。屋顶中部，"拉丁十字"交叉点上屹立的高达 90m 的尖塔，与西面两个钟塔一起表现了哥特式教堂追求"高直"的独特风格。

2）兰斯主教堂（Rheims Cathedral，1211—1290 年）

兰斯城距离巴黎东面约 150km。兰斯主教堂原是法国国王的加冕教堂，造型华丽，形体匀称，装饰纤巧、细致，是法国哥特式教堂中最精致的一座，如图 2.21 所示。教堂正面朝西，中厅直通圣坛。立面上下 3 段的比例划分与巴黎圣母院非常相似，但其装饰却复杂得多，3 个尖券门洞是装饰的重点部位。西立面上两座高耸的钟塔高 80m，中间的玫瑰窗直径 12m，色彩斑斓，增加了教堂内部的神圣气氛。

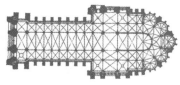

(a) 平面

(b) 中厅

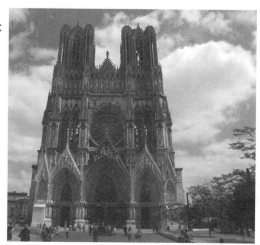

(c) 建筑外观（西面入口）

图 2.21 兰斯主教堂

3）德国科隆主教堂（Cologne Cathedral，1284—1880 年）

位于德国科隆市中心，是欧洲北部最大的哥特式教堂，如图 2.22 所示。它除了有重要的建筑和艺术价值外，还在于它是欧洲基督教权威的象征。该教堂在第二次世界大战期间部分曾遭到破坏，多年来一直在进行修复，是德国中世纪哥特式宗教建筑艺术的典范。

教堂平面宽 84m，深 143m。中厅宽 12.6m，高 46m，使用了尖矢形肋架交叉拱和束柱，是哥特式教堂室内处理的杰作。西立面的一对八角形塔楼建成于 1824—1880 年间，高达 150 余米，体量较大，但造型挺秀。教堂内外布满雕刻以及小尖塔等装饰，垂直向上感很强。

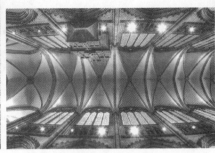
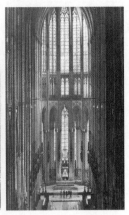

(a) 教堂鸟瞰　　　　　　(b) 中厅尖矢形肋架交叉拱顶　　　　　(c) 中厅束柱

图 2.22　科隆主教堂

4）意大利米兰主教堂（Milan Cathedral，1385—1485 年）

米兰市中心的一座哥特式大教堂，如图 2.23 所示，是世界上最华丽的教堂之一，规模仅次于梵蒂冈的圣彼得大教堂，是米兰的象征，被马克·吐温称赞为"大理石的诗"。虽经多人之手，但始终保持了"装饰性哥特式"的风格。教堂建成后，内部又陆续增建了不少附属物，直到 19 世纪末才最后定型。教堂内部空间宽阔，由 4 排大柱子隔开。中厅高约 45m，侧廊高 37.5m，由于中厅高出侧厅较少，因而侧高窗较小，内部比较幽暗。建筑外部全由光彩夺目的大理石筑成，高高的花窗、直立的扶壁以及 135 座小尖塔，都表现出向上的动势。

(a) 建筑外观　　　　　　　(b) 内部束柱　　　　　　(c) 外部满布的垂直装饰

图 2.23　米兰主教堂

哥特式主教堂是欧洲中世纪最突出的建筑类型，是教堂建筑的黄金时代。它能获得这样的发展，主要有以下几个因素。

（1）教会势力的权威以及经济实力在中世纪不断增加，需要用高大、向上的形体来表示神权的尊严与崇高。

（2）公元 10 世纪以后，随着手工业与农业的分离，以及商业的逐渐活跃，在一些交通要道、关隘、渡口及教堂和城堡附近，形成了许多手工业工人与商人聚集起来的城市。城市的发展、人口的集中，需要体积庞大的教堂来容纳教徒，于是，产生了能容纳万人以上的教堂，如巴黎圣母院、米兰大教堂等。同时，哥特式教堂不仅具有宗教意义，也具有政治、经济意义。

（3）中世纪末期，欧洲的城市经济有了很大的发展，教会拥有大量财富，为哥特式教堂的建设提供了物质基础。

（4）随着建造技术的进步，尖券、飞券等结构技术的出现，为哥特式建筑垂直向上发展提高了技术上的可行性。

哥特式建筑起源于法国，后来在弗兰德尔的一些城市中，在德国的莱茵河流域，在英国、西班牙、尼德兰和意大利流行起来。大教堂在城市建筑中起着主导作用。随着建筑技术的提高，哥特式建筑发展得越来越高，有些塔高达到 150m 以上，超过了埃及最大的金字塔。

2.3 中古伊斯兰建筑(公元 7—18 世纪)

公元 610 年，穆罕默德在麦加创立了伊斯兰教，之后政教合一的阿拉伯帝国不断扩大版图，公元 8 世纪中叶，已经实现了地跨欧、亚、非三洲。以沙漠和绿洲为经济基础的阿拉伯人以麦加、麦地那、大马士革、巴格达为基地，以一种罕见的宽容和大度吸收不同的民族文化共建阿拉伯大帝国。他们在世界文化宝库的基础上发展与丰富了文学、航海学、医学、数学、哲学等，创造了灿烂的阿拉伯文明。

发源于阿拉伯半岛的伊斯兰建筑具有多重含义：第一是与伊斯兰教有密切关系的，如清真寺、陵墓、经学院等建筑，直接服务于宗教活动；第二种是与穆斯林社会活动有关的，如皇宫、府邸、集市等建筑，从中渗透着穆斯林的信仰、行为等；第三是住宅、产业、道桥等，具有更广泛的含义，其中很多与宗教无关，只是采用了较为独特的风格与形式。

2.3.1 "白衣大食"与"黑衣大食"时期的伊斯兰建筑

在伊斯兰教最初的四位哈里发的执政结束之后，由阿拉伯帝国的叙利亚总督穆阿维叶（即后来的哈里发穆阿维叶一世）建立了倭马亚王朝，是阿拉伯帝国的第一个世袭王朝（史书称为"白衣大食"）时期。从 661 年至 750 年的倭马亚王朝时代，阿拉伯帝国的对外征服达到了一个高峰。他们的疆域最广阔之时，东至中国、西至今日的西班牙。这一时期，伊斯兰建筑确立了大殿、礼拜厅、柱廊、神盒、讲经坛、宣礼塔的基本形制，以及圆顶、圆拱、尖拱、柱头、雕刻、镶嵌、植物、几何图案等建造手段和装饰手法，伊斯兰建筑开始走向成熟。

倭马亚王朝时代最重要的建筑物包括凯鲁万大清真寺、耶路撒冷的圆顶清真寺和阿克萨清真寺，以及大马士革的倭马亚大寺。

凯鲁万大清真寺(Great Mosque of Kairouan)，是突尼斯最重要的清真寺之一，也是伊斯兰世界最古老的宗教场所，建于公元 670 年，后来成为北非地区清真寺的典范。其面积为 9000m^2，周长 405m，包含了多柱式的祷告大厅，大体量的方形尖塔以及大理石铺地的庭院，如图 2.24 所示。

图 2.24　凯鲁万大清真寺

圆顶清真寺，如图 2.25 所示，坐落在耶路撒冷老城东部的伊斯兰教圣地内，穆斯林称之为高贵圣殿，犹太人和基督徒称为圣殿山。公元 687—691 年，由第 9 任哈里发阿布杜勒·马里克建造，原为木清真寺，公元 691 年改建成八角形，几经翻修，大圆顶高54m，直径 24m。1994 年圆顶覆盖上了 24kg 纯金箔，又称金顶清真寺、萨赫莱清真寺。

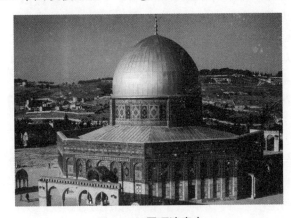

图 2.25　圆顶清真寺

阿克萨清真寺（建于公元 710 年）位于圣殿山沙里夫内院的西南角，是伊斯兰教第三大圣寺，仅次于麦加圣寺和麦地那先知寺。阿拉伯语"阿克萨"意为"极远"，故又称"远寺"。阿克萨清真寺相传最早为古代先知苏莱曼所建，哈里发欧麦尔时期重修，是伊斯兰 3个最神圣的地方之一。寺里有登宵圆顶亭、麦尔旺殿廊、远寺古地道、大金门、门廊及"卡斯"水池等辅助型建筑，如图 2.26 所示。

大马士革清真寺（The Great Mosque of Damascus），如图 2.27 所示，坐落在叙利亚首都大马士革旧城中央，位于古罗马的朱庇特庙（Temple of Jupiter，公元 1 世纪）和早期基督教的圣约翰教堂（Church of St John，公元 5 世纪）的旧址之上。寺的主体由 3 个封闭式的圆柱大殿和环抱东、北、西 3 面的列柱拱顶长廊组成，长 158m，宽 100m，总建筑面积为 15800 m²。礼拜大殿位于庭院南部，用巨大石块砌成，长 136m，宽 37m，被大理石柱子分成 3 楹间。大殿内金碧辉煌，墙壁、梁柱、讲台均用大理石、瓷砖和五彩玻璃镶嵌，并雕刻有精制的图案，圆柱的柱头一律涂成金色。4 个半圆形的凹壁用黄金和宝石细工镶

图 2.26　阿克萨清真寺与圆顶清真寺

嵌。大殿正门是凯旋式的穹形大门，门廊和前厅连在一起，门两边各有圆柱。大殿中部是二圆顶。庭院中间有公元 976 年所建的一座大理石的水池，供沐浴之用。大殿正面仿拜占庭宫殿式样，有凯旋式穹顶大门，门两旁由合抱的大理石圆柱支撑，柱顶为皇冠形，柱头镀有闪闪发光的金箔。

　　公元 749 年，先知后裔阿巴斯的势力不断增强，在库法被拥为哈里发，开始了长约 500 年的阿巴斯王朝(我国史书称为"黑衣大食")时期。公元 762 年，迁都巴格达。伊斯兰文化在此与人类文明发祥地之一的两河流域文明相遇，又和波斯文明结合，进入了一个新的历史阶段。

　　萨马拉在公元 836—892 年也是阿巴斯王朝的首府，规模宏大。其中的萨马拉大清真寺是当时世界上最大的清真寺，建于公元 848—852 年，长 240m，宽 156m。宣礼塔距离清真寺 27m，造型独特，塔高 53m，顶部原有 8 根柱子支撑的亭阁，也称转塔，其原型可追溯到古代两河流域的圣塔，为阿巴斯王朝最雄伟的纪念碑式建筑，如图 2.28 所示。

图 2.27　大马士革清真寺

图 2.28　萨马拉大清真寺宣礼塔

2.3.2 伊比利亚半岛的伊斯兰建筑

公元711年，倭马亚王朝的摩尔人将领塔里克率领穆斯林军队渡过直布罗陀海峡，进入伊比利亚半岛，攻占了西班牙三分之二的领土。他们的入侵促进了东西方文化的交流，产生了许多具有混合风格的建筑，著名的有哥多瓦大清真寺（The Great Mosque Cordoba）、吉拉尔达塔、阿尔罕布拉宫（The Alhambra-Granada，Spain）等。

1. 哥多瓦大清真寺

哥多瓦大清真寺位于西班牙南部古城哥多瓦市内，具有摩尔建筑和西班牙建筑的混合风格，如图2.29所示。公元786年前后，"白衣大食"王国国王阿卜杜勒·拉赫曼一世欲使哥多瓦成为与东方匹敌的伟大宗教中心，在罗马神庙和西欧哥特式教堂的遗址上修建了这个清真寺。后来经过拉赫曼二世和哈卡姆二世扩建，到1236年时，该寺院的面积已比初建时扩大了2倍，一次就可容纳2万多信徒从事宗教活动。

图2.29 哥多瓦大清真寺

该寺主要分为宣礼楼、橘树院、礼拜正殿、圣墓等几部分，占地面积4000m²。在大门边是高达93m的钟楼，为清真寺的宣礼塔。橘树院内的水池，是穆斯林在礼拜前履行净礼的地方。礼拜正殿由斑岩、碧玉和各种颜色的大理石石柱构筑而成。经过花木繁茂的中庭进入大厅，多达850座马蹄形拱门层层叠叠在眼前展开，营造出空旷深邃的空间感。拱顶鲜艳的红白二色线条，充满阿拉伯风情，如图2.30所示。"万柱厅"的马蹄形券是埃及和北非的典型做法，哥多瓦大清真寺成为伊斯兰建筑发券的展馆，有半圆券、马蹄券、火焰形券、梅花券等。

2. 吉拉尔达塔

吉拉尔达塔是清真寺用来报时和召唤信徒做礼拜的宣礼塔，1184年初用石材建造。1248年，塞维利亚重新被天主教徒占领后，于1568年加建顶部风标，成为一座风信塔。

西班牙的塔对欧洲各国文艺复兴时期的天主教塔的形式有一定的影响，如图 2.31 所示。

图 2.30　哥多瓦大清真寺室内

图 2.31　吉拉尔达塔

3．阿尔罕布拉宫（The Alhambra-Granada，Spain）

阿尔罕布拉宫，又称"红宫"，是摩尔人作为要塞之用的宫殿，位于一个地势险要的小山上，有一圈 3500m 长的红石围墙，沿墙建有防卫性高塔，如图 2.32 所示。其地理位置巧妙地将宫廷与民间生活分开。对远离世俗尘嚣的宫堡，人们在可望而不可即的情况下，产生敬畏之心。而国王也可从宫中俯视格兰那达城中民众的举动。

图 2.32　阿尔罕布拉宫

阿尔罕布拉宫占地 13hm²，宫殿内分为行政场所、活动仪式场所、王族居所三大部分，由 2 个大院（桃金娘院和狮子院）和 4 个小院及周围的房屋组成。桃金娘院（Patio de los Arrayanes），作为阿尔罕布拉宫最为重要的群体空间，是外交和政治活动的中心，长 36m，宽 23m，其中间是一个浅而平的矩形水池以及漂亮的中央喷泉。在水池旁侧排列着两行桃金娘树篱，如图 2.33 所示。

通过桃金娘中庭东侧，就是狮子院（Patiodelos Leones），长 28m，宽 16m，由 124 根柱子、柱廊围绕。洁白的大理石柱或单，或成双，或三根一簇不规则地排列，支撑四面马蹄形券的回廊。从柱间向中庭看去，其中心处有 12 只强劲有力的白色大理石狮托起一个大水钵（喷泉）。作为伊斯兰风格的园林代表之一，它有一个确定的中心，一个喷泉，泉水从地下引来，喷出之后沿着十字形的水渠向四方流出。十字水道将庭园分割成四部分，这四个方向的水渠分别代表了《古兰经》中自天堂流出的水、乳、酒、蜜四条河；有时水从四个方向流回到中心源泉，象征着来自宇宙四个角隅的能量又返回这个中心，如图 2.34所示。

图 2.33　桃金娘院　　　　　　　　　　　　　图 2.34　狮子院

阿尔罕布拉宫室内饰有金银丝镶嵌的精美图案。柱头和发券的表面满布精琢细镂、复杂华丽的石膏雕饰。大面积铺满装饰，是伊斯兰建筑的重要特点之一。伊斯兰教义严禁使用人像、动物和形象化的植物题材，所以图案都是几何纹饰，包括特有的钟乳拱、铭文饰和一些程式化的植物图案，如图 2.35所示。

图 2.35　阿尔罕布拉宫的装饰细部

2.3.3　印度与东南亚的伊斯兰建筑

伊斯兰世界对印度的真正征服开始于 11 世纪，廓尔王朝在 1192 年的第二次德赖战役中决定性地击败了兆汉人，而后于 1206 年采用苏丹头衔统治北印度地区，定都德里，为德里苏丹国。德里苏丹国时期，印度的穆斯林文化有了很大发展。伊斯兰式的宏伟建筑在印度耸立起来，之后形成了所谓"德里风格"的建筑风格。

建于 1570 年的莫卧儿国王胡马雍陵，是印度次大陆的第一座花园陵墓，也是伊斯兰教与印度教建筑风格的典型结合，如图 2.36所示。

胡马雍陵园为一个中亚式的四分花园，陵墓处于花园的中心，并在正东、正西、正南、正北、东北、东南、西北、西南 8 个方位各修一个有喷泉的浅水池，通过地下管道引水到水池中央的喷头，8 个水池之间又有小水道相互连接。陵墓主体建筑采用带有浓郁印度风格的黑白色大理石及红砂岩为建筑材料，矗立于 6.7m 高的石基座上，石基侧面为连续拱门的廊道，最中间的拱门有一个台阶连到上面。高 24m 的正方形陵墓四面对称，主墓室也是四方形，东西南北各有一个拱门，主墓室的四角紧贴着四个翼室，翼室上面各有一个印度特色的钟形小亭。整个建筑色彩红白相衬，拱门大小错落，圆顶主次有序，庄严肃穆、亮丽清新。陵墓顶部是一个以白色大理石雕成的半球形的双重复合穹顶，其上竖立一金属小尖塔，这是典型的伊斯兰教建筑特色。主体建筑胡马雍陵的另一特色是其拱门及窗户上皆雕有极为细密的格纹和几何图形，如图 2.37 所示。

图 2.36　胡马雍陵　　　　　　　　　　　图 2.37　胡马雍陵窗雕

　　伴随着伊斯兰世界的兴起，阿拉伯商人的商业活动范围逐步扩大，不少商人在前往中国途中经过东南亚，伊斯兰教及其建筑风格也通过这些商人带入了东南亚。在 11 世纪前后，东南亚地区一些古代王国开始引入了伊斯兰教，尊奉为国教。从 13 世纪开始，穆斯林控制了马来群岛到印度的贸易，伊斯兰教随着这些贸易商散播至各地，每行经一处港口，穆斯林便会在此地兴建清真寺，设立学校。伊斯兰教初传入东南亚地区时，为了适应湿热的气候环境以及多种宗教并处交融的文化环境，清真寺的建设结合东南亚原有的建筑形制，采用木构干栏式，室内空间意象也沿袭了东南亚印度教——佛教建筑的手法，突出垂直方向的空间效果。殿内正中一般由四根神圣的中心柱支撑 2～3 层四坡屋顶，屋顶没有反曲，形成了东南亚地区传统本土式清真寺的独特风格，如图 2.38 所示。

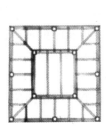

图 2.38　东南亚地区传统本土式清真寺示意图

2.4 中古日本建筑(公元6—19世纪)

日本古代建筑是指日本在明治维新以前的建筑。若以佛教建筑传入日本的飞鸟时代算起，已历经了一千多年的历程。日本建筑的发展深受中国古代建筑的影响，同时也具有鲜明的本民族特色。

日本大部分地区气候温和，雨量充沛，盛产木材，房屋使用木构架，通透轻盈、开敞式布局、地板架空、出檐深远。木构架采用了中国式的梁柱结构，甚至也有斗拱，空间布局也以"间"为基本单元并肩联排，构成横向的长方形。它们具备了中国建筑的一切特点，包括曲面屋顶，飞檐翼角和各种细节，如鸱吻、隔扇等。

同时，日本建筑在美学特征方面很有创造性。除早期的神社外，日本古代的都城格局、大型的庙宇和宫殿等，比较恪守中国形制，而住宅到后来则几乎完全摆脱了中国影响而自成一格，结构方法、空间布局、装饰、艺术风格等都与中国住宅大相径庭。它们的美学特征是非常平易亲切，尺度小，设计细致，精巧。日本建筑重视并擅长于呈现材料和构造的天然本质。草、木、竹、石，甚至麻布、纸张，都被利用得恰到好处。其发展历程可分为早期、中期和晚期三个阶段。

2.4.1 中古日本建筑的发展历程

1. 早期(公元6—12世纪，主要包括飞鸟、奈良、平安三个时代)

飞鸟时代(公元552—645年)，日本社会由奴隶制向封建制过渡。为巩固封建制度和统一的专制国家，日本大量吸收中国封建朝廷的典章制度和文化。佛教便从中国经朝鲜传入日本，佛教建筑也开始传入日本。公元604年，圣德太子正式信奉佛教，30年内建成了46座佛寺。这些建筑基本沿袭了中国佛教建筑的布局形制和建造技术。典型的实例是位于奈良附近，建于公元607年的大型寺院法隆寺，如图2.39所示。

图2.39 法隆寺

法隆寺是世界上最古老、最完整的日本木构建筑群，以金堂、五重塔为主，共20余幢，整个寺院内保存有自飞鸟时代以来的各种建筑及文物珍宝。它的主体是一个"凸"字形的院子，四周环以廊庑。前有天王殿，后有大讲堂，讲堂两侧分立经楼和钟楼，都和廊庑相接。大讲堂之前，院落中央，分列于轴线左右两侧的是金堂和五重塔。这种布局后来被称为"唐式"，可能是中国南北朝时期或者北魏末年的式样。

金堂两层，底层面阔5间，进深4间，两层各减一间。歇山顶，有斗拱，形式还不十分严格，采用云拱和云斗。其形式，以至细部纹样都体现了来自中国南北朝建筑的影响。建筑用料粗壮，金堂的圆柱卷杀明显，柱上置有皿板大斗，用整木刻成云头状的云形斗拱支撑着檐口，并用变形的万字形勾栏和人字拱等。五重塔有檐五层，故称"五重塔"，外形楼阁式塔，但塔内没有楼板，同样不能登临，其平面呈方形，各层平面向上剧烈递减。塔高31.5m，塔刹的部分约占总高的1/3，上有九相轮，塔中心有一根自下而上的中心柱支撑着塔顶的重量。顶层房檐的一边只有底层房檐的一半左右。相传塔中存有佛骨舍利，为日本最古老的木塔，如图2.40所示。

图2.40 法隆寺主体建筑金堂与五重塔

公元710年，元明天皇迁都奈良，日本进入奈良时期，疆域扩大到九州南部和本州北部。当时正值中国的盛唐，日本大规模地全面引进中国文化。采用汉字，学习书法和绘画，仿唐制设备部机构，修建四通八达的道路网。短短的奈良时代是日本文化昌盛繁荣的时期。

奈良古都叫平城京。日本的遣唐史根据中国风水观念，完全模仿唐长安城的规划布局，按1/4的比例在奈良修建了平城京，如图2.41所示。平城京东西宽4300m、南北长4800m，中央有宽85m的朱雀大路，将市区分为左右两京，每隔400m都有大路相通，纵横的大路将城区分成许多方块，形成整齐的棋盘式街道网络。

因为立佛教为国教，在奈良建造了一批很重要的庙宇，典型实例是建于公元728年的东大寺，又称大华严寺、金光明四天王护国寺。东大寺大佛殿，如图2.42所示，正面宽度57m，深50m，为世界最大的木造建筑。大佛殿内，放置着高15m多的卢舍那佛像。东大寺院内还有南大门、二月堂、三月堂、正仓院等。南大门有很著名的双体金刚力士像。二月堂能够俯视大佛殿和眺望奈良市区。

另外一个具有重要意义的实例是759年由中国东渡高僧鉴真和尚主持建造的唐招提寺。鉴真和尚在日本弘扬律宗，唐招提寺是日本律宗的总院。造寺的工匠有一些是鉴真和尚从中国带去的。现在，唐招提寺只剩金堂、讲堂和东塔是初建时的原物。金堂如图2.43所示，面阔7间，长约28.18m；进深4间，约16.81m。开间尺寸由明间向两侧递减，中央五开间设隔扇门，尽间只设隔扇窗。柱头有斗拱，补间只有斗子蜀柱。柱头斗拱为六铺作，双抄单下昂，单拱，偷心造。梁、枋、斗拱都有彩画，柱子漆红色。拱眼壁和垫板全部粉白，把承重构件鲜明地衬托出来，显得结构条理清晰，逻辑性很强。屋顶是庑殿式，经过改造，坡度比原来的陡一些。内部中央供奉卢舍那佛，两侧是药师佛和千手观音，靠山墙则有四天王。御影堂里供奉鉴真坐像，是日本最杰出的干漆木雕像之一。这

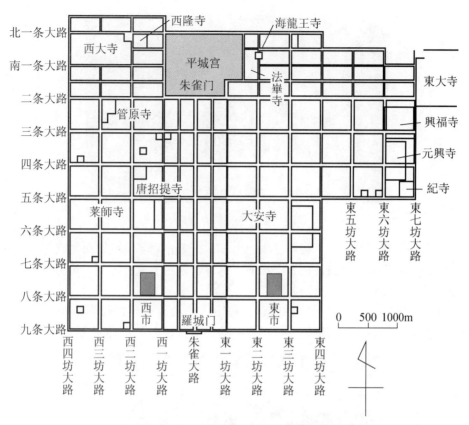

图 2.41　奈良平城京平面复原图

图 2.42　东大寺大佛殿

座金堂可以作为中国唐代纪念性建筑的代表，风格雍容大方，端庄平和。

奈良时期之后持续四百年的平安时期（公元 886—1183 年），年代相当于中国中唐至南宋。经过长年的消化吸收，日本建筑开始由唐风向和风的演变，也就是唐式建筑的日本化。公元 894 年，日本因晚唐乱世而停止派遣唐使，中日交流趋于停顿。大约在 10 世纪下半叶开始，日本建筑本土化了。这个时期由于封建经济的发展，建筑也显现出一派优美华丽的贵族风格。11 世纪，贵族社会到了全盛时期，贵族们大量兴建邸宅、别墅等，邸

图 2.43　唐招提寺金堂

宅建筑产生了一种新形制——"寝殿造"，即是在中央正屋（寝殿）的两侧有东西配屋，并以游廊把它们联系起来，前面往往有个水池。佛寺也采用了这种形制，寝殿造佛寺最重要的代表是平等院凤凰堂。

平等院位于日本京都府宇治市，原本是藤原道长的别墅，1052 年，被其子改修为寺院，修建安置阿弥陀如来的阿弥陀堂，即现在的凤凰堂，如图 2.44 所示。

图 2.44　京都平等院凤凰堂

凤凰堂朝东，三面环水。正殿面阔 3 间，进深 2 间半，四周加一圈檐廊，重檐歇山顶。柱头斗拱六铺作，单拱，偷心造。两翼伸出四间重檐的廊子，向前再折出两间，形成厢房。在折角处加一个攒尖顶，有平座。正殿后身向西有 7 间廊子。整个平面像一只展翅的高贵的凤凰。正殿、正脊两端各立一只铜铸鎏金的凤凰。凤凰堂建筑临水而筑，体形起伏，构架空灵，飞檐宽展，对各个不同的观赏角度呈现出不同的变化，具有日本建筑特有的轻快风格。

2. 中期（12—16 世纪中叶，包括镰仓和室町时代）

此时期，宫殿、神社、佛寺、府邸等建筑逐渐向全国发展，在奈良的仿中国建筑的做法（禅宗式、和样建筑等）在各地广泛传播。从建筑风格上看，奈良时期粗大的构件缩小了，柱子越来越细，枋子成为不可缺少的构件，佛堂内使用天花板，门板演变为隔扇等。最重要的实例是京都鹿苑寺金阁寺。

图2.45 京都鹿苑寺金阁寺

金阁寺建于1379年，原为幕府将军的山庄，后改为禅寺，因为建筑物外面包有金箔，故名金阁寺，如图2.45所示。金阁寺是一座紧邻镜湖池畔的三层楼阁状建筑：一楼是延续了当初平安时代样貌的"法水院"（属平安时代的贵族"寝殿造"建筑风格）；二楼是镰仓时期的"潮音洞"（武士建筑风格）；三楼则为中国唐朝风格的"究竟顶"（属禅宗佛殿建筑）。寺顶有宝塔状的结构，顶端有象征吉祥的金凤凰装饰。三种不同时代、不同风格的建筑却能在一栋建筑上调和至完美，是金阁寺之所以受到推崇的原因。

3. 晚期（16—19世纪中叶，包括安土桃山时代、江户时代）

本时期的日本建筑越来越呈现自身特色，也日趋成熟发达，各种新式建筑相继出现，如茶室、府邸、城堡等。战争中兴建的城堡在江户时代已演变为地方的政治与经济中心。

随着16世纪西洋文化的输入，日本建筑发生了新的变化，除了和风住宅之外，重要的还有城楼，称为"天守阁"。16世纪末和17世纪初，是日本城郭建设的高潮时期，各地诸侯兴起了兴建城堡望楼——"天守阁"之风。这些天守阁并不像封建内战时期那样兼做藩主的府邸，而是纯粹的军事壁垒。这是一种木结构的高层楼阁，阁里有武器库、水井、厨房和粮仓，还有投石洞、射箭孔和铁炮孔等作战设施。天守阁不仅具有防御上的实用目的，而且还作为政治上炫耀和威慑的手段。著名的天守阁有犬山、姬路城、松本、熊本、名古屋等。

姬路城，如图2.46所示，高33m，底层东西长23m，南北宽17m。它的守备设计很严密，一座大天守阁之外，还有三座小天守阁监护着它的门，互成掎角之势，防御侧面来的攻击。大小天守阁之间设武器库，可以方便地供应守卫者。天守阁前的路径十分曲折，进城门之后，必须走过长长的、迂回又迂回的上坡路才能到达天守阁脚下，路两侧夹着石墙，设一道一道的关卡。天守阁主体采用木结构，但加上了砖石的外围护墙。下部用大块青石砌筑，收分很大，上部抹白灰，细腻、明亮的白灰和粗犷的青石对比强烈。为了扩大防卫者的视野，便于射击，姬路城的天守阁在墙上设了几个凸碉，它们被造得像歇山式的山花，称为"唐破风"。凸碉经常成对设置，形成"比翼山花"。它们和腰檐相互穿插，重叠错落，景观丰富。

图 2.46　姬路城天守阁

2.4.2　中古日本建筑的典型类型

1. 神社

日本建筑中最有特色的是神社，是祀奉自然神、氏族祖先和英烈人物的建筑物，遍布全国，有十余万所，建造年代从古迄今未尝中辍。早期神社，模仿当时比较讲究的居住建筑，贴近朴实的人民生活，它们的建筑风格，可以代表日本建筑的基本气质。

早期神社的平面和外观都比较简单，用木板墙，下部架空，双坡木架草顶，屋面无举折，不施彩色和雕饰。它有两种基本式样：一种称为"大社造"，以岛根县出云大社为代表，现存社屋是 1744 年造替的，平面呈方形，悬山式屋顶，山面开门，室内有一根中心柱；另一种称为"神明造"，以伊势神宫为代表，其特点是社屋三开间，正面明间开门，屋顶也是悬山式。

伊势神宫，如图 2.47 所示，是日本最古老和最神圣的神社，位于三重县伊势市的海滨密林里。神宫平面呈矩形，长边入口，由内宫与外宫两个部分组成。内宫称"皇大神宫"，祭祀天照大神；外宫建造年代晚，供奉丰收大神，它专门负责保护天照大神的食物。正殿居内宫中心，从外宫到内宫有数道栅栏和围墙环绕，形成层层空间。外墙的四个方向设有鸟居。

2. 茶室

在禅宗佛教影响之下，日本兴起了茶道，以品茶、斗茶为题制定了一套烦琐的礼仪规则。为这个目的而造的建筑物就叫茶室。茶道由禅僧倡导起来，他们依照书院造府邸内上段的样式，建造独立的小小的茶室。因为禅僧们在茶道里深深注入了寂灭无为的生活哲理和不分贵胄黎庶、一律平等的思想，茶室就以萧索淡雅相标榜，追求自然天成。茶室采用民居的不涂漆、不装饰的泥墙顶、落地窗，周围布置步石、树木、桌凳、灯笼等，被称为

图 2.47　伊势神宫

"草庵风茶室"，如图 2.48 所示，成为日本最有特色的建筑类型之一。

图 2.48　草庵风茶室

　　草庵风茶室一般很小，以当时刚流行的"榻榻米"地席来说，大多是四席半，最小的只有两席。它们小而求变，内外都避免对称，也有床和棚。常用木柱、草顶、泥壁和纸格扇。为了渲染天趣，常用不加斧凿的毛石做踏步或架茶炉，用圆竹做窗棂或搁板，用粗糙的苇席做屏障。柱、梁、檩、椽之类的木材，往往是带皮的树干，不求修直，连虫眼和节疤都保留着作为点缀。床和棚之间立一根柱子，叫做"床柱"或者"中柱"，是茶室最讲究的一个构件。全部构件都不上色上漆，叫做"素面造"。

　　与茶室相伴的是野趣庭园，叫做"茶庭"。在园的一角，茶室流露着沉潜隐默的情趣。茶庭一般很小巧，用写意手法布置。地面略作起伏，铺上草皮，零星点缀几块精选的山石，几座精致的石灯，茶室门前摆一个由大块蛮石凿成的水钵，供茶客洗手。水钵左右有供放置水勺、水桶和供茶客落脚的几块蛮石。它们和水钵构成很富画意的一组，名为"蹲踞"。

　　茶室把日本建筑的典型性格发挥到极致，有一些杰出的作品。但是，走到极端，就会向反面转化，有一些茶室，手法过于刻露、做作，从追求自然变得很不自然。

　　3. 住宅

　　日本早期住宅多采用木架草顶，下部架空，如干阑式建筑。佛教传入后，住宅也有明显变化。圣武天皇在位时（公元724—748年），朝廷鼓励臣下建造"涂为赤白"（柱梁涂朱，墙壁刷白）的邸宅。奈良时代留下的唯一住宅实例是已被改造成法隆寺东院传法堂的一座五开间木架建筑。

平安时代，贵族住宅采用"寝殿造"式样，即主人寝殿居中，左、右、后三面是眷属所住的"对屋"，寝殿和对屋之间有走廊相连，寝殿南面有园池，池旁设亭榭，用走廊和对屋相连，供观赏游憩之用。

镰仓时代的武士住宅，出于防御上的考虑，平面形式和内部分隔都很复杂，布局和外观富有变化。僧侣们则因读经需要而在居室旁设置小间作为书房，这是"书院造"式住宅的萌芽。到了室町和桃山时期，书院造式住宅兴盛起来。这种住宅平面开敞、简朴，分隔灵活，室内设有"书院"（读书用的小空间）、"床之间"（挂字画和插花、插香等清供之处，形如壁龛）、"违棚"（放置文具图书的架子）等陈设和室内处理，富有特色。

茶道在武士和文人中的流行，又促进了茶室建筑的发展，在具有农家风味的草庵式茶室的影响之下，出现了一种田舍风的住宅，称为"数寄屋"。作为住宅，它比茶室多讲究一些实用，少一些造作，比较整齐，木材也常常漆成黝黑色，自然平易。数寄屋之风也吹到了大型的书院造府邸里，最著名的实例是17世纪上半叶京都府的桂离宫书院和修学院离宫书院。

京都桂离宫，原名桂山庄，因桂川在它旁边流过而得名。桂离宫如图2.49所示，是一所山庄园林，占地6.94km^2。整座庭园以人造湖为中心，湖中有大小五岛，分别用木桥与石桥连接。湖的西岸，三栋书院造的房子曲折连缀在一起，依次是古书院、中书院和新御殿。在中书院和新御殿之间，还有一栋不大的乐器间。所有的木构件，从结构到装修都很细巧。地板架空比较高。屋面是草葺的，散水、柱础、小径采用天然毛石。外檐装饰采用白纸糊的推拉隔扇，衬托出深色的木构架，更加洗练明快。松琴亭如图2.50所示，是宫中的茶室，用草顶、土墙、竹格窗等最简单的材料与构件构成，俭朴雅致，是"草庵风茶室"的典型例子。前面庭院的石作，结合水面与种植，具有日本庭院的特色。

图2.49　桂离宫

数寄屋是后来和风住宅的前身。和风住宅吸纳了西洋式住宅的许多特点和做法，是日本式的现代建筑。

总体而言，日本传统建筑早期受中国的影响，木结构建筑与主要建筑类型都仿效中国

图 2.50　松琴亭

传统建筑。1868 年，日本明治维新以后，逐渐向西方学习，建筑方式也开始走西化道路。

2.5 意大利文艺复兴建筑

西欧资本主义因素的萌芽，14 世纪从意大利开始，15 世纪以后遍及各地；在法国、英国、西班牙等国家，国王联合资产阶级，挫败了大封建领主，建立了中央集权的民族国家；在德国发生了宗教改革运动，然后蔓延到全欧。农民和城市贫民的起义更是风起云涌。以意大利为中心的，在思想文化领域里，掀起了一场借助于古典文化来反对封建文化和建立资产阶级自己的文化运动，称为文艺复兴运动。这个运动的文化基础是"人文主义"，即从资产阶级的利益出发，反对中世纪的禁欲主义和教会统治一切的宗教观，提倡资产阶级的尊重人和以人为中心的世界观。文艺复兴建筑风格表现为在反封建、倡理性的人文主义思想指导下，提倡复兴古罗马的建筑风格，以之取代象征神权的哥特式风格。古典柱式再度成为建筑造型的构图主题。在建筑轮廓上讲究整齐、统一与条理性。

文艺复兴（Renaissance）、巴洛克（Baroque）和古典主义（Classicism）是 15—19 世纪时流行于欧洲各国的建筑风格。其中，文艺复兴与巴洛克起源于意大利，古典主义起源于法国。也有人广义地把三者统称为文艺复兴建筑。

概括起来，文艺复兴运动可以分为三个历史时期。

（1）早期：文艺复兴最早产生于 14—15 世纪的意大利，佛罗伦萨主教堂的穹顶成为早期文艺复兴建筑的代表作品。

（2）盛期：16—17 世纪，以罗马为中心传遍意大利，并传入欧洲其他国家。圣彼得大教堂是盛期文艺复兴建筑的杰出代表。

（3）后期：从 17 世纪上半叶开始，因经济的衰退，开始了两种风格的并存：一种是泥古不化，教条主义地崇拜古代，以意大利北部威尼斯、维琴察等地为中心形成了文艺复兴余波；另一种是追求新颖尖巧、爱好新异，从而形成"手法主义"（Mannerism），以后逐渐形成了巴洛克风格。

2.5.1　早期文艺复兴建筑

标志着意大利文艺复兴建筑史开始的，是佛罗伦萨主教堂的穹顶，如图 2.51 所示。它的设计和建造过程、技术成就和艺术特色都体现着新时代的进取精神。

图 2.51　佛罗伦萨主教堂

佛罗伦萨主教堂是 13 世纪末行会从贵族手中夺取了政权后，作为共和政体的纪念碑而建造的。主教堂的形制虽然大体还是采用拉丁十字式，但突破了中世纪教会的禁制，将东部歌坛设计成近似集中式的。八角形的歌坛，对边宽度 42.2m，在 1420 年以征求图案竞赛的结果，采用了伯鲁乃列斯基（Filippo Brunelleschi，1937—1446 年）的设计。伯鲁乃列斯基出身于行会工匠，精通机械、铸工，是杰出的雕刻家和工艺家，在透视学和数学方面都有过建树，是文艺复兴时代所特有的多才多艺的巨人。为了设计穹顶，他到罗马城逗留了几年，像人文主义者那样，精心向古罗马建筑遗迹学习，尤其是拱券和穹顶的做法。对于佛罗伦萨主教堂的穹顶，他自己做了一个设计十分周到的模型，制订了详细的结构和施工方案，不仅考虑了穹顶排除雨水、采光和设计小楼梯等问题，还考虑了风力、暴风雨和地震等，并提出了相应的措施，终于实现了这一开拓新时代特征的杰作。

伯鲁乃列斯基亲自指导了穹顶的施工。他采用了伊斯兰建筑中叠涩的砌法，因而在施工中没有模架，这在当时是非常惊人的技术成就。为了使这个穹顶能控制全城，在穹顶下先砌了一个 12m 高的八角形鼓座。穹顶的结构采用了哥特式骨架券，分为内、外两层，中间为空，可以供人上下。在八角形的 8 个边角升起 8 个主券，8 个边上又各有 2 个次券。每 2 个主券之间由下至上水平地砌 9 道水平券，将主券、次券拉结为一个整体。在顶上由一个八边形的环收束，环上压采光亭，由此形成了一个非常稳定的骨架结构。采光亭本身既是一个结构构件，也是一个造型要素。这个八角形的亭子，结合了哥特式手法与古典的形式，是一个新创造。穹顶轮廓采用矢形，大致为双圆心。内径 44m，本身高 30 余米，连同采光亭在内总高 60m，亭子顶距地面则达到了 115m，成为整个城市轮廓线的中心，如图 2.52 所示。

在中世纪天主教教堂建筑中，从来不允许用穹顶作为建筑构图的主题，因为教会认为，这是罗马异教徒庙宇的手法。而伯鲁乃列斯基不顾教会的禁忌，将这个穹顶抬得高高

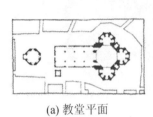

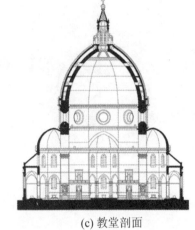

(a) 教堂平面　　　　　(b) 穹顶结构剖视　　　　　(c) 教堂剖面

图 2.52　佛罗伦萨主教堂穹顶结构

的，成为整个建筑物最突出的部分，因此这个穹顶被认为是意大利文艺复兴建筑的第一朵报春花，标志着意大利文艺复兴建筑史的开始。

2.5.2　盛期文艺复兴建筑

16 世纪上半叶，由于新大陆的开拓和新航路的开辟，罗马城成为新的文化中心，文艺复兴运动进入盛期。盛期文艺复兴与早期文艺复兴的重要区别是：盛期的艺术家主要是在教皇的庇护下，而早期的艺术家则和市民保持着直接的联系。盛期文艺复兴的建筑创作不得不依附于教廷与教会贵族，主要作品多为教堂、枢密院、贵族府邸等。建筑追求雄伟、纪念碑式的风格，轴线构图、集中式构图经常被用来塑造庄严、肃穆的建筑形象，同时，罗马柱式被更广泛、更严格地应用。

1. 坦比哀多（Tempietto，1502—1510 年）

位于罗马的坦比哀多是文艺复兴盛期建筑纪念性风格的代表，在当时及以后都有重大的影响，它作为一个完美的建筑艺术典范，曾被多次运用在公共建筑物和行政建筑物上。

坦比哀多如图 2.53 所示，是一座集中式的圆形建筑物。神堂外墙面直径 6.10m，周围环绕 16 根多立克式圆柱，形成环状柱廊。圆柱之上是环状额枋和低矮的栏杆，中央的鼓座上覆盖穹顶、采光塔和十字架，总高为 14.7m，有地下墓室。集中式的形体、饱满的穹顶、圆柱形的神堂和鼓座，外加一圈柱廊，使它的体积感很强。

坦比哀多的建筑师为伯拉孟特（Donato Bramante，1444—1514 年），早期是一个画家，后来受新兴建筑的影响而转向建筑艺术。他不仅推崇古典艺术，还善于接受新思想和新事物，因而形成了自己的艺术风格。

2. 圣彼得大教堂（S. Peter，Rome，1506—1626 年）

罗马的圣彼得大教堂是意大利文艺复兴盛期的杰出代表，也是世界上最大的天主教堂。许多著名建筑师与艺术家参与设计、施工，历时 120 年建成。在圣彼得大教堂的建设

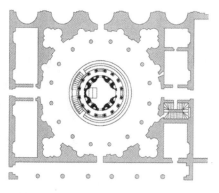

(a) 坦比哀多平面

(c) 坦比哀多外观

图2.53　坦比哀多

过程中，人文主义思想与天主教会的反动进行了尖锐的斗争，这场争夺的过程反映了意大利文艺复兴的曲折，反映了全欧洲重大的历史事件，也反映了文艺复兴运动的许多特点。

16世纪初，教皇尤利二世为了重振业已分裂的教会，决定重建这个教堂，并要求它超过最大的异教庙宇——罗马的万神庙。1505年，举行了教堂的设计竞赛，选中了伯拉孟特的设计方案，决定于1506年动工。伯拉孟特抱着为历史建筑纪念碑的宏愿进行这项工作，毅然放弃了传统的巴西利卡形制，从异教庙宇和拜占庭教堂中吸取了集中式的形制。他设计的教堂，如图2.54所示，平面是正方形的，在正方形中又做了希腊十字。希腊十字的正中，采用一个大穹顶覆盖，正方形4个角上又各有一个小穹顶。希腊十字的4个端点的墙向外成半圆，在立面上凸出来，4个立面都是一样的，不分主次。

1514年，伯拉孟特去世，教堂的建设出现了反复。新任的教皇任命拉斐尔（Raphael）接替建造大教堂，并提出了新的要求。拉斐尔在构图上抛弃了希腊十字，在西面增加了一段长120m的巴西利卡，使得平面演化成拉丁十字。这也使得穹顶的统帅作用大为减弱。但是在德国爆发的宗教改革运动以及1527年西班牙军队一度占领罗马等事件的影响下，前后经过30年，教堂的建筑工程停滞。

1547年，教皇任命文艺复兴时期最伟大的艺术家米开朗琪罗（Michelangelo Buonarroti）主持教堂工程。米开朗琪罗抱着"要使古代希腊和罗马建筑黯然失色"的雄心壮志工作，凭借自己巨大的声望，他与教皇约定，他有权决定方案，甚至有权拆除已经建成的部分。米开朗琪罗基本恢复了伯拉孟特的平面，简化了正方形平面中4角的布局，大大加强了承托中央穹顶的4个柱墩，在正立面设计了9开间的柱廊，如图2.55所示。他的设计追求雄伟、壮观，体积构图超越了立面构图而被强调出来。

1564年，米开朗琪罗去世，教堂已经建造到了鼓座，接替他工作的泡达（Porta，1539—1602年）和封丹纳（Fontana，1543—1607年）大体按照他遗留下的模型在1590年完成了穹顶。如图2.56所示，穹顶直径41.9m，非常接近万神庙，内部顶高123.4m，几乎是万神庙的3倍。穹顶外采光亭上十字架顶距地137.8m，成为全罗马制高点。穹顶的肋采用石砌，其余部分用砖，分为内外两层。穹顶轮廓饱满而有张力，12根肋架加强了这个印象。鼓座上成对的壁柱和肋架相呼应，构图完整。建成之后，穹顶出现了几次裂缝，为使其更加可靠，后继建筑师在底部加上了8道铁链。

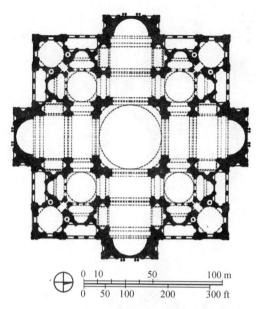

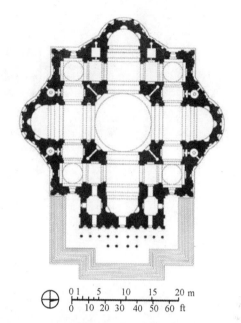

图 2.54 圣彼得大教堂——伯拉孟特的方案　　图 2.55 圣彼得大教堂——米开朗琪罗的方案

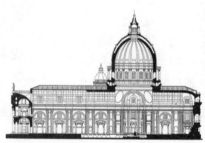

(a) 穹顶外观　　　　　　　　(b) 穹顶剖面　　　　　　　　(c) 穹顶内部

图 2.56 圣彼得大教堂的穹顶

　　圣彼得大教堂的穹顶比文艺复兴早期佛罗伦萨主教堂的穹顶有了很大进步，因为它是真正球面的，整体性比较强。佛罗伦萨主教堂的穹顶是 8 瓣的，为减少侧推力，穹顶轮廓采用尖矢形，比较长。而圣彼得大教堂的穹顶轮廓饱满，只略高于半球形，侧推力大，这显示了结构与施工的进步。

　　然而，16 世纪中叶，伟大的文艺复兴运动开始走向尾声。特伦特宗教会议规定：天主教堂必须采用拉丁十字式。17 世纪初，教皇保罗五世决定将圣彼得教堂的希腊十字改为拉丁十字平面，于是，建筑师马丹纳（Carlo Maderna）在前面加了一段 3 跨的巴西利卡大厅，圣彼得大教堂的内部空间和外部形体的完整性受到严重破坏。新的立面采用壁柱，构图较杂乱，穹顶的统帅作用减弱，如图 2.57 和图 2.58 所示。

　　1655—1667 年，教廷总建筑师伯尼尼（Bernini）建造了杰出的教堂入口广场。如图 2.59 所示，广场以方尖碑为中心，由梯形和椭圆形平面组合而成。椭圆形广场的长轴为 195m，由 284 根塔司干柱子组成的柱廊环绕。柱子密密层层，光影变化剧烈。广场的

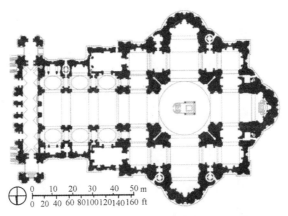

图 2.57　圣彼得大教堂——马丹纳的方案

图 2.58　圣彼得大教堂正面外观

地面略有坡度，地面向教堂逐渐升高，这使得当教皇在教堂前为信徒祝福时，全场都可以看见他。

(a) 教堂与广场总平面图

(b) 广场塔司干柱廊

(c) 从教堂顶部鸟瞰广场

(d) 从广场看教堂

图 2.59　圣彼得大教堂前广场

2.5.3 晚期文艺复兴建筑

16 世纪中叶后，封建势力反对宗教改革，资产阶级进步思想受到严重打击，在建筑领域开始了两种分化。

一种是泥古不化、教条主义地崇拜古代。模仿古罗马维特鲁维所介绍的各种柱式规则，将之视为神圣的金科玉律。当时的主要建筑理论家维尼奥拉（Giacomo Vignola，1507—1573 年）、帕拉第奥（Palladio，1508—1580 年）都详细测绘了古罗马的建筑遗迹，为柱式制定了严格的数据规定。1554 年，帕拉第奥出版了《建筑四书》，其中包括五种柱式的研究和他自己的建筑设计。维尼奥拉也在 1562 年发表了《五种柱式规范》。这些柱式规范经过反复推敲，虽然在比例尺度上处理周到，然而它们是僵化的、教条主义的，后来成为 17 世纪学院派古典主义的基础，成为欧洲建筑师的教科书。

帕拉第奥按照严格的柱式规范设计了圆厅别墅，这是晚期文艺复兴府邸建筑的代表作。如图 2.60 所示，圆厅别墅平面方整，外形简洁，主次分明。以第 2 层为主要使用空间，底层为杂物用房。主要的第 2 层划分为左、右、中三部分，中央部分前后划分为大厅和客厅，左右部分为卧室和其他起居空间，楼梯在 3 部分间隙里，大致对称安排。在立面上，底层处理成基座，顶层为女儿墙，正门设在第 2 层，中央用冠戴山花的列柱装饰，门前有大台阶。

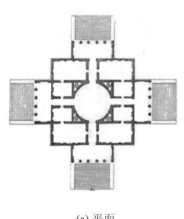
(a) 平面

(b) 外观

图 2.60 圆厅别墅

在设计维琴察（Vicenza）的巴西利卡时，帕拉第奥还成功创造了被后人称为"帕拉第奥母题"的建筑艺术，如图 2.61 所示。所谓"帕拉第奥母题"，实际上是一种券柱式，具体做法是：整体上以方开间为主，在每间中央按适当比例发一个券，而把券脚落在两棵独立的小柱子上。小柱距离大柱 1m 多，上面架着额枋。小额枋之上，券的两侧各开一个圆洞。这种构图是柱式构图的重要创造。

另外一种是艺术创作逐渐离开了现实主义道路，转而追求新异，形成"手法主义"。其主要特点是追求怪异和不寻常的效果，如以变形和不协调的方式表现空间，以夸张的细长比例表现人物等。手法主义在 17 世纪被反动的天主教会利用，发展成为巴洛克（Baroque）建筑。

图 2.61　维琴察的巴西利卡

2.6　巴洛克建筑与广场建筑群

"巴洛克"（Baroque）一词的原意是畸形的珍珠，古典主义者用它来称呼这种被认为是离经叛道的建筑风格。这种风格在反对僵化的古典形式，追求自由奔放的格调和表达世俗情趣等方面起了重要作用，对城市广场、园林艺术以及文学艺术部门都产生了影响。

2.6.1　巴洛克建筑

17 世纪以后，意大利文艺复兴建筑逐渐衰退。但由于海上运输的昌盛以及工商业的发展，社会财富的集中需要在建筑上有新的表现，因此，首先在教堂与宫廷建筑中发展出了巴洛克建筑风格，并很快在全欧洲流行开来。巴洛克建筑风格的特征是大量应用自由曲线的形体，追求动态；喜好富丽的装饰和雕刻、强烈的色彩；常用穿插的曲面和椭圆形空间。

巴洛克建筑的历史渊源最早可追溯至 16 世纪末著名建筑师和建筑理论家维尼奥拉设计的罗马耶稣会教堂（1568—1584 年）。它是从手法主义走向巴洛克风格最明显的过渡作品，也有人称之为第一座巴洛克建筑。教堂平面为长方形，端部突出一个圣龛，由天主教堂惯用的拉丁十字演变而来。教堂外观处理手法十分新颖，如图 2.62 所示，为追求强烈的体积和光影变化，采用双柱等组柱、半圆倚柱和深深的壁龛；正门上面采用套叠山花、大涡卷等有意制造反常、出奇的新形式。这些处理手法后来被广泛效仿。

由于巴洛克风格打破了文艺复兴晚期所制定的种种教条规范，反映了向往自由的世俗思想；同时，巴洛克风格的教堂富丽堂皇，能造成相当强烈的神秘气氛，符合天主教会炫耀财富和追求神秘感的要求，因而巴洛克建筑从罗马发端后，不久即传遍欧洲，以至远达美洲。有些巴洛克建筑过分追求华贵气魄，甚至到了烦琐堆砌的地步，如图 2.63 所示。

图 2.62　罗马耶稣会教堂

图 2.63　巴洛克教堂富丽堂皇的内部

　　从 17 世纪 30 年代起，意大利教会财富日益增加，各个教区先后建造自己的巴洛克风格的教堂。由于规模小，不宜采用拉丁十字形平面，因此多改为圆形、椭圆形、梅花形、圆瓣十字形等单一空间的殿堂，在造型上大量使用曲面，典型实例有波洛米尼设计的罗马的圣卡罗教堂(1638—1667 年)。如图 2.64 所示，教堂平面近似橄榄形，周围有一些不规则的祈祷室。教堂平面与天花装饰强调曲线动态。立面中央一间凸出，左右两面凹进，均用曲线，形成波浪形的曲面。顶部山花断开，檐部弯曲，装饰富丽，有强烈的光影效果。

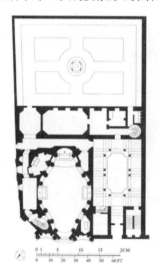
(a) 平面

(b) 沿街外观

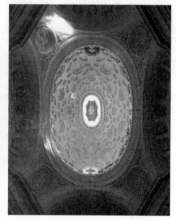
(c) 顶部天花

图 2.64　罗马的圣卡罗教堂

　　巴洛克建筑风格是巴洛克文化艺术风格的一个组成部分。从历史沿革来看，巴洛克建筑风格是对文艺复兴建筑风格的一种反驳；而从艺术发展来看，它的出现是对包括文艺复兴在内的欧洲传统建筑风格的一次革命，冲破并打碎了古典建筑建立的种种清规戒律，对理性、秩序、对称、均衡等古典建筑原则进行了反叛，开创了一代建筑新风。因此，从欧洲建筑艺术的发展历史来看，它是继中世纪哥特建筑之后，欧洲建筑风格的又一次飞跃。尽管在这种风格中存在显而易见的"媚俗"倾向，而正是这种倾向，使得它得以摆脱神圣理性的制约，形成不同于以前时代的自己的建筑风格。

巴洛克建筑风格的基调是富丽堂皇，又新奇欢畅，具有强烈的世俗享乐的味道，主要包括4个方面的特征：①炫耀财富，大量采用贵重材料，充满装饰，色彩鲜艳；②追求新奇，标新立异、前所未见的建筑形象和手法层出不穷；③趋向自然，主要在郊外别墅、园林艺术中有所发展，装饰中增加了自然题材；④城市和建筑有一种庄严隆重、刚劲有力，又充满欢乐的气氛。

2.6.2 城市广场建筑群

意大利的城市里，从古罗马时代起，就多有广场。这些广场有纪念性的，也有政治性的、集中性的。中世纪，作为市民重要的公共活动场所，意大利城市里一般有3个广场：一个在市政厅前，一个在主教堂前，一个是市场。有的城市里，3个广场之间有很美的建筑联系，但大多数城市里，3个广场之间没有整体的设计，相互关系很偶然。到了文艺复兴时期，建筑物逐渐摆脱了孤立的单个设计和相互间的偶然凑合，而逐渐注意到建筑群体的完整性。这也克服了中世纪的混乱，恢复了古典的传统，对后世具有开创性的意义。

1. **罗马市政广场**（The Capitol，1546—1644 年）

罗马市政广场是文艺复兴时期较早地按照轴线对称布置的广场之一，由米开朗琪罗设计，位于古罗马和中世纪的传统市政广场地点卡比多山上。旧城区有较多古罗马遗迹，因此，广场选择面向西北，背向旧区，将城市的发展引向新区，如图 2.65 所示。

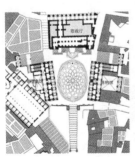

(a) 广场总平面　　　　　　　(b) 广场鸟瞰　　　　　　(c) 从广场看档案馆与市政厅

图 2.65　罗马市政广场

原元老院建筑（后改为市政厅）的背面就成为广场轴线尽端的正面。广场深 79m，前面宽 40m，后部宽 60m，尺度适宜。由于市政厅建筑与档案馆建筑形成锐角关系，米开朗琪罗在市政厅的右侧设计了博物馆，使得广场成对称梯形，短边敞开，通向下山的台阶。

广场周围建筑进行了立面改造，市政厅底层做成基座层，前面设一对大台阶，上两层用巨柱式，二、三层之间不做水平分划。而两侧建筑物，以巨柱式立在平地，一、二层之间用阳台做明显的水平分划，构图的对比，使市政厅显得更高。新建的博物馆，以巨柱式柱子和宽阔的檐口为构图的骨架，再以底层开间的小柱子和精致的窗框对比反衬。虽是一个横向的简单矩形立面，但体积感很强，富于光影变化。

广场地面铺砌整幅椭圆形的图案，正中立着古罗马皇帝的骑马铜像，成为广场的艺术中心，与周围建筑有明确的构图关系。

2. 威尼斯圣马可广场(Piazza S. Marco，14—16世纪)

圣马可广场是威尼斯的中心广场，是世界上最卓越的建筑群之一，基本上是在文艺复兴时期完成的。广场除举行节日庆会之外，只供游览和散步，完全和城市交通无关。如图2.66所示，圣马可广场是由大、小两个梯形广场组成封闭的复合式广场。大广场东西向，位置偏北，面积约$1.28km^2$，东端是拜占庭式的圣马可主教堂；小广场在总督宫之前，南北向，连接大广场和海口。两个广场的过渡由转角处高达120m的钟塔完成。

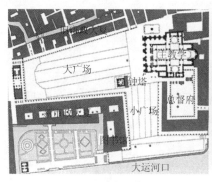

(a) 总平面图　　　　　　　　　　　　　(b) 广场鸟瞰

图2.66　威尼斯圣马可广场

广场的设计采用了对比、统一、呼应、过渡等方法形成良好的视觉效果。例如，垂直向上的钟塔与广场周围建筑水平向发展的券廊形成了鲜明对比；钟塔与圣马可教堂的统领作用使得不同形式的空间与环境统一协调。广场上的钟塔与隔海相望的钟塔形成呼应；广场周边建筑底层均为敞开的外廊式与海面空间形成过渡，很好地结合了自然环境。

在广场建筑群的艺术处理方面，从西面进入广场，券门框出一幅完整的广场建筑画面，四周的建筑使用了统一母题——券廊，建筑群的中心是圣马可教堂，高耸的钟塔起对比作用。建筑群之间的大小与高低的组合适度。威尼斯圣马克广场实现了各个时期建筑风格的良好的协调统一性，被誉为欧洲最美丽的客厅。

3. 波波罗广场(Piazza del Popolo)

文艺复兴后期，教皇当局为了向朝圣者炫耀教皇国的富有，在罗马城修筑宽阔的大道和宏伟的广场，这为巴洛克自由奔放的风格开辟了新的途径。例如，波波罗广场设计为3条放射性大道的出发点，交点上安置方尖碑作为对景。这种以广场为交点的三叉式道路成为巴洛克城市的标志。

如图2.67所示，波波罗广场成长圆形，两侧开敞，连着山坡，将绿地引进城市广场。3条道路夹角处有一对集中式的巴洛克教堂。教堂外观弯曲而进退剧烈，有钟塔与穹顶，使立面展开，与广场有较好的配合。

(a) 总平面图

(b) 广场鸟瞰

(c) 广场中的方尖碑

(d) 广场边的教堂

图 2.67　波波罗广场

4. 纳沃那广场（Piazza Navona）

纳沃那广场，如图 2.68 和图 2.69 所示，位于古罗马的杜米善赛车场遗址上，呈长圆形。长边上立着波洛米尼设计的圣阿涅斯教堂。广场完全避开城市交通，是人们散步休息的场所，生活气息浓厚。

图 2.68　纳沃那广场总平面图

图 2.69　纳沃那广场

广场中央的四河喷泉由巴洛克建筑大师伯尼尼设计制作，如图 2.70 所示，方尖碑下的四尊人像分别代表多瑙河、恒河、尼罗河和普拉特河，分别是欧洲、亚洲、非洲和美洲的代表。四尊人像动态强、轮廓复杂，体现着巴洛克雕塑的基本特点。

圣阿涅斯教堂，如图 2.71 所示，采用了集中式平面形制，左右有钟塔，使立面展开，弯曲而进退剧烈，与广场有较好的配合。

图 2.70 纳沃那广场的四河喷泉

图 2.71 纳沃那广场的圣阿涅斯教堂

文艺复兴后期，教皇当局为了向朝圣者炫耀教皇国的富有，在罗马城修筑宽阔的大道和宏伟的广场，这为巴洛克自由奔放的风格开辟了新的途径。例如，波波罗广场设计为 3 条放射性大道的出发点，交点上安置方尖碑作为对景。这种以广场为交点的三叉式道路成为巴洛克城市的标志。

2.7 法国古典主义建筑

17 世纪，法国的古典主义建筑，与意大利巴洛克建筑大致同时而略晚，成为欧洲建筑发展的又一个主流。17 世纪中叶，法国成为欧洲最强大的中央集权王国。国王为了巩固君主专制，提倡象征中央集权的有组织、有秩序的古典主义文化，因而，古典主义建筑成为法国绝对君权时期的宫廷建筑潮流，它是法国传统建筑和意大利文艺复兴建筑相结合的产物，代表作是规模巨大、造型雄伟的宫廷建筑和纪念性的广场建筑群。此外，它在园林等方面取得了一定的成就。

2.7.1 早期古典主义建筑

15 世纪中叶，英、法百年战争结束，法国的城市重新发展，产生了新兴的资产阶级。15 世纪末，在资产阶级的支持下，国王统一了全国，法国建成了中央集权的民族国家。随着王权的逐渐加强，被百年战争延误了的文艺复兴运动一开始就被王权利用。随着意大利与法国建筑师的交流越来越多，法国也引进了意大利文艺复兴的建筑理论，并使得意大利文艺复兴建筑对 16 世纪中叶法国的影响达到高潮。16 世纪下半叶，法国产生了早期的古典主义。但随着法兰西民族的迅速发展与壮大，不久法国就超过意大利而成为欧洲最先进的国家。法国建筑没有完全意大利化，而是产生了自己的古典建筑文化，反过来影响意大利。

在法国古典主义的早期，它倾向于将意大利的古典柱式元素融合在法国的建筑传统中。在国王和贵族们的府邸上，开始使用了柱式的壁柱、小山花、线脚和涡卷等元素，使这时期罗亚尔河谷的府邸建筑大放异彩。这之后，随着王权的不断加强，宫殿建筑越来越突出，它迫切需要自己的纪念性艺术形象。探索新形式的结果是形成了古典主义。

1. 商堡(Chateau de Chambord，1526—1544 年)

它是法国国王的猎庄，罗亚尔河谷最大的府邸，是国王统一全法国之后第一座真正的宫廷建筑物，也是民族国家的第一座建筑纪念物，如图 2.72～图 2.74 所示。为寻求统一的民族国家的建筑形象，采用了完全对称的庄严形式。立面使用意大利柱式装饰墙面，强调水平划分，构图整齐。然而，它的平面布局和造型仍然带有法国中世纪传统建筑的特点，例如，四角装饰性的塔楼显然来自于中世纪封建寨堡碉楼。高高的四坡屋顶、圆锥形屋顶以及大量的强调垂直线条的老虎窗、烟囱、楼梯亭等，使体形富有变化，轮廓线复杂，散发着浓郁的中世纪气息。

图 2.72　商堡的外观

图 2.73　商堡建筑的细节

图 2.74　商堡建筑的楼梯

2. 麦松府邸(Chateau de Maisons，1642—1650 年)

麦松府邸的设计师是弗·孟莎(Francois Mansart)。如图 2.75 所示，建筑平面采用三合院落形式，院落四周不设柱廊，而设内走廊。建筑物立面构图由柱式全面控制，用叠柱式作水平划分。由于建筑层高小，开间不能保持柱式的规范化比例，上、下层窗之间墙面较窄，窗大，上缘往往突破檐壁直至檐口；保留了法国16世纪以来的5段式立面，左右对称，并有高高的坡屋顶。

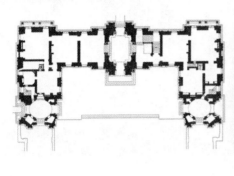

(a) 府邸平面

(b) 外观

图 2.75 麦松府邸

2.7.2 盛期古典主义建筑

古典主义建筑的极盛时期在17世纪下半叶，此时，法国的绝对君权在路易十四统治下达到了最高峰。

1671年，法国在法兰西学院的基础上成立了建筑学院，学院的任务是给建筑学说建立一个规范，然后将这规范教给人。学生多出身于贵族家庭，瞧不起工匠和工匠的技术，形成了崇尚古典形式的学院派。他们的建筑观充满古典主义思想，推求先验的、普遍的、永恒不变的、可以用语言说得明白的建筑艺术规则。这种规则就是纯粹的几何结构和数学关系。古典主义者认为，古罗马的建筑中就包含这种绝对规则。维特鲁维和其他意大利理论家们从对古建筑的直接测绘中得到了美的金科玉律：建筑的美在于局部和整体间以及局部相互间的简单的整数比例关系，以及它们有一个共同的度量单位。17世纪下半叶，法兰西学院在罗马设立了分院，许多建筑师可以实地学习，并将法国的建筑带到了古典主义的极盛时期。

在这一时期，宫廷的纪念性建筑物是古典主义建筑最主要的代表，集中在巴黎。卢浮宫东立面的设计竞赛，标志着法国古典主义建筑的成熟，被称为路易十四古典主义。凡尔赛宫则成为法国绝对君权的纪念碑。

盛期古典主义建筑的特征主要体现在：①由于崇拜古罗马建筑，古典主义者对柱式推崇备至，柱式给予其他一切以度量和规则；②在总体布局、建筑平面与立面造型中强调轴线对称、主从关系、突出中心和规则的几何形体，并提倡富于统一性和稳定感的横三段与纵三段的构图手法；③古典主义强调外形的端庄与雄伟，内部则崇尚豪华与奢侈。

1. 巴黎卢浮宫(The Louvre)的东立面(1667年)

16世纪60年代初，法国巴黎市中心的卢浮宫基本完成，是一座文艺复兴式的四合院，如图 2.76 所示。然而，这时法国的建筑文化已全面转向古典主义，这样的建筑形式显然并不符合绝对君权统治的需要。尤其是卢浮宫的东立面，对着一座王室仪典型教堂，它们之间的广场，南端联系着塞纳河上的一座桥梁，不远处是巴黎圣母院。这个东立面十分重要，因此宫廷决定重建。勒伏、勒勃亨、克·彼洛 3 位建筑师赢得了设计竞赛。这是一个典型的古典主义建筑作品，完整地体现了古典主义的各项原则。

图 2.76　卢浮宫总体鸟瞰

如图 2.77 所示，立面全长 172m，高 28m。中央和两端各有凸出部分。左右分 5 段，以中央一段为主。中央 3 开间凸出，上设山花，统领全局。两端各凸出 1 间作为结束，比中央略低一级而不设山花。上下分为 3 段，按一个完整的柱式构图，底层为基座，9.9m 高；中段为主段，立通高的巨柱式双柱，13.3m 高；顶上是檐部与女儿墙。这种上下分 3 段，左右分 5 段，各以中央一段为主、等级层次分明的构图，是古典主义建筑的典型特征之一。

图 2.77　卢浮宫的东立面

起源于古罗马的巨柱式，在意大利文艺复兴时期比较经常地使用，但只有到法国的古典主义建筑，才突出地当作构图的主要手段，而且形成了一整套程式，如图 2.78 所示。

17—18 世纪，古典主义思潮在全欧洲占统治地位时，卢浮宫的东立面极受推崇，普遍地认为它恢复了古代"理性的美"，成为 18 世纪和 19 世纪欧洲官场建筑的典范。

2. 绝对君权的纪念碑——凡尔赛宫（Palais de Versailles，1661—1789 年）

路易十四时期是法国专制王权最昌盛时期，为进一步体现绝对君权的威严气魄，建造了规模巨大的凡尔赛宫，它是欧洲最宏大、最庄严、最美丽的王宫，包括宫殿、花园与放射形大道三部分，代表着当时法国建筑艺术与技术的最高成就。

图 2.78　卢浮宫东立面的巨柱式

凡尔赛原来是帝王的狩猎场，距巴黎西南 18km。路易十三曾在这里建造过一个猎庄，平面为三合院式，开口向东，外形为早期古典主义形式。从 1760 年开始，由勒诺特负责在其西面兴建大花园，经过近 30 年的建设才告完成，面积达到 6.7km²，纵轴长 3km。

如图 2.79 所示，王宫在原有建筑物的外周南、西、北三面扩建，形成南北总长约 400m 的巨大建筑群。正面朝东，形成一个前院，正中立路易十四的骑马铜像，成为整个建筑群的焦点。前院前面还有一个放射形的广场，三条放射形大道通向巴黎。

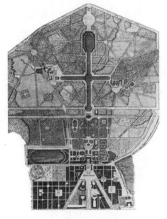

(a) 总平面图

(b) 总体鸟瞰

(c) 主体建筑外观

(d) 国王接待厅（镜厅）

图 2.79　凡尔赛宫平面与建筑

宫殿的平面布置是非常复杂的。南翼为王子、亲王等居住的地方，北翼为法国中央政府办公处，还设有教堂、剧院等。中央部分是国王与王后起居与工作空间，内部布置有宽阔的连列厅和富丽堂皇的大楼梯。国王的接待厅里，厅内侧墙上镶有 17 面大镜子，与对面的法国式落地窗及由窗户引入的花园景色相映成趣。

宫殿的西面是花园，它是世界上规模最大和最著名的皇家园林，如图 2.80 所示。花园有一条长达 3km 的中轴线，与宫殿的中轴线相重合。主轴之外，还有次轴、对景等，并点缀有各色雕像。园内道路、树木、水池、亭台、花圃、喷泉等均呈几何形，是法国古典园林的杰出代表。

图 2.80　凡尔赛宫花园

凡尔赛宫在设计上的成功之处在于，将功能复杂的各个部分有机地组合成一个整体，并使宫殿、园林、庭院、广场、道路紧密结合，形成一个统一的规划。采用长达 3km 的中轴线，统领全局，局部再形成次要的轴线式布局，这样一层层的主次等级关系明确，图解着中央集权的君主专制政体。

为了建造凡尔赛宫，当时曾集中了 3 万人的劳力，组织了建筑师、园艺师、艺术家和各种技术匠师。除了建筑物本身复杂的技术问题之外，还有引水、喷泉、道路等各方面的问题。这些工程问题的解决，证明了 17 世纪后半叶法国财富的集中及技术的进步，集中体现了法国建筑的成就。

2.7.3　古典主义建筑晚期——君权衰退与洛可可

18 世纪初，法国的专制政体出现危机，经济也面临破产。国家性的、纪念性的大型建筑物的建设明显比 17 世纪减少，代之而起的是大量舒适安乐的城市住宅和小巧精致的乡村别墅。这些建筑讲究装饰，在室内出现了洛可可装饰风格。

洛可可(Rococo)的含义是"贝壳形"，源于法语(Rocaille)，亦称为"路易十五式"，指法国国王路易十五统治时期(1715—1774 年)所崇尚的艺术。作为艺术风格名称，洛可可则是指 18 世纪，首先在法国出现，后来遍及欧洲各国，内容以描绘贵族阶级的享乐生活为主，形式上追求华丽的色彩，以及精巧细致的装饰性艺术形式。洛可可风格的特征是：室内应用明快的色彩和纤巧的装饰，家具也非常精致而偏于细腻，不像巴洛克建筑风格那样色彩浓艳和装饰起伏强烈。洛可可风格在形成过程中，曾受中国清代工艺美术的影响，在庭园布置、室内装饰 、丝织品、瓷器、漆器等方面，表现尤为显著。

洛可可装饰的手法是：追求柔媚细腻的情调，排斥一切建筑母题，常常采用不对称构图；装饰题材有自然主义的倾向，常为蚌壳、卷涡、水草及其他植物等曲线形花纹，局部点缀以人物等；爱用娇艳的颜色，如金、白、浅绿、粉红等；喜爱闪烁的光泽，利用镜子或烛台等使室内空间变得更为丰富。

洛可可反映着贵族们苍白无聊的生活和娇弱敏感的心情。建筑方面，以法国巴黎苏比斯府邸（Hotel de Soubise）的公主沙龙为代表，设计者是勃夫杭（Germain Boffrand，1667—1754 年）。如图 2.81 所示，沙龙的墙上大量镶嵌镜子，天花板与墙壁之间以弧面相连，室内护壁板做成了精致的框格，框内四周有一圈花边，中间衬以东方织锦。晶莹的水晶枝形吊灯、纤巧的家具、轻淡娇艳的色彩、盘旋的曲线纹样装饰和落地大窗，各种元素综合在一起，创造出优雅迷人的总体效果。

图 2.81　苏比斯府邸室内

2.8　英国文艺复兴与古典主义建筑

16 世纪的英国也和其他欧洲国家一样，新兴的资产阶级正在发展。英国很早便是盛产羊毛的国家，从这个时期起，羊毛商人开始自设规模很大的手工工场，并雇用工匠，于是新兴的资本主义生产方式便开始了。同时，贵族和资产阶级为了保障他们的既得利益，需要一个强有力的专制政权，于是都铎王朝（1485—1603 年）就这样产生了。英国国王亨利第五时期（1509—1547 年），为了加强中央王权，实行了宗教改革，取消了教皇对英国教会的统治，从而使教会屈从于国王。16 世纪下半叶，伊丽莎白统治时期（1558—1603 年），英国在经济上的成就巩固了资产阶级的地位。它在贸易上的发展使其和西班牙的矛盾尖锐化。1558 年，西班牙的无敌舰队征伐英国失败，从此英国成为欧洲海上兵力最强的国家。

英国资产阶级的兴起，促进了文化、艺术的活跃，以人文主义思想和现实主义创作方法为基础的文艺复兴建筑也开始在英国应运而生。

英国文艺复兴与古典主义建筑的发展大致可以分为两个阶段：早期（1558—1640 年）和晚期（1640 年—18 世纪）。

2.8.1　英国文艺复兴与古典主义建筑早期

　　从 1558 年的伊丽莎白王朝开始至 1640 年英国资产阶级革命爆发，这个时期建筑活动中的一个重要现象是不再建造大型宗教建筑物。一些小礼拜堂的建设，也只是作为某些公共建筑的附属品，一些旧有的教会房屋也被改作乡村住宅或新贵族的府邸。另外，公共建筑的类型增加了。中世纪末期，已经出现的旅馆、医院、行会大楼等建筑在城市中急需广泛建造，同时还增加了很多学校、学院等建筑。从 16 世纪开始，新兴资产阶级与新贵族开始在庄园中大量建造府邸。由于封建战争停止，国家统一强大，因此，中世纪贵族堡垒似的建筑传统被抛弃，取而代之的是柱式系统被引用进来，建筑物呈现出安逸、舒适、欢快的风格。

　　总体而言，16 世纪英国建筑的风格是多元混合的，它在传统的中世纪的风格中增添了意大利文艺复兴的手法，历史上称为"都铎风格"（Tudor Style）。都铎风格的特点是：遗存一些中世纪贵族寨堡的特点；比较喜欢用红砖作墙面，灰浆很厚，有些受尼德兰建筑影响；屋顶结构、门、壁炉等都爱用四圆心的扁宽的尖券，这种尖券有时还用在木护墙板的装饰线脚上；窗子常是方形的，有时被划分为几部分；烟囱很多，三五个一组，口上有线脚装饰；室内主要大厅的天花露着极富装饰性的锤式屋架（Hammer Beam）或其他华丽的木屋架；细部表现出欧洲大陆各国文艺复兴建筑的影响。

　　17 世纪初，为了加强王权专制，开始设计与建造庞大的白厅（White Hall），它可算是英国建筑史上第一座建成的大型古典主义建筑。其建筑风格受到意大利安德烈亚·帕拉第奥的严肃的古典主义影响，完全摆脱了英国中世纪建筑的影响，远离了本民族传统的文化。但不可置疑的是，建筑的质量、布局，建筑内部的处理、装饰细节等，却有了很大的进步。1698 年，白厅被焚毁，国宴厅（Banqueting House）是昔日规模宏大的白厅宫唯一剩下的部分，始建于 1619 年，国宴厅在 19 世纪用波特兰石重新铺装，忠实地保留了原来的立面，如图 2.82～图 2.84 所示。

图 2.82　白厅宫国宴厅外观

图 2.83　白厅宫国宴厅内部　　　　　　图 2.84　白厅宫国宴厅天花装饰

2.8.2　英国文艺复兴与古典主义建筑晚期

从 1640 年开始的英国资产阶级革命，开始了世界近代史的新篇章，但是文艺复兴的建筑思潮仍然在英国流行至 18 世纪，称为英国晚期文艺复兴时期。

晚期文艺复兴时期，最引人注意的是君主立宪的王室宫廷将著名的建筑师和优秀的工匠掌握在自己手中，为其建造王宫与教堂服务。因此，这个时期的重大建筑活动，仍然带有不少君主专制的色彩。在建筑风格方面，这个时期，最主要、影响远远超过其他流派的是古典主义建筑。帕拉第奥仍然在英国流行；荷兰的古典主义建筑与法国的古典主义建筑潮流也在英国得到反映。不过，英国的古典主义建筑从来没有获得严肃、深刻的思想内容，只有圣保罗大教堂成为反映新兴的资产阶级革命的纪念碑。

圣保罗大教堂，如图 2.85～图 2.88 所示，建于 1675—1710 年，由英国建筑师克里斯道弗·仑（Christopher Wren，1632—1723 年）设计。平面为拉丁十字形，纵轴 156.9m，横轴 69.3m。十字交叉的上方矗立有两层圆形柱廊构成的高鼓座，其上是巨大的穹顶，直径 34m，离地面 111m。大教堂原方案的平面是希腊十字形，带有一个突出的门廊。教会要求一个较长的大厅，以适应传统礼仪的需要，因而改成中世纪典型的拉丁十字形平

图 2.85　圣保罗大教堂外观　　　　　　图 2.86　圣保罗大教堂鸟瞰

面。教堂的平面由精确的几何图形组成，布局对称，中央穹顶高耸，由底下两层鼓座承托。穹顶采用内外两层以减轻结构重量。教堂正门的柱廊也分为两层，恰当地表现出建筑物的尺度。正门上部的人字墙上，雕刻着圣保罗到大马士革传教的图画，墙顶上立着圣保罗的石雕像，整个建筑显得很对称且雄伟。四周的墙用双壁柱均匀划分，每个开间和其中的窗子都处理成同一式样，使建筑物显得完整、严谨，两旁仍有两座有明显哥特遗风的钟塔。教堂内有方形石柱支撑的拱形大厅，各处施以金碧辉煌的重色彩绘，窗户嵌有彩色玻璃，四壁挂着耶稣、圣母和使徒巨幅壁画。

图 2.87　圣保罗大教堂平面

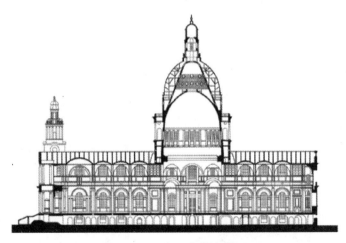

图 2.88　圣保罗大教堂剖面

　　圣保罗大教堂的穹顶和鼓座很像伯拉孟特设计的坦比哀多，它虽然尺度上比坦比哀多大很多，却没有后者显得雄壮有力，在这个穹顶上，数学规律胜过了艺术规律。

　　18 世纪初，英国的资产阶级登上政治舞台，新贵族们在有了政治和经济地位后，便大兴土木，忙于为自己建造府邸，这成为这个时期建筑活动的重要内容。这些府邸，不仅规模赶上了国王的宫殿，同时风格上也追求强烈的古典主义的纪念性。早在 16 世纪末，新兴的从事农牧业的资产阶级和新贵族便在庄园里大规模地建造府邸。这些府邸的内容更加复杂多样，增加了图书室和艺术品陈列室等。18世纪初，这些府邸的规模更大，常用的形制是"品"字形布局，正中为主楼，前面为一个三合院。它的两侧各有一个很大的院子：一个是厨房、杂物房和仆役的住房，另一个是马房等。这些府邸中最壮丽雄伟的是勃伦南府邸(Blenheim Palace)。

勃伦南府邸是为西班牙王位战争中的英军统帅马尔博洛公爵建造的府邸，如图2.89～图2.91所示，建筑呈品字形，坐南朝北，正面宽261m。主体建筑布置在溪流南岸的台地上，面向北方，在中轴线上修建一座石桥，把溪流两岸连接起来。居中的主体建筑东西宽97.6m，南北长55m，四角各有一个塔楼，塔楼的四角有花瓶状小塔，有点哥特式建筑上小尖塔的意思，但秀气的曲线代替了尖利向上的动势，贵族的脂粉味代替了宗教的神秘气息。主体建筑中部的正门采用柱廊式，六根石柱，内侧的两根是科林斯式的圆柱，两边各为一组仿科林斯式样的方柱，柱高达18m。顶上则为三角形的山花，模仿希腊神庙。两侧装饰性的多立克式壁柱，与柱廊规制相同，进入正门，便是大厅(Great Hall)。这是一个庄严凝重、气宇轩昂的厅堂，高达20m。它的四角是高大的科林斯式壁柱，地面用黑白相间的大理石铺成，正中铺着织造精美图案的暗红色地毯。天花板则是描绘战斗场面的油画。整个大厅都体现着对马尔洛公爵功绩的纪念和歌颂，实际上有纪念堂的意味。而在建筑格局上，大厅是疏导人流的门厅，但走廊、楼梯等都隐藏在左右两侧墙壁后面，而壁上以拱券开出上下两层门洞，下层是通道，可以通往两侧的接待厅以及衣帽间等辅助设施。上层则形成壁龛，里面镶着石雕像。从功能上，大厅还是会见贵客和宴会前小酌的地方，最多可容纳750人。由大厅向南进入沙龙，这是一处豪华的会客厅和正式的宴会厅，最多可容纳80人就餐。沙龙之外，便是府邸南侧广阔的大草坪，气势非凡。

图2.89　勃伦南府邸外观

18世纪上半叶和中叶，在英国大量兴建的中小型庄园府邸在建筑布局上大都模仿帕拉蒂奥在文艺复兴晚期所设计的府邸平面形式，多采用品字形，正中为主楼，前面为一个三合院，外观形式上则遵守帕拉蒂奥的柱式规范和构图原则，因此被称为"帕拉蒂奥主义"(Palladianism)。最典型的帕拉蒂奥主义的代表作有坎德莱司教府邸(Kedleston Hall, Derbyshire, England, 1757—1761年)，马勒沃斯府邸(Mereworth Castle , Kent, England，图2.92)等。

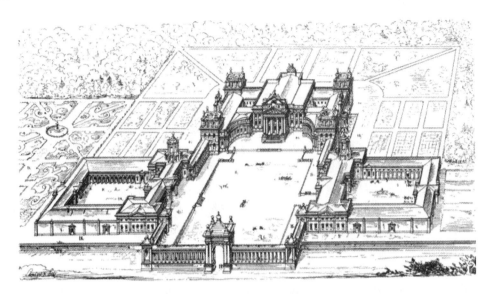

图 2.90　勃伦南府邸俯瞰

图 2.91　勃伦南府邸花园

图 2.92　马勒沃斯府邸

坎德莱司敦府邸，如图 2.93 和图 2.94 所示，主楼为长方形平面，四角带有四个配楼，配楼与主楼之间用廊子连接。平面的正中是门厅，也是大厅，大厅后面是沙龙，形成了一条主轴线。府邸的里面处理延续了帕拉蒂奥在意大利文艺复兴晚期住宅建筑中的处理形式。

总体而言，英国资本主义的萌芽与发展，促使了世俗文化的兴起。随着英国宗教的改革，教会屈从于国王，神权思想淡薄了，以人文主义思想的现实主义创作方法为基础的文艺复兴建筑，从 16 世纪起在英国开始流行起来。在英国文艺复兴建筑的发展过程中，府邸建筑占着重要的地位，对称的三合院式的平面是后期大型府邸的显著特点之一。在造型风格上，帕拉蒂奥主义的手法起着主导作用。宫廷建设和宗教建筑在英国并没有突出的成就，但是，个别著名建筑实例在建筑史上仍然占有一定的地位，它们的造型在某种程度上受到了法国古典主义影响。

图 2.93 坎德莱司敦府邸群体建筑

图 2.94 坎德莱司敦府邸主体建筑正面

本 章 小 结

　　本章主要讲述了欧洲中世纪建筑的发展概况与代表性建筑实例、中古伊斯兰建筑的发展历程与典型风格、中古日本建筑的发展历程与典型类型、意大利文艺复兴建筑的发展历程与特征、巴洛克建筑与广场建筑群特征、法国古典主义建筑发展历程与典型实例。

　　西欧和东欧的中世纪历史很不一样。它们的代表性建筑物——天主教堂和东正教堂，在形制上、结构上和艺术上也都不一样，分别为两个建筑体系。东欧拜占庭建筑大力发展了古罗马的穹顶结构和集中式形制，同时又汲取了波斯、两河流域、叙利亚等东方文化，形成了自己的建筑风格，并对后来俄罗斯的教堂建筑、伊斯兰的清真寺建筑都产生了积极的影响。西欧，则大力发展了古罗马的拱顶结构和巴西利卡形制，在教堂建筑中创造了"拉丁十字式"，以区别于东方拜占庭的"希腊十字式"。公元 9—12 世纪产生的罗马风建筑反映在教堂建筑上有了明显的成就。罗马风建筑的进一步发展，就是 12—15 世纪西欧以法国为中心的哥特式建筑，它是欧洲封建城市经济占主导地位时期的建筑，在技术与艺术上都有很高成就。在建筑风格上，哥特式建筑完全脱离了古罗马的影响，而是以尖券（来自东方）、尖形肋骨拱顶、坡度很大的两坡屋面和教堂中的钟楼、扶壁、束柱、花空棂等为其特点。

中古时期以清真寺、陵墓、宫殿为代表的伊斯兰建筑，伴随着伊斯兰教在各地的传播，与当地建筑文化相结合，形成了各自具有独特魅力的地域性风格的建筑文化。同时，伊斯兰建筑的装饰风格的兼容性也在各个地区的建筑中得以体现。

日本建筑的发展深受中国古代建筑的影响，同时也具有鲜明的本民族特色。除早期的神社外，日本古代的都城格局、大型的庙宇和宫殿等，比较恪守中国形制，而住宅到后来则几乎完全摆脱了中国影响而自成一格。日本建筑在美学特征方面很有创造性。它们的美学特征是非常平易亲切、细致朴素、精巧素雅、富有人情味。

欧洲15—18世纪，即文艺复兴时期，新兴的资产阶级及其代表人物提倡人文主义，继承湮没已久的古典文化遗产，为近代的文化、艺术、科学、技术的发展开辟了广阔的道路。文艺复兴最早产生于14—15世纪的意大利，佛罗伦萨主教堂的穹顶成为早期文艺复兴建筑的代表作品。15世纪末—16世纪达到盛期，以罗马为中心传遍意大利，并传入欧洲其他国家。圣彼得大教堂是盛期文艺复兴建筑的杰出代表。从17世纪上半叶开始，因经济的衰退，开始了两种风格的并存：一种是泥古不化，教条主义地崇拜古代，形成了文艺复兴余波；另一种是追求新颖尖巧从而形成"手法主义"，以后逐渐形成了巴洛克风格。

巴洛克建筑从罗马发端后，不久即传遍欧洲，以至远达美洲。这种风格在反对僵化的古典形式，追求自由奔放的格调和表达世俗情趣等方面起了重要作用，对城市广场、园林艺术，以至文学艺术部门都发生影响。

17世纪，法国的古典主义建筑，与意大利巴洛克建筑大致同时而略晚，成为欧洲建筑发展的又一个主流。古典主义建筑成为法国绝对君权时期的宫廷建筑潮流，它是法国传统建筑和意大利文艺复兴建筑相结合的产物，代表作是规模巨大、造型雄伟的宫廷建筑和纪念性的广场建筑群。此外，它在园林等方面取得了一定的成就。18世纪初，法国王室生活奢侈腐朽，建筑室内装饰中出现了洛可可风格。它是一种内容以描绘贵族阶级的享乐生活为主，形式上追求华丽的色彩，以及精巧细致的装饰性艺术形式。

英国资本主义的萌芽与发展，促使了世俗文化的兴起。随着英国宗教的改革，教会屈从于国王，神权思想淡薄了，以人文主义思想的现实主义创作方法为基础的文艺复兴建筑，从16世纪起在英国开始流行起来。在英国文艺复兴建筑的发展过程中，府邸建筑占着重要的地位，对称的三合院式的平面是后期大型府邸的显著特点。在造型风格上，帕拉蒂奥主义的手法起着主导作用。宫廷建设和宗教建筑在英国并没有突出的成就，但是，个别著名建筑实例在建筑史上仍然占有一定的地位，它们的造型在某种程度上受到了法国古典主义影响。

思 考 题

1. 结合实例绘图比较拉丁十字式与希腊十字式。
2. 简述拜占庭建筑的主要特征与代表实例。
3. 简述罗马风建筑的主要特征与代表实例。
4. 简述哥特式建筑的主要特征与代表实例。

5. 简述阿尔罕布拉宫的布局特点。

6. 简述中古日本草庵风茶室的主要特征。

7. 简述意大利文艺复兴运动的历史分期以及各时期的主要特征。

8. 结合实例简述巴洛克建筑的主要特征。

9. 简述法国古典主义建筑的发展历程与主要特征。

第**3**章
欧美 18—20 世纪初的建筑

【教学目标】

主要了解 18—19 世纪下半叶欧美建筑的发展概况；了解工业革命对城市与建筑的影响，掌握建筑创作中的三种复古思潮——古典复兴、浪漫主义与折中主义；了解当时不断涌现的新材料、新技术在建筑中的应用及新的建筑类型的出现。主要了解欧美 19 世纪下半叶—20 世纪初探求新建筑思潮的社会背景和活动概况；理解欧美各国在探求新建筑运动中产生的主要流派及其思想理论；掌握主要流派的代表人物及其代表性建筑作品。

【教学要求】

知识要点	能力要求	相关知识
建筑创作中的复古思潮	(1) 了解建筑创作中的三种复古思潮产生的社会历史背景 (2) 掌握古典复兴建筑在各国的主要表现 (3) 掌握浪漫主义的发展分期、主要特征与代表建筑 (4) 掌握折中主义的形式特征与代表建筑	(1) 古典复兴 (2) 浪漫主义 (3) 折中主义 (4) 帝国式风格 (5) 殖民式风格
建筑的新材料、新技术与新类型	(1) 了解工业革命对城市与建筑的影响 (2) 掌握新结构、新技术和新的建筑类型 (3) 掌握1851年建造的伦敦"水晶宫"的历史意义	(1) 初期生铁结构 (2) 钢铁框架结构 (3) 博览会与展览馆建筑
19 世纪下半叶—20 世纪初欧洲探求新建筑的运动	(1) 了解欧洲近代探求新建筑思潮的社会历史背景与活动概况 (2) 理解各建筑流派的主要思想理论 (3) 简要分析各建筑流派的主要建筑作品	(1) 艺术与工艺运动 (2) 新艺术运动 (3) 维也纳分离派 (4) 德意志制造联盟 (5) 欧洲先锋学派 (6) 净化建筑
19 世纪下半叶—20 世纪初美国探求新建筑的运动	(1) 了解美国近代探求新建筑思潮的社会历史背景与活动概况 (2) 理解各建筑流派的主要思想理论 (3) 简要分析各建筑流派的主要建筑作品	(1) 芝加哥学派 (2) 草原建筑

基本概念

古典复兴、浪漫主义、折中主义、帝国式风格、殖民式风格、艺术与工艺运动、新艺术运动、维也纳分离派、德意志制造联盟、表现主义、未来主义、风格派、构成主义、芝加哥学派、草原建筑

引言

　　1640 年开始的英国资产阶级革命，标志着世界历史进入了近代阶段。而到了 18 世纪末，首先在英国爆发了工业革命；继英国之后，美国、法国、德国也先后开始了工业革命。到 19 世纪，这些国家的工业化从轻工业扩展到重工业，并于 19 世纪末达到高潮。西方国家由此步入工业化社会。这个时期，城市与建筑发生了种种矛盾与变化：建筑创作中的复古主义思潮与工业革命带来的新的建筑材料与结构对建筑设计思想的冲击之间的矛盾，以及城市人口的恶性膨胀与大工业城市的飞速发展等。这是一个孕育建筑新风格的时期，也是一个新旧因素并存的时期。

3.1 工业革命对城市与建筑的影响

　　开始于 18 世纪中期的英国工业革命，导致社会、思想和人类文明的巨大进步，对建筑产生了深远的影响。工业革命是社会生产从手工业向大机器工业的过渡，是生产技术的根本变革，同时又是一场剧烈的社会关系的变革。

　　这个时期，欧美资本主义国家的城市与建筑都发生了种种矛盾与变化：建筑创作中的复古主义思潮与工业革命带来的新的建筑材料和结构对建筑设计思想的冲击之间的矛盾；建筑师所受的传统学院派教育与全新的建筑类型和建筑需求之间的矛盾；以及城市人口的恶性膨胀和大工业城市的飞速发展等。这是一个孕育建筑新风格的时期，也是一个新旧因素并存的时期。

　　工业革命的冲击，给城市与建筑带来了一系列新问题。首当其冲是工业城市，因生产集中而引起的人口恶性膨胀，由于土地私有制和房屋建设的无政府状态而造成的交通堵塞、环境恶化，使城市陷入混乱之中。其次是住宅问题。虽然资产阶级不断地建造房屋，但他们的目的是为了牟利，或出于政治上的原因，或仅仅是谋求自己的解脱。广大的民众仍只能居住在简陋的贫民窟中，严重的房荒成为资本主义世界的一大威胁。再次是社会生活方式的变化和科学技术的进步促成了对新建筑类型的需要，并对建筑形式提出了新的要求。因此，在建筑创作方面出现了两种不同的倾向：一种是反映当时社会上层阶级观点的复古思潮；另一种是探求建筑中的新功能、新技术与新形式的可能性。

3.2 建筑创作中的复古思潮

　　建筑创作中的复古思潮是指从 18 世纪 60 年代到 19 世纪末在欧美流行的古典复兴(Classical Revival)、浪漫主义(Romanticism)和折中主义(Eclecticism)。由于当时的国际情况与各国的国内情况错综复杂，因而各有重点，各有表现。

　　古典复兴、浪漫主义和折中主义在欧美流行的时间大致见表 3-1。

表 3-1 古典复兴、浪漫主义、折中主义流行的时间

国家	古典复兴	浪漫主义	折中主义
法国	1760—1830 年	1830—1860 年	1820—1900 年
英国	1760—1850 年	1760—1870 年	1830—1920 年
美国	1780—1880 年	1830—1880 年	1850—1920 年

3.2.1 古典复兴

古典复兴是资本主义初期最先出现在文化上的一种思潮，在建筑史上是指 18 世纪 60 年代—19 世纪末在欧美盛行的仿古典的建筑形式。这种思潮曾经受到当时启蒙运动的影响。18 世纪中叶，启蒙主义运动在法国日益发展，它主要有两个方面：一个以伏尔泰和狄德罗为代表，高倡理性，缔造和发扬科学精神；另一个以卢梭和孟德斯鸠为代表，高倡人性，缔造和发扬民主精神。虽然他们的学说反映了资产阶级各阶层的不同观点，但他们都具有一个共同的核心，那就是"自由、平等、博爱"。正是由于对民主、共和的向往，唤起了人们对古希腊、古罗马的礼赞，因此，法国资产阶级革命初期曾向罗马共和国"借用英雄的服装"自然不足为奇，这也是资本主义初期古典复兴建筑思潮的社会基础。

18 世纪古典复兴建筑的流行，一方面是由于政治上的原因，另一方面是考古进展的影响。18 世纪中叶，在实证主义的科学精神推动下，考古工作大大发展起来。古罗马与古希腊的遗址使建筑师意识到学院派的古典主义教条与真正的古典作品有很大的距离。于是，建筑师们趋向于直接从古希腊与古罗马的遗址学习，而批判学院派古典主义的教条。他们将真正科学的理性精神带进了建筑领域，这种理性已不是古典主义者所标榜的先验的几何学的比例及清晰性、明确性等，而是功能真实与自然，建筑物的一切都要表明它存在的理由。古典主义与理性主义发生了联系，于是产生了各种新古典主义，即古典复兴建筑风格。

古典复兴建筑在各国的发展，虽然有共同之处，但多少也有些不同。大体上，在法国是以罗马式样为主，而在英国与德国则希腊式样较多。采用古典复兴建筑风格的主要是国会、法院、银行、交易所、博物馆、剧院等公共建筑和一些纪念性建筑。

巴黎的万神庙（Pantheon in Paris）直接采用古罗马万神庙正面的构图形式，西面柱廊有 6 根 19m 高的柱子，上面顶戴山花，如图 3.1 所示。

拿破仑帝国时期，在巴黎曾经建造了许多大型的纪念性建筑物。在这类建筑中，追求外观上的雄伟、壮丽，内部则常常吸取东方及洛可可的装饰手法，形成所谓"帝国式风格"（Empire Style）。它的作用是颂扬对外战争的胜利，主要作品有军功庙和凯旋门等。军功庙（马德兰教堂），如图 3.2 所示，坐落在高约 7m 的基座上，前后两面均有古罗马式的宽阔台阶。正面由 8 根柱子构成雄伟柱廊，侧面的柱子各有 18 根，其规模完全可以和古罗马最大的神庙相媲美。但这里的柱子排列方法却不再遵循古典法则，所以教堂的柱廊没有科林斯柱廊通常具有的那种比较轻快的风格；再加上柱廊后面是毫无变化的粗糙石墙，所以整座建筑显得森严而僵硬，体现了拿破仑"帝国式风格"的特点。星形广场的凯

旋门，如图 3.3 所示，高 49.4m，宽 44.8m，厚 22.3m，属于罗马复兴时期的建筑作品。它的尺度巨大，连墙上的浮雕人像也有 5～6m 高，显示了格外庄严、雄伟的艺术力量。

图 3.1　巴黎的万神庙

图 3.2　军功庙（马德兰教堂）

图 3.3　星形广场的凯旋门

英国的不列颠博物馆（1823—1829 年），又名大英博物馆，是典型的希腊复兴作品，如图 3.4 所示。设计采用了严格的古希腊建筑的比例和细部。整个建筑由四翼组成，并围成一个长方形的庭院。其中两翼为展览大厅：北翼为公众图书馆和阅览室，东翼为皇家阅览室。当然，时代的进步也在建筑中得到了反映。斯密尔克在结构中采用了混凝土地基和大跨度的铸铁大梁，很好地满足了这座当时全世界最大的综合性博物馆在功能上的要求。

柏林宫廷剧院（1818—1821 年）代表了德国古典复兴建筑的高峰，如图 3.5 所示。入口前宽大的柱廊由 6 根爱奥尼柱子和巨大的山花组成，突起的观众厅造型新颖，细部精致，两旁的侧翼使主体更加突出。剧院主入口前有一座白色大理石雕塑，是德国伟大的戏剧家、诗人席勒的雕像。剧院的南、北两侧各有一座穹顶教堂，3 栋建筑把剧院东侧围出一片广场。夏季，这里可举行露天演出，别有风味。

美国在独立以前，建筑造型都采用欧洲式样，这些由不同国家的殖民者所建造的房屋风格统称为"殖民时期风格"（Colonial Style），其中主要是英国式。独立战争之后，美国资产阶级曾力图摆脱殖民时期风格，由于没有悠久的历史传统，故而试图采用古希腊、古罗马的古典建筑表现民主、自由、独立，所以古典复兴在美国盛极一时，尤其以罗马复兴

(a) 大英博物馆鸟瞰   (b) 大英博物馆外观

图 3.4　大英博物馆

图 3.5　柏林宫廷剧院

为主。一个著名的例子是美国国会大厦(1793—1867 年)。这座政府性大厦，如图 3.6 所示，它仿造了万神庙的外形，意欲表现雄伟的纪念性。它的正中大穹顶是用铸铁和锻铁建造的，但其外观确是仿效古代罗马建筑。

图 3.6　美国国会大厦

3.2.2 浪漫主义

浪漫主义建筑是18世纪下半叶—19世纪下半叶欧美一些国家在文学艺术中的浪漫主义思潮影响下流行的一种建筑风格。浪漫主义在艺术上强调个性，提倡自然主义，主张用中世纪的艺术风格与学院派的古典主义艺术相抗衡。这种思潮在建筑上表现为追求超尘脱俗的趣味和异国情调。

浪漫主义始源于18世纪下半叶的英国，又名"哥特复兴"（Gothic Revival）。从19世纪30年代到70年代，是英国浪漫主义建筑的极盛时期。它的产生背景极为复杂。首先，在反对拿破仑的战争中，民族意识高涨，热衷于发扬本民族文化传统。他们认为，中世纪关闭自守状态下的文化最富有民族特点，因此，开始鼓吹恢复中世纪的宗教，使用中世纪的建筑式样。而且，在18、19世纪的工业革命，不仅带来了生产的大发展，同时也带来了城市的杂乱拥挤、贫民窟滋生、环境恶化等恶果。于是社会上出现了一批乌托邦社会主义者，他们回避现实，向往中世纪的世界观，崇尚传统的文化艺术，要求发扬个性自由、提倡自然天性，同时用中世纪艺术的自然形式反对资本主义制度下用机器制造出来的工艺品，并用它来和古典艺术相抗衡。

18世纪60年代至19世纪30年代是浪漫主义建筑发展的第一阶段，又称"先浪漫主义"。在建筑上表现为模仿中世纪的寨堡或哥特风格的府邸，如威尔特郡的封蒂尔修道院的府邸（1796—1814年），如图3.7所示。先浪漫主义在建筑上还表现为追求非凡的趣味和异国情调，有时甚至在园林中出现东方建筑小品，如英国布莱顿的皇家别墅就是模仿伊斯兰教礼拜寺的形式，如图3.8和图3.9所示。19世纪30年代至70年代是浪漫主义建筑的第二阶段，它已发展成为一种建筑创作潮流。由于追求中世纪的哥特式建筑风格，又称为哥特复兴（Gothic Revival）建筑。

图3.7 封蒂尔修道院的府邸

图3.8 布莱顿皇家别墅

浪漫主义建筑与古典复兴建筑一样，并未在所有的建筑类型中取得阵地，主要限于教堂、大学、市政厅等中世纪就有的建筑类型。同时，它在各个地区的发展也不尽相同，大体来说，以英国、德国流行较广。浪漫主义建筑最著名的作品是英国国会大厦（1836—1868年，Houses of Parliamen）和德国新天鹅堡（图3.10）。英国斯塔夫斯的圣吉尔斯教堂

图 3.9　布莱顿皇家别墅室内

(1841—1846 年，A. W. N. Pugin)与伦敦的圣吉尔斯教堂(1842—1844 年，Scott and Moffatt)，以及曼彻斯特市政厅(1868—1877 年，Alfred Waterhouse，图 3.11)，也都是哥特复兴式建筑较为有代表性的例子。

图 3.10　德国新天鹅堡

图 3.11　曼彻斯特市政厅

英国国会大厦位于伦敦的泰晤士河西岸，又称为西敏寺新宫，如图 3.12 所示。它采

(a)国会大厦鸟瞰

(b)钟楼外观

图 3.12　英国国会大厦

用了英国亨利五世时期的哥特垂直式，强调一系列垂直线条组合成一条水平带，在这个水平带上再突出几座高塔，以北面96m高的大本钟和南面的维多利亚塔楼形成建筑的标志。这组建筑有三个特点：第一，建筑造型采用了地道的哥特式细部，反映了当时哥特复兴的倾向；第二，这组建筑非常严谨，但平面却不完全对称，它适应了建筑的功能要求；第三，采用了不规则、不对称的塔楼组合形成了丰富的天际线，使建筑物显得既庄严又富有变化，是英国最秀丽的建筑群之一。

3.2.3　折中主义

折中主义是19世纪上半叶兴起的一种建筑思潮，至19世纪末20世纪初，在欧美盛行一时。折中主义为弥补古典主义与浪漫主义在建筑上的局限性，任意模仿历史上各种建筑风格，或自由组合各种建筑形式，他们不讲求固定的法式，只讲求比例均衡，注重纯形式美，又称为"集仿主义"。

19世纪中叶以后，随着资本主义社会的发展，需要有丰富多样的建筑来满足各种不同的要求。交通的便利、考古学的进展、出版事业的发达，加上摄影技术的发明，都有助于人们认识和掌握以往各个时代和各个地区的建筑遗产。于是出现了希腊、罗马、拜占庭、中世纪、文艺复兴和东方情调的建筑在许多城市中纷然杂陈的局面。折中主义在欧美的影响非常深刻，持续的时间也较长，在19世纪中叶以法国最为典型，巴黎高等艺术学院是当时传播折中主义艺术和建筑的中心；而在19世纪末和20世纪初期，则以美国最为突出。总的来说，折中主义建筑思潮依然是保守的，没有按照当时不断出现的新建筑材料和新建筑技术去创造与之相适应的新建筑形式。折中主义的代表性建筑包括巴黎圣心教堂（Church of the Sacred Heart，Paris，图3.13）、罗马伊曼纽尔二世纪念建筑（Monument to Victor Emmanuel Ⅱ，Rome，图3.14）和巴黎歌剧院（the Paris Opera House，1861—1874年）等。

图3.13　巴黎圣心教堂　　　　图3.14　罗马伊曼纽尔二世纪念建筑

巴黎歌剧院是法兰西第二帝国的重要纪念物，如图3.15所示。剧院立面仿意大利晚期巴洛克建筑风格，并掺进了烦琐的洛可可雕饰。丰富生动的立面综合了各种古典风格要素，同时也反映出建筑的合理性。它对欧洲各国建筑有很大的影响。

(a) 正面外观

(b) 大楼梯

(c) 大厅

图 3.15　巴黎歌剧院

3.3　建筑的新材料、新技术与新类型

开始于 18 世纪中期的英国工业革命带动了社会、思想和人类文明的巨大进步，对建筑产生了深远的影响。工业革命是社会生产从手工工场向大机器工业的过渡，是生产技术的根本变革，同时又是一场剧烈的社会关系的变革。一方面是生产方式和建造工艺的发展；另一方面是不断涌现的新材料、新设备和新技术，为近代建筑的发展开辟了广阔的前途。正是应用了这些新的技术，从而突破了传统建筑高度与跨度的局限，建筑在平面与空间的设计上有了较大的自由度，同时影响到建筑形式的变化。这其中尤其以钢铁、混凝土和玻璃在建筑上的广泛应用最为突出。

3.3.1　初期生铁结构

以金属作为建筑材料，早在古代建筑中就已开始，而大量的应用，特别是以钢铁作为建筑结构的主要材料则始于近代。随着铸铁业的兴起，1775—1779 年，第一座生铁桥（设计人为 Abraham Darby）在英国塞文河上建造起来，桥的跨度为 30m，高 12m。1793—1796 年在伦敦又出现了更新式的生铁单跨拱桥——桑德兰桥，全长达 72m，是这一时期构筑物中最早、最大胆的尝试。

在房屋建筑上，铁最初应用于屋顶。1786 年，巴黎法兰西剧院建造的铁结构屋顶（设计人 Victor Louis）就是一个明显的例子。后来铁构件在工业建筑中得到大量应用，因为它没有传统的束缚。如 1801 年建的英国曼彻斯特的萨尔福特棉纺厂（设计人 Watt and Boulton）的七层生产车间，就采用了生铁梁柱与承重墙的混合结构，这里铁结构首次采用了工字形的断面。在民用建筑上，典型实例是英国布莱顿的印度式皇家别墅(1818—1821年)，它重约50t的大洋葱顶就是支撑在细瘦的铁柱上。

另外，为了采光的需要，铁和玻璃两种建筑材料配合应用，在19世纪建筑中取得了巨大成就。如巴黎旧王宫的奥尔良廊(1829—1831年，P. Fontaine)、第一座完全以铁架和玻璃构成的巨大建筑物——巴黎植物园的温室(1833年，Rouhault，图3.16)，而最著名的则是1851年建造的伦敦"水晶宫"。这种建筑方式对后来的建筑启发很大。

图3.16 巴黎植物园的温室

3.3.2 钢铁框架结构

框架结构最初在美国得到发展，其主要特点是以生铁框架代替承重墙，外墙不再担负承重的使命，从而使外墙立面得到了解放。1858—1868年建造的巴黎圣日内维夫图书馆，是初期生铁框架形式的代表，如图3.17所示。在这座建筑中，铁结构、石结构与玻璃材料得到有机配合。此外还有英国利兹货币交易所(图3.18)、英国伦敦老火车站(图3.19)、米兰埃曼尔美术馆(图3.20)、利物浦议院(图3.21)、伦敦老天鹅院(图3.22)等。

(a) 建筑外观　　　　　　　　　(b) 阅览大厅内部

图3.17 巴黎圣日内维夫图书馆

1850—1880年间是美国所谓的"生铁时代"，建造的大量商店、仓库和政府大厦多应用生铁构件门面或框架，如圣路易斯市的河岸上就聚集有500座以上这种生铁结构的建筑，在立面上以生铁梁柱纤细的比例代替了古典建筑沉重稳定的印象，但还未完全摆脱古

图 3.18　英国利兹货币交易所

图 3.19　英国伦敦老火车站

图 3.20　米兰埃曼尔美术馆

图 3.21　利物浦议院

图 3.22　伦敦老天鹅院

典形式的羁绊。第一座依照现代钢框架结构原理建造起来的高层建筑是芝加哥家庭保险公司大厦(1883—1885 年)，如图 3.23 所示，它的外形仍然保持着古典的比例。

图 3.23　芝加哥家庭保险公司大厦

3.3.3 升降机与电梯

随着近代工厂与高层建筑的出现，垂直运输成为建筑内部交通很重要的问题。靠传统的楼梯来解决垂直交通问题，已有很大的局限性，这促使了升降机的发明。

早在19世纪前期，已经有人开始试制升降机，因为工厂和矿井早就有了这种需要。在民用建筑中，有人曾制造利用水压的升降机，办法是在楼房下面竖埋一根水管，管内有可以上下移动的活塞，活塞上的杆子顶着一个载人的笼子，往地下竖管内注水，笼子随活塞上升，放水则下降。这种水力升降机明显的缺点是楼房高度取决于地下竖管的深度，不可能太高。另一种水力升降机是用绳索吊着笼子，绳索经过顶部的滑轮与一个水箱连接，往水箱里添水，笼子上升，减少水量，笼子下降。对于用绳索吊拉的升降机，人们担心的是绳索一旦断了怎么办？许多人努力解决载人升降机的安全问题。1852年，美国人奥的斯发明了装有自动安全设备的升降机。他在升降机箱笼两旁安装带齿的导轨，并有自动制动器，箱笼刚一下滑，就被自动卡住。1853年，他建立了一家小型升降机工厂。1856年，他为纽约百老汇大街上一家百货商店安装了第一台为客人使用的安全升降机。1861年，奥的斯获得了蒸汽动力升降机的专利。1870年，贝德文在芝加哥应用了水力升降机。此后，直至1887年，蒸汽升降机渐渐被用电力拖动的电梯代替，电梯进入了白宫、华盛顿纪念碑等著名建筑物中，并从美国走向全世界。欧洲升降机的出现较晚，直到1867年才出现了水力升降机，这种技术以后在1889年应用于埃菲尔铁塔内。

3.3.4 博览会与展览馆

1851年5月1日，英国伦敦海德公园内，一个大型博览会开幕了。这个博览会有两个重要特点：①它是全球第一个世界性博览会；②为这次博览会专门建造了一个前所未有的非常新奇的建筑物。英国主办的这次博览会的正式名称很简单，称为"大博览会"。后来，许多国家或城市仿效英国的做法，接二连三举办了类似的博览会，1851—1970年间，全球总计约举办过34次世界性博览会。工业博览会给建筑的创造提供了最好的条件与机会。博览会的展览馆成为新建筑方式的试验田。博览会的历史，不仅表现在建筑中铁结构的发展，而且在审美上有了重大转变。在19世纪末期的博览会中有两次突出的建筑活动：一次是1851年在英国伦敦举行的世界博览会的"水晶宫"展览馆；另一次是1889年在法国巴黎举行的世界博览会中的埃菲尔铁塔与机械馆。

1. 伦敦"水晶宫"

英国主办的1851年的博览会预定在5月1日开幕，当务之急是完成博览会馆的建筑设计。为了得到最好的建筑设计方案，1850年3月，筹备委员会宣布在全欧洲范围内举办一次设计竞赛。欧洲各国建筑师踊跃参加竞赛，总共收到245个建筑方案。然而评审下来，没有一个能满足要求。最主要的原因：首先，是从设计竞赛到建筑完成、博览会开幕，只有一年多的时间，工期极短；其次，博览会结束后，展馆就要拆除，只有省工省料，才能快速建成、快速拆除；最后，展馆应能满足耐火性要求，内部又必须有充足的光线。当时，各国建筑师专注于用传统的建筑材料和构造方式建造传统样式的建筑，无法满足这些要求。这时候，园艺工程师帕克斯顿找到筹委会，说他能够提交符合各项规定与要求的建筑方案。他提出了一个新颖的革命性的建筑方案：展馆长 564m，总宽 124m，共有三层，正面逐层收缩；中央有凸起的半圆拱顶，顶下中央大厅宽 22m，最高处 33m；左右两翼大厅高 20m，两侧为开敞的楼层。整个展馆占地约 71800m²，建筑总体积为 934600m³。整个建筑物是一个铁的框架，屋面和墙面全是玻璃，而整个建筑物只用一种尺寸的玻璃：124cm×25cm。

1850 年 7 月 26 日，帕克斯顿的方案被正式采纳，此时距 1851 年 5 月 1 日博览会开幕只剩下 9 个月零 5 天。留出布展的时间，设计和施工的时间实在太紧张。然而，庞大的博览会馆的建造只用了 4 个月的时间，这是前所未有的高速度。原因在于这座建筑没有采用传统的砖、石材料，而是只用了铁与玻璃。整个建筑物用了 3300 根铸铁柱子和 2224 根铁（铸铁和锻铁）的桁架梁组成。柱与梁连接处有特别设计的连接体，可将柱头、梁头和上层柱子的底部连接成为整体，既牢固，又可以增快组装速度。这些构件都是标准化的，只用极少的型号，甚至屋面和墙面都只用一种规格的玻璃板（124cm×25cm），这是当时英国能够生产的最大尺寸的玻璃板。标准化的结果是，不但工厂生产很快，工地安装也快。80 名玻璃安装工人在一周时间内可以安装好 189000 块玻璃，玻璃面积总计 83600m²，重 400t，占当年英国玻璃总产量的近 1/3。整个建筑的铁构件和玻璃板分别由伦敦附近的铁工厂和玻璃工厂大批生产，运到工地加以组装。此外，施工中尽量使用机械和蒸汽动力。开幕那一天，在人们从来不曾见过的高大宽阔而十分明亮的大厅里，维多利亚女王亲自剪彩揭幕。展馆内飘扬着各国的国旗，喷泉吐射出晶莹的水花，屋顶是透明的，墙壁也是透明的，到处熠熠生辉。这座建筑很快有了一个别名："水晶宫"，如图 3.24 所示。

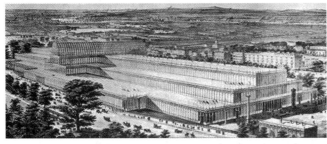

(a) 鸟瞰   (b) 室内

图 3.24　伦敦"水晶宫"

1851 年建造的伦敦"水晶宫"，是工业革命的产物，是 20 世纪现代建筑的先声，开辟了建筑形式的新纪元。首先，它第一次大规模采用了预制和构件标准化的方法，外墙与屋面均为玻璃，整座建筑通体透明，宽敞明亮，在新材料和新技术的运用上达到了一个新高度；其次，摈弃了古典主义的装饰风格，向人们预示了一种新的建筑美学质量，其特点就是轻、光、透、薄，实现了形式与结构、形式与功能的统一；最后，它的建造过程快速，该建筑总共 7 万多平方米的建筑面积，工期仅 9 个月，而且建筑造价大为节省。

2. 巴黎埃菲尔铁塔与机械陈列馆

1889 年 5 月 6 日，巴黎万国博览会开幕。博览会的一座高塔，后来被称为"埃菲尔铁塔"，如图 3.25 所示，引起了极大的轰动。一方面，它特别高，塔的顶端距地 300.65m，这个高度大大超出此前一切的人造物；另一方面，这座塔除了基底用一些石料外，塔身全部用铁建造，这在历史上尚未有先例。

为了纪念 1789 年的法国大革命 100 周年，早在 1884 年，法国政府就决定要在巴黎举办一个大型博览会。当局还想在这个博览会中建造一个纪念物，要求它是前所未见的、能够激发公众热情的、纪念碑性质的建筑物。为此，他们组织了国际性的建筑设计竞赛，至 1886 年 5 月 1 日，共收到 700 个方案。评委会最终选定了埃菲尔公司送交的铁塔方案。1887 年 1 月 28 日，铁塔破土动工，1889 年 3 月 31 日，铁塔建成。一个多月后，巴黎万国博览会开幕。一大群人循着铁塔步梯的 1710 级踏步而上，埃菲尔在塔尖骄傲地宣称这是"人类建造的最高的建筑物"。

埃菲尔铁塔本身重 7000t，由 18000 个部件组成。铁塔底部四个塔腿之间形成一个正方形的广场，每边长 129m，如图 3.26 所示。铁塔上的第一平台距地 57.63m，第二平台距地 115.73m。第一、第二平台面积分别为 4200m² 和 1400m²，设有餐饮等服务设施。在距地 276.13m 的高度的第三平台面积较小。晴朗的日子，在那里远眺，视线可达 85km，如图 3.27 所示。3 个平台间设有分段的升降机，早期采用水力驱动，最下的升降机沿斜伸的塔腿驶行，由美国奥的斯公司特制。埃菲尔铁塔建成至今已有 100 多年，在 1930 年纽约的克莱斯勒大厦建成之前，它一直是世界上最高的建筑物。它完全采用装配式工厂化生产方式建造，采用了工业革命带来的一切可能的科技成果。从设计、构件制作到装配组合，采用了大工业系列化的生产模式，充分显示了现代工业的进步性。

图 3.25 巴黎埃菲尔铁塔

图 3.26 埃菲尔铁塔底部

19 世纪以前建造的大跨度建筑很少，那时的建造工作全靠手工人力，加上其他原因，常常很长时间才能竣工。以欧洲教堂建设为例，梵蒂冈的圣彼得大教堂从 1506 年开始筹建，直到 1626 年才建成，总计耗时 120 年；著名的德国科隆大教堂始建于 12 世纪，19 世纪末才落成，前后跨越了 600 多年。工业革命之后，情形大变，社会活动复杂多样，许多大型活动需要在很大的、没有或很少阻隔的室内空间中进行，如大会堂、大剧场、博览

图 3.27　从埃菲尔铁塔塔顶远眺巴黎城

会、火车站等，这类建筑不仅要跨度大，而且要求施工快。19 世纪以后，先进的资本主义国家在提出多、快、好、省地建造各种复杂的新型建筑的要求同时，不断推出种种新的、性能优异的并不断加以改进的建筑材料与建筑技术，使上述各项需求得以实现。从 19 世纪中叶开始，多种多样的大跨度建筑物陆续展现在世人面前。进入 20 世纪以前，人类建造的跨度最大的建筑是 1889 年巴黎博览会中的机械陈列馆。它与埃菲尔铁塔同时兴建，都是为纪念法国大革命 100 周年。现在人人皆知埃菲尔铁塔而很少有人记得这个机械陈列馆，因为前者依然屹立而后者于 1910 年拆除了。

　　布置在埃菲尔铁塔后面的机械馆，是一座前所未有的大跨度结构，如图 3.28 所示。在跨度方面，它将此前人类所造的一切建筑物都远远抛在了后面。机械馆本身体量很简单，平面为长方形，建筑长边为 420m，横宽为 115m。横的方向立着大型钢制三铰拱，三铰拱两端点间的距离为 115m，这是它的跨度，也是陈列馆的宽度。钢拱沿建筑的长向排列，共 20 个。钢拱由众多较窄的钢部件组合而成，每个拱在当时来说都是一个罕见的庞然大物，自身最大的断面高 3.5m。拱的末端越接近地面越窄，每点集中压力有 120t。这种新结构试验的成功，有力促使了建筑艺术不得不探求新的形式。1889 年，在巴黎同时建成的埃菲尔铁塔和机械陈列馆，一方面在高度上前无古人；另一方面在跨度上突破一切技术，两者都是建筑技术史上的勇敢创举。

(a) 室内

(b) 外观

图 3.28　巴黎博览会机械陈列馆

3.4 19世纪下半叶—20世纪初欧洲探求新建筑的运动

19世纪下半叶，西欧各个国家和美国都进入资本主义经济高速发展阶段。因为工业化，产生了交通运输、都市规划、人口居住等一系列新问题。在新的社会总需求的压力下，建筑和城市规划设计进入了崭新的阶段，也就是现代建筑阶段。面对排山倒海而来的工业化产品和工业建筑，以及随之而来的新都市生活，出现了巨大的社会问题。以往小城市中的缓慢、悠闲的生活方式一去不复返，代之而来的是急迫、冷酷的新社会关系，缺乏人情味的新工业化设计风格。

在工业化单调的设计面貌前，欧美一些知识分子开始企图通过从其他地区文明的动机中找到设计的思路，或企图从自然形态找到设计的新选择，或者从欧洲历史的某些不为人注意的风格中寻找出路。而所有这些努力的目的，都在于企图抗拒工业化风格，期望能通过手工艺的方式或形式，来改良工业化造成设计上的刻板面貌。在众多的设计探索中，也有少数建筑家和设计家开始摸索通过简单几何形式、日本式的平面构成组合、暴露结构的功能性方法来达到新的途径。先锋建筑师们都在通过不同的渠道和方法，达到比较类似的目的，他们为现代建筑奠定了发展的形式基础。

新建筑运动，作为一个探求新的建筑设计方法的运动，在欧洲表现较多。影响较大的有艺术与工艺运动（Arts and Crafts Movement）、新艺术运动（Art Nouveau）、维也纳学派与"分离派"、北欧的"净化建筑"、德意志制造联盟（Deutscher Werkbund）以及一次大战前后产生的欧洲"先锋学派"。

3.4.1 艺术与工艺运动

19世纪50年代在英国出现的"艺术与工艺运动"是小资产阶级浪漫主义的社会与文艺思想在建筑与日用品设计上的反映。

英国是工业革命的发源地，也是世界上最先遭受由工业发展带来的各种城市痼疾及其危害的国家。面对城市交通的混乱、居住与卫生条件的恶劣以及各种廉价而粗制滥造的工业制品的泛滥，一些社会活动家、艺术家与评论家等将矛头指向了机器，出现了一股相当强烈的反对与憎恨机器生产，鼓吹逃离工业城市，怀念手工业时代的哥特风格与向往自然乡村生活的浪漫主义情绪，促使了艺术与工艺运动的产生。

以拉斯金（John Ruskin）、莫里斯（William Morris）为代表的"艺术与工艺运动"赞扬手工艺的效果、制作者与成品的情感交流以及自然材料的美，反对粗制滥造的机器制品。莫里斯主张"美术家与工匠结合才能设计制造出有美学质量的为群众享用的工艺品"。在建筑上，"艺术与工艺运动"主张，在城郊建设简单、朴实无华、具有良好功能的"田园式"住宅，以摆脱矫揉造作的维多利亚风格和其他各种古典、传统的复兴风格。

1859—1860年由建筑师韦布（Philip Webb）在肯特建造的"红屋"（Red House）就是这个运动的代表作。"红屋"是莫里斯的新婚住宅，如图3.29所示。平面根据功能需要布置成L形，使每个房间都能自然采光。采用本地红砖建造，不加粉刷，摒弃传统贴面装饰，表达材料本身质感。这种将功能、材料和艺术造型结合的尝试，对后来的新建筑有一定启发，受到不求气派、着重生活质量的小资产阶级的认同。

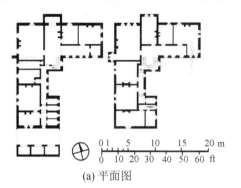
(a) 平面图

(b) 建筑外观

图 3.29　莫里斯的"红屋"

"艺术与工艺运动"的贡献在于，它首先提出了"美术与技术结合"的原则，并且提倡一种"诚实的艺术"，反对了当时设计上的哗众取宠、华而不实的趋向。然而，对于工业化的反对、对于机械的否定、对于大批量生产的否定，都使之无法成为领导潮流的主流风格。

3.4.2　新艺术运动

在欧洲真正提出变革建筑形式信号的是 19 世纪 80 年代的新艺术运动。受到英国"艺术与工艺运动"的启示，19 世纪最后 10 年至 20 世纪前 10 年，欧洲大陆出现了名为"新艺术派"的实用美术方面的新潮流，其思想主要表现在用新的装饰纹样取代旧的程序化的图案，逐渐形成"新艺术运动"。它是 19 世纪末与 20 世纪初在欧洲和美国产生和发展的一次影响面相当大的装饰艺术运动，也是一次内容很广泛的设计上的形式主义运动。

新艺术运动最初的中心在比利时首都布鲁塞尔，随后向法国、奥地利、德国、荷兰以及意大利等地区扩展。新艺术运动的创始人之一——菲尔德（Henry van de Velde）原是画家，19 世纪 80 年代开始致力于建筑艺术的革新，主张在绘画、装饰与建筑上创造一种不同于以往的艺术风格。菲尔德曾组织建筑师讨论结构与形式之间的关系，肯定了产品的形式应有时代特征，并应与其生产手段一致。在建筑上，他们极力反对历史样式，意欲创造一种前所未有的、能适应工业时代精神的装饰方法。他们积极探索与新兴的铸铁技术结合的可能性，逐渐形成了一种自己特有的富于动感的造型风格：在装饰主题上大量采用自由、连续弯绕的曲线和曲面，建筑墙面、家具、栏杆及窗棂等都如此。

新艺术派的建筑特征主要表现在室内，外形保持了砖石建筑的格局，比较简洁，有时采用一些曲线或弧形墙面使之不致单调。建筑装饰中大量应用铁构件。典型实例是比利时建筑师霍塔（Victor Horta）在 1893 年设计的布鲁塞尔让松街住宅。如图 3.30 所示，建筑内外的金属构件有许多曲线，或繁或简，冷硬的金属材料看起来柔化了，结构显出韵律感。室内铸铁柱子裸露在室内，铁制的卷藤线条盘结其上。楼梯栏杆、灯具也是铁制卷藤装饰。从天花板的角落、墙面到马赛克地面，都装饰着卷藤图案。

(a) 建筑外观　　　　　　　　(b) 室内场景

图 3.30　布鲁塞尔让松街住宅

在英国，新艺术运动中最有影响力的是麦金托什（Charles Rennie Mackintosh）。他所设计的格拉斯哥艺术学校（Glasgow School of Art），如图 3.31 所示，建筑室内外都表现出新艺术的精致细部与朴素的苏格兰石砌体的对比。室内空间按照功能进行组合。梁柱、天花板以及灯饰等都使用了柔和的曲线。在朴素地运用新材料、新结构的同时，处处浸透着艺术的考虑。

(a) 建筑外观　　　(b) 入口外观　　　(c) 室内灯具　　　(d) 室内场景

图 3.31　格拉斯哥艺术学校

西班牙的高迪（Gaudi）的艺术风格也受到过"新艺术运动"的一些影响，但更突出个人风格。高迪的建筑活动主要集中在巴塞罗那市。他从 1902 年开始摒弃历史上的建筑风格，另辟蹊径。他从自然界的各种形体结构中获得灵感，以浪漫主义的幻想极力使塑性的艺术形式渗透到三度的建筑空间中，并吸取了东方伊斯兰韵味和欧洲哥特式建筑结构特点，再结合自然的形式，精心独创了具有隐喻性的造型的"塑性建筑"。他的代表作品有米拉公寓（Casa Mila，1905—1910 年）、巴特罗公寓（Casa Batllo，1906 年），以及巴塞罗那市的居尔公园（Park Guell，图 3.32）、巴塞罗那圣家堂等。

6 层的米拉公寓（1910 年），如图 3.33 所示，置于街道转角，墙面凹凸不平，屋檐与屋脊做成蛇形曲线。公寓房间没有一个是常见的矩形，屋面上也是大大小小的突起物林立。虽是房屋，却像是一个庞大的海边岩石，因长期受海水侵蚀而布满孔洞。阳台栏杆由歪歪扭扭的铁条构成，很像挂在岩石上的一簇簇杂乱的海草。蛇腹形屋顶上有大大小小的

图 3.32　巴塞罗那市的居尔公园

尖塔和突起物，形态诡异，如图 3.34 所示。

图 3.33　米拉公寓外观

图 3.34　米拉公寓屋顶细部

　　巴特罗公寓，如图 3.35 所示，入口与下部墙面有意模仿溶洞与熔岩。上面楼层的阳台栏杆如同假面舞会的面具，屋脊仿似带鳞片的怪兽脊背，上面贴着五颜六色的碎瓷片。

　　高迪最后的作品是巴塞罗那的圣家堂。这个大教堂，如图 3.36 所示，形体近似哥特式主教堂，上部耸立着许多小尖塔，近看细部则如同布满疙瘩，凹凸不平，缝隙中夹有许多圣像和雕饰。这个高大的怪教堂从 1883 年开始动工，慢慢腾腾地建造，许多地方是高迪现场发挥想象力，随时添改的结果。直至 1926 年高迪去世，还只建成四个塔楼中的一个。

　　高迪的建筑创作何以会走上一条独特的道路呢？除了他遇上了有钱而宽容的业主居尔伯爵之外，西班牙独特的历史文化资源以及新艺术运动引领的建筑变革之风都给予高迪艺术的灵感与启示。历史上的西班牙曾受过罗马人和哥特人的统治，在公元 8—15 世纪时期，西班牙半岛上还曾建立过多个穆斯林王朝，西班牙曾一度"伊斯兰化"，15 世纪后才又是"基督教西班牙"。哥伦布发现美洲后，大量黄金流入西班牙，使它一度成为欧洲最富有的国家，而不久又衰落。西班牙在近代落后于西欧，工业化起步较晚。在这样的历史过程中，基督教文化与伊斯兰教文化会合，使西班牙的文化艺术染上了众多的色彩。在高迪创作的时期，新艺术运动在西欧建筑界的影响越来越大，建筑形式变革之风甚嚣尘上，这些特点混合交融，是产生高迪独特建筑风格的艺术背景。

图 3.35　巴特罗公寓　　　　图 3.36　巴塞罗那的圣家堂

　　高迪的建筑使人赞叹，但由于过于独特，对当时建筑界的影响并不大。在他的作品中看不到功能与技术上的革新。过去他并未受到很多重视，但近年来，却在西方被追封为伟大的天才建筑师，以其浪漫主义的想象力和建筑形式的奇特而备受赏识。因为这正符合当前社会中追求标新立异、追求非常规的创造精神。

　　总的来说，新艺术运动在建筑上的革新只限于艺术形式与装饰手法，终不过是以一种新的形式反对传统形式而已，并未能全部解决建筑形式与内容的关系以及与新技术结合的问题。因此，新艺术运动流行短暂的 20 余年后就逐渐衰退。但它对 20 世纪前后欧美各国在新建筑探索方面的影响还是广泛且深远的。

3.4.3　奥地利的探索：维也纳学派与"分离派"

　　在新艺术运动的影响下，奥地利形成了以建筑师瓦格纳（Otto Wagner，1841—1918年）为代表的维也纳学派。

　　瓦格纳是维也纳学院的教授，原本倾向于古典建筑，后来在工业时代的影响下，逐渐形成了新的建筑观。1895 年，他发表了《现代建筑》（*Modern Architecture*）一书，指出"建筑设计应该集中为现代生活服务，而不是模拟以往的方式和风格"；"新结构、新材料必然导致新形式的出现"。他提出对现有的建筑形式进行"净化"，使之回到最基本的原点，从而创造新的形式。瓦格纳认为："建筑是人类居住、工作和沟通的场所，而不仅仅是一个空洞的环绕空间。建筑应该具有为这种交流、沟通、交通为中心的设计考虑，以促进交流、提供方便的功能为目的，装饰也应该为此服务。"他的代表作品是维也纳邮政储蓄银行大楼（Post Office Savings Bank，1905 年）。如图 3.37 所示，建筑外形简洁，重点装饰。内部营业大厅采用纤细的铁构架与玻璃顶棚，空间白净明亮。墙面与柱不施加任何装饰，充满现代感。

　　瓦格纳的观点对他的学生影响很大。1897 年，他的学生奥别列兹（Joseph Maria Olbrich)、霍夫曼(J. C. Hoffman)等一批年轻的艺术家组成了"分离派",意思是要与传统的和正统的艺术分手,提出了"为时代的艺术,为艺术的自由"的口号。在建筑上,他们主张造型简洁,常采用大片光墙面与简单立方体组合,在局部集中装饰,装饰的主题多为直线和简单的几何形体。

1898 年奥别列兹设计的维也纳分离派展览馆是分离派的代表作品。如图 3.38 所示,简单的立方体、整洁光亮的墙面、水平线条、平屋顶构成了建筑主体。设计中运用了纵与横、明与暗、方与圆、石材与金属的对比形成变化。馆体本身庄重典雅,而安装在建筑顶部的金色镂空球又使得建筑轻巧、活泼。

图 3.37 维也纳邮政储蓄银行大楼

图 3.38 维也纳分离派展览馆

在维也纳的另一位建筑师路斯(Adolf Loos,1870—1933 年)是一位在建筑理论上有独到见解的人。1908 年,他发表《装饰与罪恶》一文,宣称"装饰就是罪恶",反映了当时在批判"为艺术而艺术"中的一种极端思想。他反对将建筑列入艺术范畴,主张建筑以实用与舒适为主,认为建筑"不是依靠装饰而是以形体自身之美为美"。路斯的代表作品是 1910 年在维也纳建造的斯坦纳住宅(Steiner House)。如图 3.39 所示,建筑外部完全没有装饰。他强调建筑物作为立方体的组合同墙面和窗子的比例关系,是一种完全不同于折中主义并预告了功能主义的建筑形式。

图 3.39 斯坦纳住宅

总体而言,维也纳学派与"分离派"的设计活动开始摆脱单纯的装饰性,而向功能性第一的设计原则发展,被视为介于"新艺术"和现代主义设计之间的一个过渡性阶段的设计运动。

3.4.4 北欧的探索：净化建筑

在北欧，对新建筑的探索以荷兰较为出色。著名建筑师伯尔拉赫（H. P. Berlage）对当时流行的折中主义建筑颇为厌恶，提出了"净化"（Purify）建筑，指出建筑形体直接反映建筑功能，主张建筑造型应简洁明快并能表达材料的质感，声明要寻找一种真实的、能够表达时代特征的建筑。他的代表作品是阿姆斯特丹证券交易所，如图3.40和图3.41所示，建筑形体维持了当时建筑的基本格局，但形式更为简化。内外墙面均为清水砖墙，不加粉饰，恢复了荷兰精美砖工的传统。在原来檐部与柱头的位置，以白石代替线脚和雕饰，内部大厅大胆采用钢拱架与玻璃顶棚的做法，体现了新材料、新结构与新功能的特点。但是，它正立面的连续券门，上部的圆窗和檐下的小装饰，仍不免使人联想到当地中世纪"罗马风"建筑的传统。

图 3.40 阿姆斯特丹证券交易所外观　　　图 3.41 阿姆斯特丹证券交易所大厅

芬兰，是北欧比较偏僻的国家，那里遍布着湖泊与森林，有着独特的民族传统。10世纪末，它也受到了新艺术运动的影响，并主动接受了它。20世纪初，在探求新建筑的运动中，著名建筑师老沙里宁（Eliel Saarinen，1873—1950年）的代表作品赫尔辛基火车站是一个非常杰出的实例，如图3.42和图3.43所示。简洁的形体、灵活的空间组合，为芬兰现代建筑的发展开辟了道路。

图 3.42 赫尔辛基火车站　　　　　　图 3.43 赫尔辛基火车站室内

3.4.5 德意志制造联盟

为了使德国商品能够在国外市场上和英国抗衡，1907 年出现了由企业家、艺术家、工程技术人员等联合组成的全国性的"德意志制造联盟"（DWB，Deutscher Werkbund），其目的在于提高工业制品的质量，以求达到国际水平，积极推进设计、艺术与现代工业生产的结合。它的成立对现代建筑的创立也曾起到过重要作用。联盟中有许多著名的建筑师，他们认识到建筑必须与工业结合。其中最负盛名的是贝伦斯（Peter Behrens，1868—1940 年），他是第一个把工业厂房升华到建筑艺术领域的人。贝伦斯提出的主要论点是：建筑必须和工业结合。他指出："建筑应当是真实的⋯⋯现代结构应当在建筑中表现出来，这样会产生前所未有的新形式。"

1909 年，贝伦斯为德国电气公司设计的透平机车间（AEG Turbine Factory），是建筑设计上的一次重大创新，被西方称为第一座真正的"现代建筑"。如图 3.44 所示，车间的屋顶由三铰拱钢结构组成，形成了宽敞的生产空间。柱间以及两端山墙中部镶有大片玻璃窗，满足了车间对光线的要求。山墙上端呈多边形，与内部钢屋架轮廓一致。这座造型简洁，摒弃了附加装饰的工业建筑，为探求新建筑起到了一定的示范作用。

(a) 建筑外观　　　　　　　　　　　　　(b) 室内场景

图 3.44　德国电气公司透平机车间

贝伦斯对下一代建筑师的影响很大。今天西方所称道的第一代建筑大师格罗皮乌斯（Walter Gropius，1883—1969 年）、勒·柯布西耶（Le Corbusier，1887—1965 年）、密斯·凡·德罗（Ludwig Mies van der Rohe，1886—1969 年）都曾在贝伦斯的事务所工作过。他们在那里接受了许多新的建筑观点。格罗皮乌斯体会了工业化在建筑中的深远意义，为他后来教学与开业奠定了基础；柯布西耶懂得了新艺术的科技根源；而密斯则继承了贝伦斯严谨、简洁的设计风范。

1914 年，德意志制造联盟在科隆举行展览会，展览会建筑也作为新工业产品来展出。其中，最引人注意的是格罗皮乌斯设计的展览会办公楼，如图 3.45 所示。建筑在构造上采用平屋顶，经过技术处理后可以防水及上人，这在当时是一种新的尝试。在造型上，除了底层入口附近采用了砖墙外，其余部分采用大片玻璃，两侧楼梯间也做成圆柱形的玻璃体。这种结构构件的暴露、材料质感的对比，以及内外空间流通等设计手法，都为后来的现代建筑所借鉴。

图 3.45　德意志制造联盟科隆展览会办公楼

3.4.6　欧洲的先锋学派

除上述探求新建筑的运动外，欧洲许多国家还在 20 世纪初期掀起了一系列的艺术创新运动，比较重要的有表现主义（Expressionism）、未来主义（Futurism）、风格派（De Stijl）和构成主义（Constructivism）等，统称为"先锋学派"。

1. 表现主义

表现主义是 20 世纪初出现在德国和奥地利先锋派画坛与建筑界的流派。表现主义者认为，艺术的任务在于表现个人的主观感受和体验，因此画面与建筑作品多表现为色彩强烈、形体流动以及繁多装饰。第一次世界大战后出现了表现主义的建筑，常常采用夸张、奇特的建筑体形来表现或象征某些思想情绪或时代精神。

最具代表性的建筑是德国建筑师门德尔松（Erich Mendelsohn）设计的波茨坦爱因斯坦天文台（Einstein Tower，Potsdam，1919—1920 年）。如图 3.46 和图 3.47 所示，建筑师用混凝土与砖塑造了一座混混沌沌、稍带流线型的建筑形体，墙面上有一些形状奇特的窗洞和莫名其妙的突起，给人一种神秘莫测的感受，正吻合了一般人对爱因斯坦相对论的印象。

图 3.46　爱因斯坦天文台

图 3.47　爱因斯坦天文台建筑细部

总的来说，表现主义建筑师主张革新、反对复古，但他们只是用一种新的表面处理手法去取代旧的建筑形式，同建筑技术与功能的发展没有直接的关系。它在第一次世界大战后初期兴起过一阵，不久就消退了。

2. 未来主义

未来主义是在第一次世界大战前出现于意大利的一种艺术流派。作为锐意创新的艺术流派，未来主义对传统的美学观念基本上持否定态度，以强调机械和速度的美为艺术理念。这种艺术思潮也影响到建筑领域，以建筑师圣·伊利亚（Sant Elia，1888—1917 年）为主要代表人物。

圣·泰利亚曾设想过许多大都市的构架，完成了许多未来城市与建筑的设计图样。1912—1914 年间，他以《新城市》为题，完成了一系列关于未来主义的建筑想象图，如图 3.48 所示。在他的未来主义设计图样中，建筑物全部为采用简单几何体的高层建筑，建筑物的下面是分层车道和地下铁道，全部设计围绕着"运动感"作为现代城市的特征。

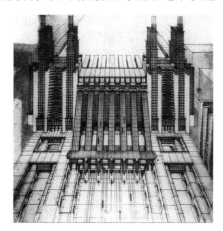

图 3.48　未来主义设计图样

1914 年 5 月，他发表了《未来主义建筑宣言》，激烈批判建筑界的复古思潮。他写道："自 18 世纪以来，所谓的建筑艺术，不过是各种风格的大杂烩。就是可笑的杂烩把一座座新建筑物的骨架遮盖起来。钢骨水泥所创造的新的美，被徒有其表的骗人的装饰所玷污，这既不是结构的需要，也不符合我们的口味。"

"我们必须创造的未来主义城市是以规模巨大、喧闹奔忙的、每一部分都是灵活机动而精悍的船坞为榜样，未来主义的住宅要变成巨大的机器……楼梯将废弃不用，电梯则将在立面上显露出来，像钢和玻璃的蛇一样……在混凝土、钢和玻璃组成的建筑物上，没有图画与雕塑，只有它们天生的轮廓和体形给人以美。这样的建筑物将是粗犷的，像机器那样简单，需要多高就多高，需要多大就多大……大街深入地下许多层，并且将城市交通用许多交叉枢纽与金属的步行道和快速输送带有机地联系起来。"

"未来主义建筑并非实际条件与功利的贫乏无味的组合，而仍是一种艺术，是一种综合物，是一种表现……"

圣·泰利亚也批评当时的建筑教育："在这些学院中，年轻一代被迫去抄袭古代的范例，而没有在解决新的迫切问题上发挥他们的想象力；""新的结构、材料和科学理论与旧的风格形式是格格不入的；""我们不再感到自己是属于教堂的人，属于宫殿的人。我们属于大旅馆、火车站、公路、港口、明亮的画廊、笔直的道路以及对我们还有用的古代遗址和废墟。"

可以说，圣·泰利亚的未来主义建筑理念是到第一次世界大战前为止，西方建筑变革思潮中最激进、最彻底的一部分，其表述也最鲜明、最坚定、最少妥协，它们是先前许多改革者零散思维的深化和集大成的产物。当然，由于它的激进性和彻底性，未来主义建筑思想也带有更多的片面性和极端性。

未来主义者没有实际的建筑作品,但其建筑思想却对一些建筑师产生了很大的影响。直到20世纪后期,还能在一些著名建筑作品中看到未来主义的思想火花。

3. 风格派

风格派是产生于荷兰的一个设计流派,以1917年所发行的《风格》杂志而得名,主要成员有画家蒙德里安(Piet Mondrian),雕刻家和建筑师奥德(J. J. P. Oud),里特弗尔德(G. T. Rietveld)等。风格派的绘画一反传统的表现方式,主要利用抽象构图拼成各式色彩的几何图案,也称之为"新造型主义"或"要素主义"。

蒙德里安的绘画中没有任何自然界的物体形象,画面上只剩下横七竖八的线条和方格中涂着的红、黄、蓝色块,如图3.49所示。这样的绘画不直接反映现实生活,但发挥了几何形体组合的审美价值,很容易被建筑师吸纳,转化到建筑造型中。荷兰建筑师、家具设计师里特维尔德设计的一只扶手椅(1917年)就是由相互独立又相互穿插连接的板片和方木条组合而成,明显是一个立体的蒙德里安式构图,如图3.50所示。用明确的几何形体形成空间或造型,成为风格派的主要设计手法,如图3.51所示。

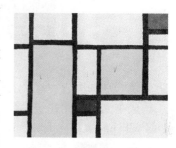

图3.49 蒙德里安的绘画

图3.50 里特维尔德设计的扶手椅

图3.51 风格派的建筑构成研究

后来,里特维尔德又设计了一所小住宅,被称为施罗德住宅(Casa Schroder,1924年),也明显是一个立体的"蒙德里安式构图"。如图3.52所示,施罗德住宅大体上是一个立方体,一些墙板、平的屋顶板和楼板向外伸出少许。从外部看去,横竖相间,板片与块体纵横穿插,其间有实墙面与透明玻璃的虚实对比、色彩明暗的对比,给人一种生动活泼、耳目一新之感。

4. 构成主义

构成主义是第一次世界大战后出现在苏联的新派艺术运动,涉及绘画、雕塑、建筑、设计等广泛领域。在建筑上,构成主义者将结构视为建筑设计的起点,宣布集中利用新的材料与新的技术来探讨"理性主义"。研究建筑空间,采用理性的结构表达方式,使结构

图 3.52　施罗德住宅

成为建筑表现的中心，这个立场成为世界现代主义建筑的基本原则。

　　构成主义早期的建筑设计之一是由弗拉基米尔·塔特林(F. Tatlin, 1885—1953 年)在1920 年设计的"第三国际"纪念塔方案。如图 3.53 所示，这个塔比法国的埃菲尔铁塔要高出一半，内部包括国际会议中心、无线电台、通信中心等。这个构成主义的建筑，其实是一个无产阶级和共产主义的雕塑，它的象征性比实用性更加重要。

　　大部分的构成主义都没有能够实现，比如 1924 年的高层建筑提案，如图 3.54 所示。真正变成现实的构成主义建筑是在西方完成的，那是梅尔尼科夫 1925 年在巴黎世界博览会上设计的苏联展览馆大厦，这个建筑采用了简单几何体形的抽象组合，强调表现结构构造的力量。通过这个建筑，构成主义在这个博览会中提供了一个坚实的样板，同时，它对于现代设计的影响也完全可以看到了。

图 3.53　"第三国际"纪念塔方案

图 3.54　1924 年的高层建筑提案

　　总体而言，初期的构成主义力求在苏联革命胜利的环境下，在设计上满足工业生产和日常生活的要求，但后来其抽象的造型理念逐渐与苏联的意识形态产生矛盾，最终受到官方的取缔性批判。虽然在其发祥地未成气候，但在西方却受到了广泛而持久的关注，对现代艺术及设计(包括德国包豪斯、荷兰风格派等在内)有重大而持续的影响。

3.5 19世纪下半叶—20世纪初美国探求新建筑的运动

美国是新兴的资本主义工业国家。作为一个没有传统包袱、奉行实用主义、具有强大经济实力的国家，美国的建筑技术和建筑材料在19世纪中期以后得到非常迅速的发展。尤其是南北战争之后，全国掀起一股建设热潮，建筑业在这个时期得到了非常大的发展，城市面貌、建筑面貌相应地发生了本质变化。

3.5.1 芝加哥学派

南北战争之后，北部的芝加哥取代了南部的圣路易城的位置，成为开发西部前哨和东南航运与铁路的枢纽。随着城市人口的增加，办公楼和大型公寓的需求旺盛。1871年10月8日，发生在芝加哥市中心的一场毁掉全城近三分之一建筑的大火灾，更加剧了对新建房屋的需求。政府以及各种私人企业团体都急于重建这个在经济上举足轻重的城市。在当时的形势下，芝加哥出现了一个主要从事高层商业建筑的建筑师和建筑工程师的群体，后来被称作"芝加哥学派"（Chicago School）。他们的设计方式、风格和思想，对于促进高层建筑的发展起了重要的促进作用。

芝加哥学派最兴盛的时期是在1883—1893年。它在工程技术上创造了高层框架结构与箱形基础。他们使用铁的全框架结构，使楼房层数超过10层，甚至更高。由于争速度、重时效、尽量扩大利润是当时压倒一切的宗旨，传统的学院派建筑观念被暂时搁置和淡化，这使得楼房的立面大为净化和简化。在建筑造型上创造了简洁、明快与实用的独特风格。为了增加室内的光线和通风，出现了宽度大于高度的横向窗子，被称为"芝加哥窗"。高层、铁框架、横向大窗、简单的立面成为"芝加哥学派"的建筑特点。

芝加哥学派中最有影响力的建筑师之一是路易·沙利文（Louis Sullivan，1856—1924年），他早年在麻省理工学院学过建筑，1973年到芝加哥，在芝加哥学派创始人詹尼的建筑师事务所工作，后自己开业。

沙利文是美国现代建筑（特别是摩天楼设计美学）的重要先驱，也是能够在风头上公开抵抗、反对历史折中主义的第一人，就这两点而言，已经奠定了他在现代建筑史中举足轻重的地位。他一方面突破传统，采用新的建筑材料与方法，特别是用钢结构来取代传统的墙承重结构建造高层建筑；另一方面，他具有与英国"艺术与工艺运动"类似的思想，努力在现代建筑的立面和室内设计上体现出非工业化的特点，采用自然形态作为装饰主题，因此奠定了美国"工艺美术"（Art-Deco）运动的基础，影响广泛，包括后来成为美国现代建筑大师的赖特。

沙利文毕生都反对简单的机械理论，反对设计上单纯以机械理性主义为原则，强调人的审美在建筑上的重要意义与作用。他在建筑理论上受到19世纪中期两个美国学者很深的影响：一个是雕塑家霍拉修·格林若斯（Horatio Greenough），另外一个是作家沃多·爱莫逊（Ralph Waldo Emerson）。从前者的理论观点上，他提炼出自己最重要的建筑设计理论思想——"形式追随功能（Form Follows Function）"，是指出建筑设计最重要的是好的功能，然后再加上合适的形式，从而摆正了形式与功能之间的关系，为功能主义的建筑设计思想开辟了道路。而后者的理论，把他引导到对于达尔文进化论的崇拜。他对于有机体的生长过程特别感兴趣，认为美国建筑是欧洲建筑的生物进化过程的延续，因此，有主从、因果的遗传关系。但是，从进化论的角度来看，后者应该比前者更为发达。因此，虽然有继承关系，但是对于西欧的古典风格生搬硬套的抄袭其实是违反进化论的原理的，这样做其实是生物的倒退过程，而不是进化发展过程。沙利文的这种建筑和设计进化论的观点具有非常重要的历史意义，它一方面承认了古典的、历史的重要性，但是却从进化论的理论角度反对了简单的抄袭与模仿，主张在传统继承上的发展与变化，为新时代设计新建筑。

沙利文的"形式追随功能"的提法，指出了建筑设计中形式与功能两者之间的关系，将建筑的功能放在了首要的地位。他的"功能"含义广泛，其中建筑与环境的关系、建筑本身的表现、建筑形式的象征性功能等，都被视为功能的范围，因此，在一定程度上，沙利文依然是一个重视功能的建筑形式主义者，对于装饰细节及建筑的形式典雅具有很高的要求。从更加高的意义来看，沙利文对于建筑与整个大环境的协调要求，是走在时代前列的，因此，有人认为他是美国建筑史上第一个强调建筑与文明关系的大师。

从建筑实践来看，沙利文最大的贡献是完成了奠定高层建筑结构与形式的基础工作。他毕生都在从事 10 层以上的高层建筑设计工作，积累了丰富的经验。在设计中，他采用钢结构、提出建筑立面三段式原则等一系列方法，都为后来的高层建筑奠定了发展的基础。他对于建筑整体和所有装饰细节的统一性要求，使他的建筑具有非常高度的统一感、整体感。沙利文在运用装饰上非常独到。他注意历史动机，但是尽量避免抄袭这些历史装饰细节，而比较广泛地选用自然形态进行设计。他对于当时在欧洲流行的"新艺术运动"风格充满兴趣和信心，因为"新艺术"风格正是摆脱历史风格的影响，直接从自然风格中吸取装饰的构思，沙利文的许多建筑中体现了这种"新艺术"风格的直接影响。正因如此，他成为美国现代建筑的第一个代表人物，衔接了美国建筑因袭欧洲古典主义的过去和现代建筑的未来，是美国现代建筑史上承上启下的主要人物之一。

沙利文的建筑设计步入成熟阶段的一个重要实例是芝加哥的会堂大厦（Auditorium Building），这是一个包含商业建筑、办公楼和旅馆的综合建筑，其中还设有一个容纳近4000 个座位的大剧院。如图 3.55～图 3.57 所示，建筑本身 10 层，另外一个附属塔楼高17 层。建筑采用了 U 形的布局，采用花岗岩和石灰岩两种石料建造，建筑外部比较简洁，装饰细节有限且精致；建筑内部装饰精美，墙面具有精致的浅浮雕，局部采用了镀金技术和安装了电灯作为装饰，具有非常强烈的戏剧化色彩。最特别的是，沙利文完全避免当时美国流行的历史折中主义手法，在装饰细节上也完全没有采用历史符号，它的装饰基础是自然纹样，与当时欧洲流行的"新艺术"风格是一样的。然而，虽然这个建筑在装饰上、细节上具有许多重要的特点，但是，从结构上来讲，它还是传统的承重墙结构，利用沉重的石料来支撑整个建筑的重量，因此，与真正的现代建筑结构依然还有一定差距。

沙利文最重要的建筑代表是芝加哥的 C. P. S 百货公司大楼（Schlesinger and Meyer Department Store，1899—1904 年）。如图 3.58 所示，这个建筑由 3 个各自分开的部分组成，大楼高 12 层，采用了三段式的设计方式，两条横向线条用以区分功能区域，利用纵向线条强调中间部分的办公空间。这个建筑特别强调横向的特点，采用长方形的"芝加哥窗"

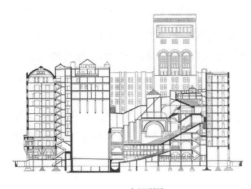

(a) 剖面图 (b) 平面图

图 3.55 芝加哥会堂大厦剖面图与平面图

图 3.56 芝加哥会堂大厦外观

图 3.57 芝加哥会堂大厦剧场内部

(b) 芝加哥窗

(a) 建筑外观 (c) 底层入口

图 3.58 芝加哥 C.P.S 百货公司大楼

形式来增强横向延伸的视觉感。建筑采用简单的总体外形和复杂的装饰细节组成。在底层和入口处使用了铁制装饰，图案相当复杂，窗子周边也有细巧的花饰。由此可见，沙利文在"形式追随功能"之外，也很注重建筑艺术，并不完全排斥装饰。只是他不追随历史样式，而是广泛吸取各种手法，并积极与新材料配合。

芝加哥学派在 19 世纪探求新建筑运动中起着一定的进步作用。首先，它突出了功能在建筑设计中的主要地位，明确了结构应利于功能的发展和功能与形式的主从关系；其次，它探讨了新技术在高层建筑中的应用，并取得了一定的成就，使得芝加哥成为高层建筑的故乡；最后，建筑艺术反映了新技术的特点，简洁的立面符合新时代工业化的精神。

3.5.2　赖特对新建筑的探求

赖特(Frank Lioyd Wrignt，1869—1959 年)是美国现代建筑史中最具有代表意义的先驱人物，如同德国的格罗皮乌斯、密斯一样，对现代建筑也起到奠基作用。作为芝加哥建筑学派的一个积极成员，他把沙利文的现代建筑方法和思想加以发扬光大，通过他设计的800 多座建筑加以发挥，形成自己独特的现代建筑面貌，为西方各国的现代主义建筑师提供了非常重要的设计参考依据与启示。

赖特早期曾经在康斯威星大学麦迪逊校区学习土木工程，但是没有完成学业，他中途辍学，于 1887 年独自于美国中西部最大的城市芝加哥寻找工作。他最早在西斯比建筑设计事务所(J. L. Silsbee)工作。通过这里的工作，赖特学习了建筑的基本技巧与表现技法。后来，凭着一手很好的建筑表现技巧和一定的建筑实践经验，他得到了爱德勒和沙利文建筑事务所的雇佣，开始了他与沙利文以及芝加哥建筑学派的正式关系，受到非常深刻的影响。1894 年后，赖特自己从事建筑设计。他在美国中部地区地方农舍的自由布局基础上，融合了浪漫主义的想象力，创造了富于田园诗意的"草原住宅"(Prairie House)，设计发展了具有地域特色的现代建筑。

赖特设计的住宅，既有美国民间建筑的传统，又突破了封闭性。它适合于美国中西部草原地带的气候和地广人稀的特点，被称为"草原住宅"，虽然他们并不一定建造在大草原上。这些住宅大都属于中产阶级，坐落在郊外，用地宽阔，环境优美。材料是传统的砖、木和石头，有出檐很大的坡屋顶。在这类建筑中，赖特逐渐形成了如下一些独具特色的建筑处理手法。

(1) 在总体布局上与大自然结合，使建筑与周围环境融为一体。

(2) 平面常为十字形，以壁炉为中心，起居室、书房、餐室等围绕壁炉布置，卧室常放在楼上。室内空间尽量做到既分隔又连成一片，并根据不同的需要有不同的层高；起居室的窗户一般比较宽敞，以保持与自然界的密切联系。

(3) 建筑物外形充分反映内部空间关系。体形构图的基本形式是高低不同的墙垣、坡度平缓的屋面、深远的挑檐与层层水平的阳台等所组成的水平线条与垂直向上的烟囱形成对比。

(4) 外部材料表现砖石本色，与自然协调，内部也以表现材料的自然本色与结构为特征。在他的设计中，住宅外墙多用白色或米黄色粉刷，间或局部暴露砖石质感，它和深色的木门木窗形成强烈的对比。由于采用砖木结构，所用的木屋架有时就被用作一种室内装饰暴露在外。

　　"草原住宅"中典型实例有：1902年赖特在芝加哥郊区设计的威力兹住宅(Willitts House)，如图3.59所示；1907年在伊利诺伊州河谷森林区设计的罗伯茨住宅(Isabel Roberts House)，如图3.60所示；以及1908年在芝加哥设计的罗比住宅(Robie House)，如图3.61所示。

(a) 建筑立面

(b) 建筑外观

图3.59　威力兹住宅

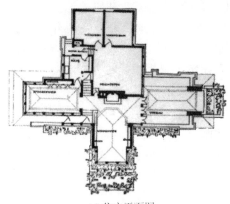

(a) 住宅平面图

(b) 建筑外观

图3.60　罗伯茨住宅

图 3.61　罗比住宅

本 章 小 结

　　本章主要讲述了 18—19 世纪下半叶欧美建筑的发展概况与特征、欧美各国在 19 世纪下半叶—20 世纪初探求新建筑时期产生的主要建筑流派及其思想理论和代表作品。

　　工业革命为城市与建筑带来巨大影响。这是一个孕育建筑新风格的时期，也是一个新旧因素并存的时期。在建筑创作方面出现了两种不同的倾向：一种是反映当时社会上层阶级观点的复古思潮；另一种是探求建筑中的新功能、新技术与新形式的可能性。建筑创作中的复古思潮是指从 18 世纪 60 年代到 19 世纪末在欧美流行的古典复兴、浪漫主义与折中主义。由于当时的国际情况与各国的国内情况错综复杂，因而各有重点，各有表现。而不断涌现的新材料、新设备与新技术，为近代建筑的发展开辟了广阔的前途。正是应用了这些新的技术，突破了传统建筑高度与跨度的局限，才使得建筑在平面与空间的设计上有了较大的自由度，同时影响到建筑形式的变化。19 世纪后半叶，工业博览会给建筑的创造提供了最好的条件与机会，博览会的展览馆成为新建筑方式的试验田。1851 年建造的伦敦"水晶宫"开辟了建筑形式的新纪元。1889 年建造的巴黎埃菲尔铁塔，其在设计、构件制作、装配组合实行大工业系列化生产模式，充分显示了现代工业的进步性。

　　19 世纪下半叶，西欧各个国家和美国都进入资本主义经济高速发展阶段，生产与生活发生了极大改变。在工业化单调的设计面貌前，欧美一些知识分子开始通过不同的渠道和方法，达到了改良工业化所造成的设计上的刻板面貌的目的，他们为现代建筑奠定了发展的形式基础。新建筑运动作为一个探求新的建筑设计方法的运动，在欧洲表现较多，影响较大的有艺术与工艺运动、新艺术运动、维也纳"分离派"、德意志制造联盟以及一次大战前后产生的欧洲"先锋学派"。19 世纪 50 年代在英国出现的"艺术与工艺运动"，是小资产阶级浪漫主义的社会与文艺思想在建筑与日用品设计上的反映。它的贡献在于首先提出了"美术与技术结合"的原则，并且提倡一种"诚实的艺术"。然而，对于工业化的反对、对于机械的否定、对于大批量生产的否定，都使之无法成为领导潮流的主流风格。"新艺术运动"是 19 世纪末与 20 世纪初产生和发展的一次影响面相当大、内容很广泛的装饰艺术运动，它在建筑上的革新只限于艺术形式与装饰手法，终不过是以一种新的形式反对传统形式而已，并未能全部解决建筑形式与内容的关系以及与新技术结合的问题。在新艺术运动的影响下，奥地利形成了以建筑师瓦格纳为代表的维也纳学派与"分离派"。他们的设计活动开始摆脱单纯的装饰性，而向功能性第一的设计原则发展，被视为介于"新艺术"和现代主义设计之间的一个过渡性阶段的设计运动。1907年，德国出现了由企业家、艺术家、工程技术人员等联合组成的"德意志制造联盟"，联盟中有许多著名的建筑师，他们认识到建筑必须与工业结合。此外，欧洲许多国家还在20世纪初期掀起了一系列的艺术创新运动，成立了各种前卫的艺术与建筑流派，比较重要的有表现主义、未来主义、风格派和构成主义等，统称为"先锋学派"。其中，风格派与构成主义对现代艺术及设计有着重大而持续的影响。美国作为一个没有传统包袱、奉行实用主义、具有强大经济实力的国家，其建筑材料和建筑技术在19世纪中期以后得到非常迅速的发展，使得城市与建筑面貌相应地发生了本质变化，在建筑探新运动中，产生了两个重要的探索：一个是围绕芝加哥城市重建而产生的芝加哥学派，主要由从事高层商业建筑的建筑师和建筑工程师组成，他们探讨了新技术在高层建筑中的应用，并取得了一定的成就，使得芝加哥成为高层建筑的故乡；另一个是美国现代建筑史中最具有代表意义的先驱人物赖特对新建筑的探求，他在美国中部地区地方农舍的自由布局基础上，融合了浪漫主义的想象力，创造了富于田园诗意的"草原住宅"，设计发展了具有地域特色的现代建筑。后来，他提倡的"有机建筑"便是这一探索的发展。

思 考 题

1. 结合实例简述18—19世纪下半叶出现在建筑创作中的3种复古思潮。
2. 简述伦敦"水晶宫"的历史意义。
3. 结合实例简要分析折中主义建筑的主要特征。
4. 简述艺术与工艺运动的艺术风格与主要代表建筑。
5. 结合实例简述西班牙高迪的建筑特征。
6. 结合实例简述维也纳"分离派"建筑的主要特征。
7. 简要分析芝加哥学派在建筑探新运动中的主要成就。
8. 结合实例分析赖特"草原住宅"的设计特点。

第4章

20世纪初新建筑运动的高潮——
现代主义建筑与代表人物

【教学目标】

主要了解现代主义建筑形成的社会背景和活动概况；理解现代建筑学派的基本观点。通过评析现代主义建筑大师格罗皮乌斯、勒·柯布西耶、密斯·凡·德罗、赖特和阿尔瓦·阿尔托的代表性建筑作品，理解并掌握其建筑思想与艺术风格。

【教学要求】

知识要点	能力要求	相关知识
现代主义建筑的形成	(1) 了解现代主义建筑形成的社会历史背景与活动概况 (2) 了解功能主义与有机建筑的异同	(1) 现代主义建筑 (2) 功能主义 (3) 有机建筑 (4) CIAM
格罗皮乌斯与包豪斯	(1) 理解格罗皮乌斯的建筑思想理论 (2) 评析格罗皮乌斯各时期的代表作品 (3) 了解包豪斯的教育思想与方式	(1) 包豪斯 (2) 法古斯工厂 (3) 包豪斯新校舍
勒·柯布西耶	(1) 理解勒·柯布西耶的建筑思想理论 (2) 评析勒·柯布西耶的代表作品	(1) 走向新建筑 (2) 新建筑五点 (3) 粗野主义
密斯·凡·德罗	(1) 理解密斯·凡·德罗的建筑思想理论 (2) 评析密斯·凡·德罗的代表作品	(1) 少就是多 (2) 全面空间 (3) 巴塞罗那博览会德国馆 (4) 玻璃摩天楼
赖特与有机建筑	(1) 理解赖特的有机建筑思想理论 (2) 评析赖特的代表作品	(1) 流水别墅 (2) 有机建筑
阿尔瓦·阿尔托	(1) 理解阿尔托的建筑思想理论 (2) 评析阿尔托的代表作品	(1) 人情化与地域性 (2) 帕米欧结核病疗养院 (3) 维堡图书馆

 基本概念

现代建筑派、CIAM、新建筑五点、粗野主义、少就是多、全面空间、有机建筑

引言

　　20世纪初，经历了漫长而曲折的探索之路，新建筑运动逐步走向高潮。20世纪最重要、影响最普遍、最深远的现代主义建筑终于登上了历史的舞台。什么是现代主义建筑？它与以往的建筑又有着怎样的区别？哪些建筑师以怎样的建筑活动引领现代主义建筑成为世界建筑的主流呢？

4.1 现代主义建筑的形成

　　从19世纪后期到第一次世界大战结束，是新建筑运动的酝酿与准备阶段。但至20世纪20年代，战争留下的创伤既暴露了社会中的各种矛盾，也暴露了建筑中久已存在的矛盾。一批思想敏锐、对社会事务敏感并具有一定经验的年轻建筑师面对战后千疮百孔的现实，决心将建筑变革作为己任，提出了比较系统和彻底的建筑改革主张，将新建筑运动推向了前所未有的高潮——现代建筑运动(Modern Movement)，形成了后来统治建筑学术界数十年的现代主义建筑派(Modern Architecture)。

　　现代主义建筑派包含两方面的内容：一方面是以德国的格罗皮乌斯、密斯·凡·德罗和法国的勒·柯布西耶为代表的欧洲现代主义派(Modernism)，又被称为功能主义派(Functionalism)、理性主义派(Rationalism)、国际现代建筑派(International Modern Architecture)，他们是现代建筑运动的主力军；另一方面是以美国赖特为代表的有机建筑派(Organic Architecture)。此外，还有一些派别人数不多，但十分重要，如芬兰的阿尔瓦·阿尔托。他们在建筑观点上，特别是在建筑与社会和与时代的关系上，赞成欧洲的现代建筑派，也参加他们发起的CIAM组织，但在设计手法上倾向于有机性。

　　先来看看欧洲现代主义派的形成过程。格罗皮乌斯、密斯·凡·德罗和勒·柯布西耶三个人在第一次世界大战前已经有过设计房屋的实践经验。1910年前后，三人都在德国建筑师贝伦斯的设计事务所工作过，对于现代工业对建筑的要求与条件有比较直接的了解。他们在大战前夕已经脱离了古典学院派建筑的影响，选择了建筑革新的道路。格罗皮乌斯在1911年与迈尔合作设计的法古斯工厂是一战前欧洲最新颖的工业建筑之一。

　　第一次世界大战结束的时候，格罗皮乌斯、密斯·凡·德罗和勒·柯布西耶三人立即站到了建筑革新运动的前列。他们不仅要彻底改革建筑，并要使建筑帮助解决当时西欧社会公众住房极端紧张的困境。具体的方法就是重视建筑的功能、经济与动用新的工业技术来解决问题。

　　1919年，格罗皮乌斯出任德国魏玛艺术与工艺学校的校长，推行一套新的教学制度与教学方法。由他领导的这所成为"包豪斯"的学校随即成为西欧最激进的一个建筑设计中心。

　　1920年，勒·柯布西耶在巴黎与一些年轻的艺术家与文学家创办了《新精神》杂志，写文章鼓吹创造新建筑。1923年出版《走向新建筑》一书，强烈批判保守派的建筑观点，为现代建筑运动提供了一系列理论根据。这本书像一声春雷，表明新建筑运动高潮——现代建筑运动的诞生。

密斯·凡·德罗在战后初期热心于绘制新建筑的蓝图。1919—1924年期间，他提出了玻璃和钢的高层建筑示意图、钢筋混凝土结构的建筑示意图等。他通过精心推敲地采用新技术的建筑形象向人们证明：摆脱旧的建筑观念的束缚后，建筑师完全能够创造出优美动人的新的建筑形象。

随着西欧经济形势的逐渐好转，格罗皮乌斯等人有了较多的实际建造任务。他们陆续设计出一些反映他们主张的成功作品，其中包括1926年格罗皮乌斯设计的包豪斯校舍，1928年勒·柯布西耶设计的萨伏伊别墅，1929年密斯·凡·德罗设计的巴塞罗那展览会德国馆等，这些建筑都成为建筑历史的经典作品。

有了比较完整的理论观点，有了一批有影响的建筑实例，又有了包豪斯的教育实践，到20世纪20年代中期，现代派的队伍迅速扩大，大量的中青年建筑师，如荷兰的奥德、芬兰的阿尔托、德国的门德尔松、迈尔等都加入到现代主义的队伍中。1927年，德意志制造联盟在斯图加特举办的住宅建筑展览会上展出了来自5个国家的16位建筑师设计的住宅建筑，其中有小住宅、联立式住宅、公寓式住宅。设计者突破传统建筑的框框，发挥钢和钢筋混凝土结构及各种新材料的性能，在较小的空间内认真解决实用功能问题。如图4.1所示，在建筑形式上，大都采用没有装饰的简洁的平屋顶、白色抹灰墙、灵活的门窗布置和较大的玻璃面积。由于建筑风格比较统一，这些住宅建筑成为现代建筑派一次有力的用实物作出的宣言。

图4.1　德意志制造联盟住宅建筑展览会上的住宅建筑

1928年，格罗皮乌斯、勒·柯布西耶和建筑评论家S.基甸（Sigfried Giedion）等在瑞士建立了由来自8个国家的24位建筑师组成的国际现代建筑协会（简称CIAM），主要交流建筑工业化、低收入家庭住宅、有效使用土地与生活区的规划和城市建设等问题。这个组织一直到1959年解散，前后共召开过11次会议，各次会议均有不同的议题，进一步加强了对现代建筑思想的传播。特别是在1933年第四届大会上制定了《雅典宪章》，指出现代城市应解决好居住、工作、游憩、交通四大功能，这曾对现代城市规划理论有过重要影响。

在设计方法上，现代建筑派有一些突出的特点：①重视建筑的使用功能并以此作为建筑设计的出发点，注重建筑使用时的方便与效率；②积极采用新材料和新结构，促进建筑技术革新；③将经济问题作为设计中的重要因素考虑，从而达到实用、经济的目的；④主张摆脱历史上过时的建筑样式的束缚，放手创造新形式的建筑；⑤强调建筑艺术处理的重点应该从平面和立面构图转到空间和体量的总体构图方面；⑥废弃表面外加的建筑装饰；认为建筑美的基础在于建筑处理的合理性与逻辑性。

由于欧洲的现代派对于战后艰难时期的经济复兴特别适应，因而自20世纪20年代末普遍为当时的新型生产性建筑、大量性住宅及讲求实用并具有新功能的公共建筑，如学校、体育馆、科学实验楼、图书馆、百货公司与电影院等所接受，并产生了不少优秀和富有创造性的实例。自此，现代建筑派成为当时欧洲占主导地位的建筑潮流。它具有鲜明的民主色彩，具有比较清晰的社会主义倾向，主张设计为人民服务。它的核心内容是采用简单的形式达到低造价、低成本的目的，从而使设计能够为整个社会服务。

任何建筑思潮都是既定环境下的产物并为这个环境的某一方面服务。第一次世界大战后，美国的现实不同于欧洲。欧洲当时无论是战胜国还是战败国，均陷于政治、经济、哲学的困境之中，而美国却因在战争中得益而经济上升、信心十足。战后美国的创作基本沿着战前的方向前进：大量的建筑仍以简化的复古主义为主，在高层建筑中则流行一种在简单的几何形体的墙面上饰以垂直、水平向或几何图形等装饰的装饰艺术派（Art Deco）风格，如图4.2和图4.3所示。只有少数人致力于探索具有时代特征的现代风格。后者以赖特为代表的有机建筑派最为突出。

图4.2 都市生命大厦

图4.3 伯纳姆与鲁特设计的保险公司大楼细部

赖特早在19世纪末便倡导了接近自然和富于生活气息的草原住宅；两次世界大战之间转而利用新的工业材料与新技术来为他的现代生活与生活美学服务，并称之为有机建筑。赖特的有机建筑无疑是现代派的，它和欧洲的现代派有不少共同的地方，例如反对复古、重视建筑功能、采用新技术、认为建筑空间是建筑的主角等，从这些方面也可将赖特定位为美国的现代建筑派。他最具有代表性的作品是1936年为富豪考夫曼设计的流水别墅和在1936—1939年设计的约翰逊公司总部。

从20世纪30年代起，现代主义建筑普遍受到欧美国家等年轻建筑师的欢迎，成为20

世纪中叶在西方建筑界居主导地位的一种建筑。这种建筑的代表人物主张建筑师摆脱传统建筑形式的束缚，大胆创造适应于工业化社会的条件和要求的崭新的建筑，具有鲜明的理性主义和激进主义的色彩。

4.2 格罗皮乌斯与"包豪斯"

格罗皮乌斯(Walter Gropius，1883—1969 年)，如图 4.4 所示，原籍德国，现代建筑师和建筑教育家，现代主义建筑学派的倡导人之一，"包豪斯"的创办人。

图 4.4　格罗皮乌斯

格罗皮乌斯 1883 年出生于德国柏林一个建筑师的家庭。1903—1907 年就读于慕尼黑工学院和柏林夏洛滕堡工学院。1907 年，他得到一个机会在德国当时最重要的现代建筑师彼得·贝伦斯的建筑事务所工作。这段经历虽然时间不长，却为他的建筑生涯奠定了非常重要的基础。他后来说："贝伦斯第一个引导我系统地合乎逻辑地处理建筑问题。我变得坚信这样一种看法，在建筑表现中不能抹杀现代建筑技术，建筑表现要应用前所未有的形象。"

1910 年格罗皮乌斯离开贝伦斯事务所并自己开业，从事建筑设计。1915 年开始在德国魏玛艺术与工艺学校任教。1919 年任该校校长，并将其与魏玛美术学院合并成为公立包豪斯学校。1928 年同勒·柯布西耶等组织国际现代建筑协会(CIAM)，1929—1959 年任副会长。

4.2.1　建筑思想与理论

早在 1911—1914 年间，格罗皮乌斯已经比较明确地提出要突破旧传统、创造新建筑的主张。他是建筑师中最早主张走建筑工业化道路的人之一。1913 年，他在《论现代工业建筑的发展》中谈到了整个建筑的方向问题："现代建筑面临的课题是从内部解决问题，不要做表面文章。建筑不仅仅是一个外壳，而应该有经过艺术考虑的内在结构……建筑师脑力劳动的贡献表现在井然有序的平面布置和具有良好比例的体量……建筑师一定能创造出自己的美学章法。通过精确的不含糊的形式，清新的对比，各种部件之间的秩序，形体和色彩的匀称与统一来创造自己的美学章法。这是社会的力量与经济所需要的。"格罗皮乌斯的这种建筑观点反映了工业化以后社会对建筑提出的现实要求。

1923 年，格罗皮乌斯在包豪斯展览会的开幕式上发表题为《艺术与技术的新统一》的演讲，第一次公开提到了艺术与技术的结合。1925—1926 年，他在《艺术家与技术家在何处相会》一文中写道："一件东西必须在各方面都与它的目的性相配合，就是说，在实际能完成它的功能，是可用的，可信赖的，并且是便宜的。"很明显，这一时期，格罗皮乌斯在建筑设计原则和方法上较明显地将功能因素和经济因素放在最重要的位置上。

1928 年，格罗皮乌斯离开了包豪斯，在柏林从事建筑设计和研究工作。特别注意面向公众的居住建筑、城市建设和建筑工业化问题。1928—1934 年间，他设计的一些公寓建筑得到实现，如图 4.5 所示。这一时期，格罗皮乌斯还研究了在大城市中建造高层住宅的问题，主张在大城市中建造 10～12 层的高层住宅。他认为："高层住宅的空气阳光最好，建筑物之间距离拉大，可以有大块绿地供孩子们嬉戏；""应该利用我们拥有的技术手段，使城市和乡村这对立的两极互相接近起来。"他做过一些高层住宅的设计方案，但在德国当时的条件下，没有能够实现。

图 4.5　德国西门子住宅区

除此之外，格罗皮乌斯还热心于尝试用工业化方法建造预制装配式住宅。在 1927 年德意志制造联盟举办的斯图加特住宅展览会上，他设计了一座两层的装配式住宅，外墙贴有软木隔热层的石棉水泥板，挂在轻钢龙骨架上。他在《工业化社会中的建筑师》一文中写道："在一个逐渐发展的过程中，旧的手工建造房屋的过程正在转变为把工厂制造的工业化建筑部件运到工地上加以装配的过程。"他还提出了一整套关于房屋设计标准化和预制装配的理论和方法。

4.2.2　包豪斯

1919 年，第一次世界大战刚刚结束，格罗皮乌斯出任魏玛艺术与工艺学校校长，即将该校和魏玛美术学院合并成为一所专门培养建筑和工业日用品设计人才的高等学院，称为"公立包豪斯学校"（Staatliches Bauhaus），后改称"设计学院"（Hochschule fur Gestaltung），习惯上仍简称为"包豪斯"。包豪斯是德语 Bauhaus 的译音，由德语 Hausbau（房屋建筑）一词倒置而成。包豪斯于 1933 年解散，只存在了 14 年。包豪斯 1919—1925 年在魏玛，是第一阶段；1925—1932 年在德绍，是第二阶段；最后一年搬到柏林，接着就结束了。

格罗皮乌斯在包豪斯按照自己的观点实行了一套新的教学计划与方法。教学计划分为如下 3 个部分。

（1）预科教学，为期 6 个月。学生主要在实习工厂中了解和掌握不同材料的物理性能和形式特征；同时还上一些设计原理和表现方法的基础课．

（2）技术教学，为期 3 年。学生以学徒身份学习设计，试制新的工业日用品，改进旧产品，使之符合机器大生产的要求。期满及格者可获得"匠师"证书。

（3）结构教学。有培养前途的学生，可留校接受房屋结构和设计理论的训练，结业后授予"建筑师"称号。

在教学方法上，主要有以下几个特点。

（1）在设计中强调自由创造，反对模仿因袭、墨守成规。

（2）将手工艺与机器生产结合：格罗皮乌斯认为，新的工艺美术家既要掌握手工艺，又要了解现代大机器生产的特点，要设计出高质量的能供给工厂大规模生产的产品。

（3）强调各门艺术之间的交流融合，提倡工艺美术和建筑设计向当时已经兴起的抽象派绘画和雕刻艺术学习。

（4）培养学生既有动手能力又有理论素养。为此，学院教育必须把车间操作与设计理论教学结合起来。

（5）将学校教育与社会生产挂钩。包豪斯师生所做的工艺设计常常交给厂商投入实际生产。

由于这些做法，包豪斯打破了学院式教育的条框，使设计教学与生产发展取得了紧密的联系。更为重要的是，包豪斯吸引了当时一些最激进流派的青年艺术家来任职，其中有康定斯基、保利·克尔、霍伊·纳吉等人。他们把最新奇的抽象艺术带到了教学中。如匈牙利艺术家纳吉是构成派的追随者，他将构成主义的要素带进了基础训练，强调形式和色彩的客观分析，注重点、线、面的关系等。在抽象艺术的影响下，包豪斯的教师和学生在设计工艺产品与建筑的时候，摒弃附加的装饰，注重发挥结构本身的形式美，讲求材料本身的质地和色彩的搭配效果，发展了灵活多样的非对称的构图手法，这些努力对于现代建筑的发展起了有益的作用。1923年，包豪斯举行了第一次展览会，展出了设计模型、学生作业以及绘画与雕塑等，取得了很大成功，受到欧洲许多国家设计界和工业界的重视与好评。

实际的工艺训练，灵活的构图能力，再加上同工业生产的联系，这三者的结合使包豪斯产生了一种新的风格。其主要特点是：①注重满足实用要求；②发挥新材料与新结构的技术性能与美学性能；③造型整齐简洁，构图灵活多样；④便于机器生产与降低成本。包豪斯在十多年中设计和试制了不少宜于机器生产的家具、灯具、陶器、纺织品、金属餐具、厨房器皿等工业日用品，大多达到"式样美观、高效能与经济的统一"的要求。在建筑方面，师生协作设计了多处讲求功能、采用新技术和形式简洁的建筑。如德绍的包豪斯校舍、格罗皮乌斯住宅和学校教师住宅等。他们还试建了预制板材的装配式住宅；研究了住宅区布局中的日照以及建筑工业化、构件标准化和家具通用化的设计和制造工艺等问题。包豪斯的设计和研究工作对建筑现代化的影响很大。

4.2.3　代表作品

1. 法古斯工厂

法古斯工厂是一个制造鞋楦的工厂。它的平面布置和体形主要依据生产上的需要，打破了对称的格式。建筑采用平屋顶，没有挑檐。在长约 40m 的墙面上，除了支柱外，全是玻璃窗和金属板做的窗下墙。这些由工业制造的轻而薄的建筑材料组成的外墙完全改变了砖石承重墙建筑的沉重形象。如图 4.6 所示,在法古斯工厂我们看到了:①非对称的构图;②简洁整齐的墙面;③没有挑檐的平屋顶;④大面积的玻璃墙;⑤取消柱子的建筑转角处理。这些手法与钢筋混凝土结构的性能一致,符合玻璃和金属的特性,既满足了建筑的功能需要,又产生了一种新的建筑形式美。

2. 包豪斯学校新校舍

1925 年,包豪斯学校从德国魏玛迁到德绍,格罗皮乌斯为这所学校设计了一个新校舍,如图 4.7 所示。新校舍包括教室、车间、办公、礼堂、饭厅及高年级学生宿舍。德绍市内另一所职业学校也放在了这里。整座建筑面积近 1 万 m^2,由许多功能不同的部分组成,大体分为 3 部分。第一部分是包豪斯的教学用房。采用 4 层的钢筋混凝土框架结构,面临主要街道。第二部分是包豪斯的生活用房,包括学生宿舍、饭厅与礼堂等。学生宿舍是一个 6 层小楼,位于教学楼之后,两者之间安排了单层饭厅与礼堂。第三部分是职业学校,它是一个 4 层小楼,与包豪斯教学楼中间隔一条道路,两者之间以过街楼相连。两层的过街楼中是办公空间。

图 4.6 法古斯工厂

(a) 校舍鸟瞰

(b) 建筑细部

(c) 学生宿舍与过街楼

(d) 工艺车间外观

图 4.7 包豪斯学校新校舍

包豪斯校舍的建筑设计有以下一些特点。

（1）以建筑物的实用功能作为中心和出发点。格罗皮乌斯把整个校舍按功能的不同进行了分区，按照各部分的功能需求和相互关系安排它们的位置并决定其体形。生产车间和教室需要充足的光线，就设计成框架结构和大片玻璃墙面，位于临街处，使其在外观上特别突出。学生宿舍采用多层混合结构。饭厅与礼堂布置在教学楼与宿舍之间，方便联系。职业学校则布置在单独的一翼，它与包豪斯学校的入口相对而立，且正好在进入小区通路的两边，使内外交通都很便利。

（2）采用了不对称、不规整与灵活的布局和构图手法。包豪斯校舍是一座不对称的建筑，平面体形基本呈风车形，使各部分大小、高低、形式和方向不同的建筑体形有机地组合成一个整体。它有多条轴线和不同的立面特色，因此，它是一个多方向、多体量、多轴线、多入口的建筑物，形成了错落对比、变化丰富的造型效果。

（3）充分利用现代建筑材料与结构的特点，使建筑艺术表现出现代技术的特点。整座建筑造型异常简洁，它既表达了工业化的技术要求，也反映了抽象艺术的理论已在建筑艺术中得到了实践。包豪斯校舍没有雕刻、没有线脚，几乎摒弃了任何附加的装饰。设计者细心地利用了房屋的各种要素本身的造型美。窗格、雨罩、挑台栏杆、大片玻璃墙及实墙面等恰当地组织起来，取得了简洁且富有动态的构图效果。室内部分也是充分利用楼梯、灯具等部件本身形状与材料本身的色彩与质感取得装饰效果。

4.3 勒·柯布西耶

图 4.8 勒·柯布西耶

勒·柯布西耶（Le Corbusier，1887—1965 年），现代建筑大师，20 世纪最重要的建筑师之一，现代建筑运动的激进分子和主将，机器美学的重要奠基人，如图 4.8 所示。

1887 年 10 月 6 日，勒·柯布西耶出生于瑞士一个钟表制造者家庭。他早年学习雕刻工艺，1907—1911 年，开始自学建筑学，不但参与各种建筑项目，还云游欧洲各国，观察、研究和学习欧洲历代建筑结构和风格特点。第一次世界大战前，他曾在巴黎 A. 佩雷和柏林 P. 贝伦斯处工作。1917 年移居巴黎。在这里，他认识了一大批具有前卫思想的艺术家。1920 年，他们一起合编了《新精神》杂志，他的设计思想也在这一阶段开始成熟。1928 年他与格罗皮乌斯、密斯·凡·德罗组织了国际现代建筑协会。

4.3.1 建筑思想与理论

1923 年，勒·柯布西耶出版了自己的第一部论文集《走向新建筑》。这是一本宣言式的小册子，其中心思想是激烈否定 19 世纪以来因循守旧的建筑观点、复古主义和折中主义建筑风格，主张创造新时代的新建筑。在文中，他提出了自己的机械美学观点和理论系统。对于他来说，机械化和机器的形式是他的最高理想之一。他反复强调：建筑应该是生活的机器。他说："如果从我们头脑中清除所有关于房屋的固有概念，而用批判的、客观的观点来观察问题，我们就会得到：房屋机器——大规模生产房屋的概念。"他的早期建筑，都具有明显的机械特征。

在书中，他极力鼓吹现代工业的成就，对于钢筋混凝土结构的潜力非常重视。他说："工业像一股洪流，滚滚向前，冲向它注定的目标，给我们带来了适合于受这个新精神鼓舞的新时代的新工具。"他还特别举出，轮船、汽车与飞机是表现新时代精神的工业产品，而只有结构工程师才能够将这两者的精神通过工厂技术引入到建筑中去。在这种指导思想下，他极力鼓吹用工业化方法大规模建造房屋，"住宅问题是时代的问题……在这更新的时代，建筑的首要任务是促进降低造价，减少房屋的组成构件"，让房屋进入工业制造的领域。

1922年，勒·柯布西耶在巴黎举办的秋季沙龙中提出了自己对于现代建筑与城市规划的崭新思想。其中，他称为"雪铁罗翰住宅"的设计，展示了他对于现代建筑的构想：建筑采用钢筋混凝土结构，室内宽阔的空间，计划布局非常自由；巨大的落地窗使户外的风景能自由地从室内观望。1926年，在这基础上，他提出了"新建筑五个特点"，这5点是：①房屋底层采用独立支柱；②屋顶花园；③自由的平面；④横向长窗；⑤自由的立面。这些都是由于采用框架结构，墙体不再承重以后产生的建筑特点。柯布西耶充分发挥这些特点，在20世纪20年代设计了一些同传统建筑迥异的住宅，萨伏伊别墅是其中的著名代表作。

他在建筑艺术上追求机器美学，认为房屋的外部是内部的结果，"现代生活要求并等待房屋和城市有新的平面布置，而平面布置应由内而外开始，外部是内部的结果。"在建筑形式方面，他赞美简单的几何形体："原始的形体是美的形体。"柯布西耶赞赏工程师，因为他们"使用几何形体，用几何学来满足我们的眼睛，用数学满足我们的理智，他们的工作简直就是良好的艺术"。然而，柯布西耶绝非否定建筑艺术，也没有在建筑师与工程师之间画等号。他强调，一个建筑师不是一个工程师，而是一个艺术家。他提出"建筑是运用自然界的材料建立动人的关系""建筑超越实用性""建筑是造型艺术""一所房子的设计，它的体量和立面部分地决定于功能需要，部分地取决于想象力和形象创作"。他还说，建筑的轮廓不受任何约束，轮廓线是纯粹精神的创造，它需要有造型艺术家。建筑师用形式的排列组合，实现了一个纯粹是他精神创造的程式。这些观点表明，他既是理性主义者，又是浪漫主义者。

在他前期的作品中，理性主义占主要地位；在晚期作品中，则更多地表现出浪漫主义特征。

1922年，他提出了关于现代城市和居住问题的设想，主要包括三点：①市中心24幢摩天楼是城市的心脏——办公地点，它们运用一切手段管理整个城市与国家；②高效便捷的交通和通信是现代城市的生命；③试图将城市设计为一座大花园，所有建筑坐落于绿树花丛之中，反对传统的街道与广场，追求人工与自然的有机结合，如图4.9所示。1930年布鲁塞尔国际现代建筑会议上，提出光明城市规划(Radiant City)，延续了其前期的城市设计思想，创造了一座以高层建筑为主、包括了一整套绿色空间和现代化交通系统的城市。在他的设想中，建筑底层架空，全部地面均由行人支配，建筑屋顶设花园，地下通地铁，居住建筑位置处理得当，形成宽敞、开阔的城市空间。

图 4.9　勒·柯布西耶关于现代城市和居住问题的设想

4.3.2　代表作品

1. *萨伏伊别墅*（Villa Savoye，1928—1930 年）

如图 4.10 所示，这是位于巴黎附近的一个相当阔绰的别墅。住宅平面约为 22.50m×20m 的方形，钢筋混凝土结构。底层 3 面均用独立支柱围绕，中心部分有门厅、车库、楼梯和坡道等。二层为客厅、餐厅、厨房、卧室与小院子。三层为主人卧室与屋顶花园。

柯布西耶的"新建筑五点"在这座建筑设计中全用上了，更值得注意的是它体现了这个时期柯布的建筑美学趣味。柯布说，住房是居住的机器，其实他追求的是机器般的视觉效果，也就是立体主义的几何形体的构图效果。在大体满足功能需求的前提下，柯布西耶在这里充分表现了机器美学观念和抽象艺术构图手法。他把住宅当成是一个抽象雕塑进行处理。柱子是细长的圆柱体，墙面平而光，长方形的上部墙体支撑在下面细瘦的立柱上，虚实对比非常强烈。窗子是简单的矩形，室内、室外都没有装饰线条。整个建筑物的外形同传统建筑比较非常简洁。虽然住宅的外部相当简洁，但内部空间却相当复杂。它如同一个简单的机器外壳中包含复杂的机器内核。他的这种手法对后来的现代建筑发展产生了一定影响。

2. *巴黎瑞士学生宿舍*（1930—1932 年）

柯布西耶早期倡导工业化和纯净主义，轻视手工艺。但我们看到，他后来的建筑作品渐渐不那么单纯和纯净，渐渐加入了自然材料、手工技艺和乡土建筑的某些特征。巴黎大学城中的瑞士学生宿舍就是较早体现他的理念有所改变的一个实例。

如图 4.11 所示，瑞士学生宿舍主体为一座长条形 5 层楼房，总建筑面积 2400m²。与众不同的是建筑底层开敞，除了 6 对钢筋混凝土柱墩，其余地方用作雨廊、存车与休闲。

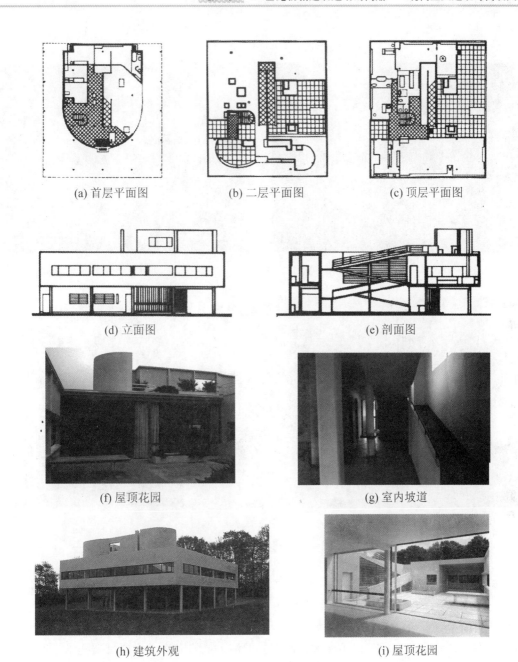

(a) 首层平面图　　　　　(b) 二层平面图　　　　　(c) 顶层平面图

(d) 立面图　　　　　　　　　　(e) 剖面图

(f) 屋顶花园　　　　　　　　　　(g) 室内坡道

(h) 建筑外观　　　　　　　　　　(i) 屋顶花园

图4.10　萨伏伊别墅

2～5层采用钢结构及轻质墙体，单面走道。宿舍入口、门厅与公共活动室等为单层房屋，靠附于主楼背后。采用不规整设计，有斜墙与曲墙。曲墙采用乱石堆筑，颇有自然质感。整个建筑形体给人活泼感，体量不大却充满形式上的对比效果。这里有高低体量的对比，轻薄的幕墙与沉重的柱墩的对比，平直墙面与弯曲墙面的对比，光滑表面与粗糙表面的对比，机械感与雕塑感的对比，开敞通透与封闭严实的对比，机器加工效果与手工痕迹的对比等。瑞士学生宿舍设计上的这些对比手法在以后的现代建筑中常有运用。

(a) 建筑外观(1)

(b) 建筑外观(2)

(c) 底层架空

(d) 入口外观

图 4.11　巴黎瑞士学生宿舍

3. 日内瓦国际联盟总部设计方案(1927 年)

1927 年，日内瓦举办了现代建筑史上一次影响深远的国际竞赛，也由之催生了国际现代建筑协会(CIAM)的成立。柯布西耶提交的方案，很好地解决了各项实用功能问题，获得了竞赛评委会的好评，但主事方却以借口取消了他的资格，将项目委托给了四个学院派建筑师。这个方案包括理事会、秘书处、各部办公和会议用建筑以及一个 2600 座大会堂和附属图书馆等。柯布西耶在设计中认真解决交通、内部联系、采光朝向、音响、视线、通风、停车等实际功能问题，使得建筑首先成为一个工作起来很方便的新场所。并且，建筑采用现代钢筋混凝土结构，建筑体形也完全突破传统格式，具有轻巧、简洁、新颖的面貌，成为现代建筑史上一件重要的作品，如图 4.12 所示。

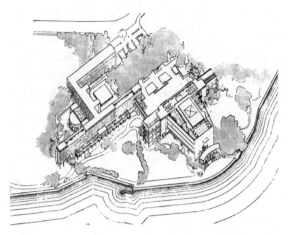

图 4.12　柯布西耶的日内瓦国际联盟总部设计方案

4.4 密斯·凡·德罗

密斯·凡·德罗(Ludwig Mies van der Rohe，1886—1969 年)，现代建筑大师，20 世纪最重要的建筑师之一。他通过自己一生的实践，奠定了明确的现代主义建筑风格，提出了"少就是多"的立场与原则，通过教学影响了好几代现代建筑师，从而改变了世界建筑的面貌。

密斯·凡·德罗，如图 4.13 所示，1886 年 3 月 27 日生于德国亚琛。未受过正规的建筑训练，幼时跟随父亲学习石工，对材料的性质和施工技艺有所认识，又通过绘制装饰大样掌握了绘图技巧。1908 年进入贝伦斯事务所任职，在那里学习了许多重要的建筑技巧和现代建筑思想，对毕生发展具有重要意义。1919 年开始在柏林从事建筑设计，1926—1932 年任德意志制造联盟第一副主任，1930—1933 年任德国公立包豪斯学校校长。1937 年移居美国。

图 4.13　密斯·凡·德罗

密斯·凡·德罗的贡献在于通过对钢框架结构和玻璃在建筑中应用的探索，发展了一种具有古典式的均衡和极端简洁的风格。其作品特点是整洁和骨架几乎露明的外观，灵活多变的流动空间以及简练而制作精致的细部。1928 年提出的"少就是多"集中反映了他的建筑观点和艺术特色。

4.4.1 建筑思想与理论

一战之后，密斯非常活跃地参与了一系列现代建筑展览。这一时期他的建筑项目非常少，但建筑思想却很活跃。他最重要的建筑设计大部分仅仅保留在图纸上，都是一些具有非常独特想法的设计草图，表达了他对于未来建筑的构想：标准化的、能够批量生产建造的、没有装饰的。这些设计草图是他日后大量建筑设计的精神基础、理论根源与形式模式。1919—1924 年间，密斯·凡·德罗先后提出 5 个建筑示意方案，其中最引人注目的是 1921—1922 年的两个玻璃摩天楼(Glass Skyscraper)的示意图。如图 4.14 所示为密斯 1921 年提出的"蜂巢"方案，平面设计成锐角，外观是长而尖的大块体量，整个建筑立面采用玻璃幕墙结构，完全通透。1922 年，密斯又设想了一个新的玻璃摩天楼方案，如图 4.15 所示，是一座完全用玻璃外墙做成的自由平面塔楼。在这个方案中，柱子和几何形布置系统已由变形似的平面所取代，本身所有合理的规则都消失了。因此不难看出，密斯在这里并没有对实际的结构感兴趣，他首先想到的只是形式。这两个设计都具有简单到极点的形式特色，这就是他"少就是多"(Less is More)原则的最早的集中体现。密斯酷爱钢铁和玻璃，那些用这两种材料建造的摩天楼，被视为钢铁男性的象征。纵观密斯一生的作品有始终如一的坚持，那就是对崇高性的表达。

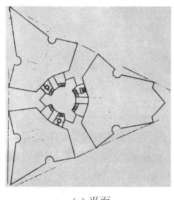
(a) 平面

(b) 透视图

图 4.14　密斯 1921 年提出的"蜂巢"方案

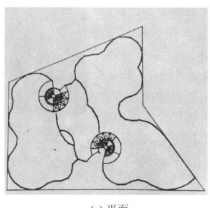
(a) 平面

(b) 外观模型

图 4.15　密斯 1922 年提出的玻璃摩天楼方案

对于"少就是多"，其具体内容主要表现在两个方面：①简化结构体系，精简结构构件，主张以结构不变适应功能万变，追求流动空间与全面空间。这个空间，不仅可以按多种不同功能需要而自由划分为各种不同的部分，同时也可以按空间艺术的要求，创造内容丰富与步移景异的流动空间。与沙利文的"形式服从功能"不同的是，密斯认为，人的需求是会变化的，"今天他要这样，明天他又会要那样"，而建筑形式可以不变，"以不变应万变"，只要有一个整体的大空间，人们可以在其内部随意改造，那需求就能得到满足了。②净化建筑形式，使之成为不具有任何多余东西，只是由直线、直角、长方形与长方体组成的几何形构图。

密斯在 20 世纪 30 年代最令人瞩目的工作是担任包豪斯的第 3 任校长。他对学院进行了结构的改革，将包豪斯从一个以工业产品设计为中心的教学中心改变成为一个以建筑教育为中心的新型设计学院，为战后不少设计学院奠定了新的体系模式。这是密斯现代设计思想的另一个重要体现。

4.4.2 代表作品

1. 巴塞罗那博览会德国馆（Barcelona Pavilion，1929 年）

1929 年，密斯·凡·德罗设计了著名的巴塞罗那博览会德国馆。这是一座无明确用途的纯标志性建筑，不必考虑实用功能，没有严格的造价限制，也没有太多的环境制约，主要目的是反映德国的现代精神，这给密斯表现他的新建筑概念带来有利条件。对此，密斯的认识是："以盈利为目的建造宏伟博览会的年代已经过去。我们对博览会的评价是看它在文化方面所起的作用。经济、技术和文化条件都已经发生重大变化。为了我们的文化、社会，以及技术和工业，最要紧的是寻求解决问题的最佳途径。德国以及整个欧洲工业界都必须理解和解决那些具有特殊性的任务。从寻求数量转向要求质量，从注重外表转向注重内在。通过这个途径，使工业、技术与思想、文化结合起来。"密斯设计德国馆时，将形式与技术、现代与古典紧密结合，走的是一条综合创新的路子。

如图 4.16 所示，整个德国馆立在一片不高的基座平台上。平台长约 50m，西端最宽处约 25m，东端最窄处 15m。平台大致一分为二，主体建筑立于东部，西部是院子。院子的大部分是一片长方形的水池，水很浅。主体建筑部分由 8 根十字形断面的钢柱和一块轻薄、简单的屋顶板组成，长 25m，宽 14m。屋顶下面是纵横、错落布置的墙片。主厅平面非常简单，空间处理却较复杂。隔墙有玻璃和大理石的两种，墙的位置灵活，纵横交错，有的延伸出去成为院墙，由此形成了一些既分隔又连通的半封闭半开敞的空间。室内各部分之间，室内和室外之间相互穿插，没有明确的分界。在这里，"流动空间"（Flowing Space)的概念得到了充分的体现。

这座建筑的另一个特点是，形体处理非常简洁。不同构件与不同材料之间不做过渡性的处理，一切都是非常简单、明确。仅有的装饰因素就是两个长方形的水池与一个少女雕像，它们都是这个建筑空间组合中不可缺少的因素。

这座建筑的美学效果，除了在空间与形体上得到反映外，还着重依靠建筑材料本身的质感与颜色所造成的强烈对比来体现。地面采用灰色大理石，外墙面用绿色大理石，主厅内部一片独立的隔墙还特别选用了色彩斑斓的玛瑙石作材料。玻璃隔墙有灰色和绿色两种，内部的一片玻璃墙还带有刻花，一个水池的边缘还衬砌黑色玻璃。这些不同色彩的大理石、玻璃，配以挺拔光亮的钢柱，显得高贵雅致，具有新时代的特色。

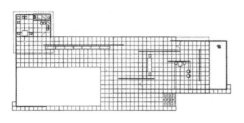

(a) 平面图

(b) 室内分隔

(c) 建筑外表面

(d) 建筑外表面石墙

(e) 建筑入口景观

(f) 室内场景

(g) 建筑外观

(h) 室内场景

图 4.16　巴塞罗那博览会的德国馆

　　密斯在德国馆中运用的这些建筑处理手法，在很大程度上同所用的材料性能有直接的关系，同时，德国馆在某些地方又吸收了历史上古典建筑常见的一些做法。

　　(1) 古希腊的神庙有基座。德国馆同样立在石材基座上，入口的台阶也是传统做法。

　　(2) 德国馆建筑屋顶上有挑檐。有一段时间，人们将新建筑称作"方盒子"，因为当时一般的新建筑常常不做挑檐，平屋顶与光墙面简单相接，很像盒子。而这座德国馆的屋顶则伸出深远的屋檐，完全打消了形式上"盒子"的联想。

　　(3) 尽管德国馆的基座、屋身和檐部的具体形象与传统建筑相差许多，但整体上的竖向三段构图很清楚。正是因为这个三段式构图，反映出德国馆与古典建筑之间的关联。

（4）20世纪20—30年代，现代主义建筑师重视新建筑材料的运用，竟出现了不爱使用传统建筑材料的倾向。而密斯则不同，他在德国馆中使用了许多贵重石材，从而又与传统建筑多了一层联系。

（5）德国馆东端小院的水池一角，放置了一尊女子雕像，它不是当时时兴的抽象雕塑，而是一座写实的人像。水面之上，大理石墙之前，视线焦点之处，这座古典风格的雕像向人们表示：古典艺术在这儿依然受到尊崇。

2. 图根德哈特住宅（Tugendhat House，1930年）

如图4.17所示，住宅坐落于花园中，十分宽阔。在它的起居室、餐厅和书房之间，只有一些钢柱子和两三片孤立的隔断。有一片外墙是活动的大玻璃，形成了和巴塞罗那博览会德国馆类似的流动空间。

（a）建筑外观

（b）室内外场景

（c）室内家具

（d）室内场景

图4.17　图根德哈特住宅

4.5　赖　特

赖特（Frank Lioyd Wrignt，1869—1959年）是20世纪美国的一位最重要的建筑师，如图4.18所示，在世界上享有盛誉。赖特对现代建筑有很大的影响，但是他的建筑思想和欧洲新建筑运动的代表人物有明显的差别，他走的是一条独特的道路。

弗兰克·劳埃德·赖特于1869年出生于美国威斯康星州，他在大学中原来学习土木

图 4.18　弗兰克·劳埃德·赖特

工程，后来转而从事建筑。1888 年进入当时芝加哥学派建筑师沙利文等人的建筑事务所工作。1894 年，他在芝加哥独立开业，并独立地发展着美国土生土长的现代建筑。20 世纪初，他在美国中部地区地方农舍的自由布局基础上，融合了浪漫主义的想象力，创造了富于田园诗意的"草原住宅"（Prairie House），后来在这一基础上，他提出了"有机建筑"（Organic Architecture)学说，为建筑学开辟了新的境界。

4.5.1　建筑思想与理论

赖特称自己的建筑为"有机的建筑"，他有很多文章与讲演阐述他的理论。根据他的解释，内涵很多，意思也很复杂，但总的思想还是清楚的。

首先，他说："有机建筑是一种由内而外的建筑，它的目标是整体性。"在这里，局部要服从于总体，总体也要照顾局部。他认为，建筑之所以为建筑，其实质在于它的内部空间。他倡导着眼于内部空间效果来进行设计，"有生于无"，屋顶、墙和门窗等实体都处于从属的地位，应服从所设想的空间效果。这就打破了过去着眼于屋顶、墙和门窗等实体进行设计的观念。

另外，赖特还认为有机建筑就是"自然的建筑"。他说自然界是有机的，建筑师应该从自然中得到启示，建筑必须和自然环境有机结合。每一种生物所具有的特殊外貌，是它能够生存于世的内在因素决定的。同样地，每一建筑都有其特定地点、特定目的和特定的自然和物质条件，以及特定的文化产物。建筑应该是有机的。有机建筑，能够反映出人的需要、场地的自然特色及使用可利用的自然材料。

总结其理论，有机建筑的思想主要表现在以下几方面。

（1）对待环境，主张建筑应与大自然和谐，就像从大自然里生长出来似的；并力图把室内空间向外伸展，把大自然景色引进室内。相反，城市里的建筑，则采取对外屏蔽的手法，以阻隔喧嚣杂乱的外部环境，力图在内部创造生动愉快的环境。

（2）对待材料，主张既要从工程角度，又要从艺术角度理解各种材料不同的天性，发挥每种材料的长处，避开它的短处。

（3）对待装饰，认为装饰不应该作为外加于建筑的东西，而应该是建筑上生长出来的，要像花从树上生长出来一样自然。它主张力求简洁，但不像某些流派那样，认为装饰是罪恶。

（4）对待传统建筑形式，认为应当了解在过去时代条件下所以能形成传统的原因，从中明白在当前条件下应该如何去做，才是对待传统的正确态度，而不是照搬现成的形式。

赖特对建筑的看法同勒·柯布西耶、密斯·凡·德罗等人有明显的区别，有的地方甚至是完全对立的。勒·柯布西耶宣称"住宅是居住的机器"，而赖特最厌恶将建筑物弄成机器般的东西，他认为"建筑应该是自然的，要成为自然的一部分"。比较柯布西耶的萨伏伊别墅与赖特的流水别墅，很容易看出两者的差别。萨伏伊别墅虽有大片的土地可用，却将房子架设在支柱上。周围虽有很好的景色，却在屋顶上另设屋顶花园，还用高墙环绕。萨伏伊别墅以生硬的姿态与自然环境相对立，而赖特的流水别墅却同周边自然环境密切结合。萨伏伊别墅可以放在别的地方，流水别墅则是那个特定地点的特定建筑。这两座建筑是两种不同的建筑思想的产物，从两者的比较中，可以看出赖特有机建筑论的大致意向。

作为一个杰出的浪漫主义建筑诗人，赖特并不喜欢发生在20世纪20年代的欧洲新建筑运动。他认为，那些人将他开了头的新建筑引入了歧途。他挖苦说：有机建筑抽掉灵魂就成了"现代建筑"。他对当代建筑一般采取否定的对立态度，因而，他后来虽然有了很大的名声，却是个落落寡合的孤独者。他实际涉及的建筑领域其实很狭窄，主要是有钱人的小住宅与别墅，以及带特殊性的宗教与文化建筑。大量性的建筑类型和有关国计民生的建筑问题较少涉及，可以说，他是一个为少数有特殊爱好的业主服务的建筑艺术家。

但在建筑艺术范围内，赖特确有其独到的地方，始终给人以诗一般的享受。他比别人更早地冲破了盒子式的建筑。他的建筑空间灵活多样，既有内外空间的交融流通，同时又具有幽静隐蔽的特色。他既运用新材料与新结构，又始终重视和发挥传统建筑材料的优点，并善于将两者结合起来。同自然环境紧密结合则是他的建筑最大的特色。

4.5.2 代表作品

1. 流水别墅（Fallingwater House，1936年）

流水别墅是赖特"有机建筑"的代表性实例，它是匹茨堡市百货公司老板考夫曼的产业。考夫曼买下了一片很大的风景优美的地产，聘请赖特设计别墅。赖特向来强调是："建筑要与自然紧密结合，紧密到建筑与那个地点不能分离……最好做到建筑物好像是从那个地点生长出来的。"因此，在认真、细致研究现场环境的条件与特点的基础之上，他选择了一处地形起伏、林木繁盛的风景点，在那里一条溪水从巉岩上跌落形成一个瀑布。赖特就将别墅设计在瀑布的上方，山溪在它的底下潺潺流淌。

赖特何以能将房屋悬在溪流瀑布的上方呢？这全靠钢筋混凝土悬臂梁的悬挑能力。普通梁在两端各有一个支点，像两个人抬东西；悬臂梁则是一端固定，另一端悬空，像人伸平手臂提东西一样。前者省力、后者费劲。但是，只要在钢筋混凝土做的悬臂梁内放置足够的钢筋，就可凌空伸出去，并负担一定的重量。赖特在设计流水别墅时充分发挥了钢筋混凝土悬臂梁的长处。

流水别墅所在地点北面为峭壁，南面是溪水和小瀑布，南北宽不过 12m，留下 5m 宽的道路后，可用之地已非常窄了。赖特在别墅靠北的部位筑了几道端墙，上部为三个楼层的楼板，北边架在墙上，南端靠钢筋混凝土的悬挑能力凌空伸出去，于是，别墅的露天平台和部分房屋在半空中，溪水及瀑布从建筑底下畅快地流过。如图 4.19 所示，别墅造型高低错落，最高处有三层。采用钢筋混凝土结构，各层均设计有悬挑的大平台，纵横交错，就像一层层的大托盘，支承在柱墩与石墙上。由于利用了现代钢筋混凝土悬臂梁的悬挑能力，挑台出挑宽度较大，在外观上形成了一层层深远的水平线条。整个建筑用垂直方向发展的长条形石砌烟囱将建筑物的各部分水平线条统一起来，形成纵横相交的构图。石墙粗粝深沉的色调和光洁明亮的钢筋混凝土水平挑台形成强烈对比，挑台下深深的阴影，更使得建筑体形丰富而生动。建筑内部布置十分自由，因地制宜地安排了所有房间的大小与空间的形状。外墙有实有虚，一部分是粗犷的石墙；一部分是大片玻璃落地窗，使空间

(a) 入口层平面图

(b) 建筑南立面

(c) 建筑西立面

(d) 别墅外观

(e) 室内场景(1)

(f) 室内场景(2)

图 4.19　流水别墅

内外穿插，融为一体。

流水别墅的建筑构图中，有许多鲜明的对比：水平与垂直的对比、平滑与粗犷的对比、亮色与暗色的对比、高与低的对比、实与虚的对比等，对比效果使得建筑形象生动而不呆板。

流水别墅最成功的地方还是与周围自然环境的有机结合。建筑物轻盈地凌立于流水之上，层层交错的挑台争先恐后地深入周围空间，反映了地形、山石、流水、林木的自然结合。在这里，人工的建筑艺术与自然的景色相互映衬，相得益彰。

2. 西塔里埃森(Taliesin West，1938 年)

赖特在小住宅方面的设计很有成就，除流水别墅外，其他住宅设计也都具有自己的特点。1938 年赖特在亚利桑那州的一片沙漠上修建的西塔里埃森(Taliesin West)也是其有机建筑论的反映，可以说是"自然界生长出来的雕刻艺术"。

西塔里埃森，如图 4.20 所示，是赖特为自己设计的工作室，坐落在荒砂中，是一片单层的建筑群，其中包括工作室、作坊、赖特和学生们的住宅、起居室、文娱室等空间。那里气候炎热，雨水稀少，西塔里埃森的建筑方式反映了这些特点。它用当地的石块和水泥筑成厚重的矮墙与墩子，上面用木料与帆布板覆盖，是一组不拘形式的、充满野趣的建筑群。它同当地的自然景物很匹配，给人的印象是建筑物本身好像沙漠里的植物，也是从那块土地中长出来的。西塔里埃森的建造没有固定的规划设计，经常增添和改建。这座建筑的形象十分特别，粗糙的乱石墙、没有油饰的木料和白色的帆布板错综复杂地组织在一起，有的地方像石头堆砌的地堡，有的地方是临时搭设的帐篷。在内部，有些角落，如洞天府地，有的地方开阔明亮，与沙漠荒野连通一气。

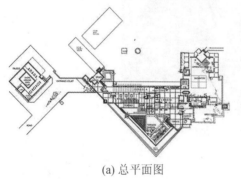

(a) 总平面图

(b) 建筑外观

(c) 室内场景

(d) 室外景观(1)

(e) 室外景观(2)

图 4.20　西塔里埃森

3. 约翰逊蜡烛公司总部(Johnson Administration Building)

在这个建筑中,赖特将建筑物的许多转角部分处理成圆的,墙与窗平滑地转过去,组成流线型的横向建筑构图,如图 4.21 所示。最有特色的是钢丝网水泥的蘑菇形圆柱,中心空,由下而上逐渐增粗,顶上扩大为一片圆板。在建筑内部,多柱排列,在圆板边缘互相连接,其间用玻璃覆盖,形成上面透光的屋顶,如图 4.22 所示。

图 4.21　约翰逊蜡烛公司总部

图 4.22　约翰逊蜡烛公司总部室内

4.6　阿尔瓦·阿尔托

阿尔瓦·阿尔托(Alvar Aalto,1898—1976 年),如图 4.23 所示,芬兰现代建筑师,现代城市规划、工业产品设计的代表人物,人情化建筑理论的倡导者。

阿尔托出生于芬兰的库尔坦纳,从小喜欢绘画。1921 年毕业于赫尔辛基工业大学建筑学专业,成为一位正式的建筑师。当时芬兰正处于热情高涨的建设时期。欧洲现代派的讲求实用、经济,采用新的工业技术解决问题以及他们所提倡的具有强烈的新时代感的形式大大吸引了他。1928 年参加了国际现代建筑协会。1929 年,按照新兴的功能主义建筑思想同他人合作设计了为纪念土尔库建城 700 周年而举办的展览会的建筑。他抛弃传统风

图 4.23　阿尔瓦·阿尔托

格的一切装饰，使现代主义建筑首次出现在芬兰，推动了芬兰现代建筑的发展。阿尔托的创作范围广泛，从区域规划、城市规划到民用建筑、工业建筑，从室内装修到家具、灯具以及日用工艺品的设计等。1924 年，阿尔托与设计师阿诺·玛赛奥（Aino Marsio）结婚，共同进行长达 5 年的木材弯曲试验，而这项研究导致了阿尔瓦·阿尔托 20 世纪 30 年代革命性设计的产生。1931—1932 年，阿尔托设计了芬兰帕伊米奥结核病疗养院，他的最初设计的现代化家具也在那里亮相，这使得阿尔托的家具设计走向世界，取得了更大突破。

阿尔托在建筑上的国际知名度与格罗皮乌斯、密斯·凡·德罗、勒·柯布西耶、赖特等人一样高，而他在建筑与环境的关系、建筑形式与人的心理感受的关系等这些方面，都取得了其他人没有的突破，是现代建筑史上举足轻重的重要大师。

4.6.1　建筑思想与理论

阿尔托在他的早期设计生涯中非常注意欧洲的现代建筑发展情况，对于采用没有装饰的形式、采用包括钢筋混凝土和玻璃为主的现代建筑材料非常感兴趣，他针对寒冷的芬兰地区发展出自己独特的现代建筑思想。他的建筑思想，虽然是属于现代主义的，但却具有强烈的个人诠释，自成一家。

阿尔托的设计具有轻松流畅感，与高度理性的勒·柯布西耶形成鲜明的对照。他一生都在寻求与现代世界的协调特征，而不是简单地创造一个非人格化、非人情味的人造环境。他喜欢使用木材，因为他认为木材本身具有与人相同的地方——自然的、温情的。复杂的木结构、高度统一的风格是典型的阿尔托设计特征，如图 4.24 所示。

阿尔托非常重视建筑的形象设计。他说他愿意听凭自己的直觉来处理建筑的形式。"形式是神秘的，无法界定，而好的形式能给人带来愉悦的感觉……做设计的时候，社会的、人性的、经济的和技术的需求，还有人的心理因素，都纠缠在一起，都关系到人和团体的活动，它们之间又互相影响与牵制，这就形成了一个单靠理智不能解决的谜团，这种复杂性妨碍建筑成形。在这种情况下，我采用下述非理性的方法：暂时将各种需求的谜团放在一边，一心搞所谓的抽象艺术形式。我画来画去，让直觉自由驰骋，突然间，基本构思产生了，这是一个起点，它能将各种互相矛盾的要素和谐地联系起来。"

图 4.24　阿尔托设计的木质家具

　　"为了达到实用与卓越的美的造型结合，人不能总是以理性和技术为出发点，也许根本不能以它们为出发点。应该给人的想象力以自由驰骋的空间。"他认为，一旦有一个明确的形象，整个设计系统将围绕这个形象而发展开来。他重视视觉的统一，重视视觉与自然环境的关系。在他的设计中，个体与整体是互相联系的，椅子与墙面、墙面与建筑结构，都是不可分开的有机组成部分。而建筑是自然的一部分，从关系来讲，建筑必须服从环境，墙面必须服从建筑，椅子必须服从墙面，具有内在的主从关系。而建筑设计和产品设计的自然关系，应该是以下意识的方式来处理的。他的设计常常关心如何将使用者引入他所创造的形象之中，从而使自然与他的建筑、设计成为一种下意识的存在。这是他与其他几位欧洲现代建筑大师的不同之处。

　　阿尔托的建筑作品常常超越通常的格网的限制，超越模数制的规定。他的建筑的体量和空间，有时出现大而明显的错落布置，有的地方只是微小的偏离和错位。在比较规整的形象中，有时插入曲线、曲面、扇面以及自由游动的曲线等。他说，简单的矩形和立方体不能表现人的感觉和情感的多样性与复杂性。阿尔托从感觉、感性出发，而不是从几何学和别的先验的体系出发来塑造建筑物。他总是避免简单的重复和整齐呆板的构图。他的建筑作品，不论大小，往往同时采用不同质地和色泽的材料，存在着不同形体的组合，有许多大小、形状和明暗程度的空间，如同一首交响乐曲那样，同时存在着几个主题和旋律。

　　他的真正的最大贡献在于他的人文主义原则。他强调建筑应该具有真正的人情味，而这种人情风格不是标准化、庸俗化的，而是真实的、感人的。为了使他的设计具有人情味，他早在 20 世纪 30 年代的设计中已经努力探索了。大量采用自然材料，采用有机的形态，改变照明设计——利用大天窗达到自然光线效果等，都是这种探索的结果。他的设计是现代主义基础之上的人文表达，与非人情化、非个人化的密斯风格形成了鲜明对照。

4.6.2 代表作品

1. 芬兰帕米欧结核病疗养院(Tuberculosis Sanatorium at Paimio，1929—1933 年)

1929 年，阿尔托参加了位于森林地带的帕米欧结核病疗养院的设计竞赛获胜，疗养院于 1933 年建成。

疗养院位于离城不远的一个小乡村，环境优美，周围全是绿化。如图 4.25 所示，建筑顺应地形、地势展开，与环境结合密切。阿尔托将病人的修养置于首位，最重要的部分是 7 层的病房大楼，大楼背后为垂直交通部分，连接一幢 4 层小楼，设置治疗用房、病人文娱室以及办公室等。这样布局使修养、治疗、交通、管理、后勤等部分联系方便，同时减少相互间的干扰。病房面对着原野与树林，使得每个房间有充足的阳光、空气与视野。

(a) 建筑细部

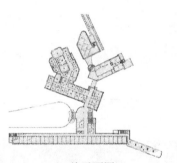

(b) 总平面图

(c) 病房大楼外观

(d) 建筑群鸟瞰

(e) 建筑细部

(f) 病房室内

图 4.25 帕米欧结核病疗养院

主楼(病房大楼)外部采用白色墙面衬托大片玻璃窗，在侧面的各层阳台上点缀色彩鲜艳的栏板，创造了清新明快的建筑形象。建筑采用了钢筋混凝土框架结构，外形如实地反映了它的结构逻辑性。

阿尔托在这个设计中，为病人考虑之周到细致，令人叹服。设计不仅将病房楼安置在阳光最好的位置，而且在细部上考虑周详。例如，他想来疗养的病人往往关不紧室内洗手盆的龙头，水滴声会令人心烦，因此特地设计了一种面盆，有适当的斜坡，水滴在坡面上没有声音；病房的窗子设有两层，无论打开哪一扇，冷空气都会在夹层中通行一段，才进入室内，新鲜空气不冷了，病人才感到舒服；卧床病人脚部易凉，他特地在天花板上安了热风口，让暖气正好吹到病人脚的部位等。

2. 维堡市立图书馆（Municipal Library，Viipuri，1935 年）

维堡市立图书馆作为小镇居民的文化生活中心，包括书库、阅览室、办公与研究以及演讲厅等多种功能。阿尔托从分析各种房间的功能用途和相互关系出发，将各部分恰当地组织在紧凑的建筑体量中。如图 4.26 所示，整个图书馆由两个长方体组成，采用钢筋混凝土结构，外部处理简洁，体现了现代建筑的基本特征。但是，同时阿尔托也有与众不同的设计处理。在建筑上采用了部分有机形态，不拘泥于简单刻板的几何形式；在材料上采用了相当数量的木材，不仅仅是钢筋混凝土；在照明上采用了大型的顶部光源方式。在设计中，他还开创性使用了多层开敞的内部空间布局。他还采用蒸汽弯曲木材的技术为建筑设计了一系列木家具，成为现代家具设计中非常独到的经典作品，也与整个建筑设计协调，风格统一。

(a) 建筑鸟瞰

(b) 阅览室内景

(c) 阅览室天窗

(d) 建筑外观(1)

(e) 建筑外观(2)

(f) 室内场景

图 4.26　维堡市立图书馆

3. 玛丽亚别墅

1933 年后，阿尔托的建筑作品开始带有明显的地区特点。芬兰的自然环境特色，特别是繁密的森林与曲折的湖泊进入了他的设计，作品中出现了许多曲线与曲面。1938 年设计的玛丽亚别墅，既有现代建筑的便利和形象，又有芬兰乡土建筑的情韵。他没有照搬已有的现代建筑的模式，吸取了传统要素而又超越了传统建筑。

如图 4.27 所示，玛丽亚别墅地处茂密树丛之中，平面呈两个曲尺形，重叠而成"门"形，三面较封闭，中间为花园。建筑形体由几个规则的几何形块体组成，但在重点部位点缀了自由曲线形的形体，既顺应了人的活动安排功能，又创造了柔顺的空间形式。同时，阿尔托运用不同材料肌理的并列(白粉墙、木板条、打磨光滑的石头、毛石墙、天然粗树干、束柱、钢筋混凝土支柱等)以及精致的细部探索了丰富的建筑形式。

(a) 平面图　　　　　(b) 建筑外观(1)　　　　　(c) 室内场景(1)

(d) 建筑外观(2)　　　　　(e) 室内场景(2)　　(f) 建筑细部

图 4.27　玛丽亚别墅

本 章 小 结

　　本章主要讲述了 20 世纪 20 年代后现代建筑学派的形成与发展,现代建筑大师格罗皮乌斯、密斯·凡·德罗、勒·柯布西耶、赖特和阿尔瓦·阿尔托的建筑思想理论、风格特色和代表性作品。

　　总的来说,现代建筑学派的指导思想是要使当代建筑表现工业化时代的精神,其基本观点大致是:第一,强调功能,提倡"形式服从功能"。设计房屋应自内而外,建筑造型自由且不对称,形式应取决于使用功能的需要。第二,注意应用新技术的成就,使建筑形式体现新材料、新结构、新设备和工业化施工的特点。建筑外貌应成为新技术的反映。第三,体现新的建筑审美观,建筑艺术趋向净化,摒弃折中主义的复古思潮与烦琐装饰,建筑造型成为几何形体的抽象组合,简洁、明亮、轻快成为它的外部特征。第四,注意空间组合与结合周围环境。流动空间、全面空间、有机建筑论等都是具体表现。

现代建筑学派在历史上起了相当的进步作用。尤其是在 1919 年第一次世界大战后，以简朴、经济、实惠为特点的现代建筑较快地满足了大规模房屋建设的需要。其次，现代建筑能够适应于工业化的生产，符合新时代的精神。同时，现代建筑的艺术造型体现了新的艺术观，简洁抽象的构图给人新颖的艺术感受。更有意义的是现代建筑注重使用功能，比只追求形式的设计方法显然是前进了一大步。

当然，由于历史与认识的局限，现代建筑派不可避免地存在片面性。过分强调纯净和功能，限制了建筑艺术的创造性，使现代建筑走向了千篇一律的"国际式"，同时，一味屈从于工业生产的羁绊，致使建筑成为冷冰冰的机器，缺乏生活气息。

思 考 题

1. 结合实例评述格罗皮乌斯的建筑思想理论与艺术风格。
2. 结合实例评述密斯·凡·德罗的建筑思想理论与艺术风格。
3. 结合实例评述勒·柯布西耶的建筑思想理论与艺术风格。
4. 结合实例评述赖特的有机建筑理论与艺术风格。
5. 结合实例评述阿尔瓦·阿尔托的建筑思想理论与艺术风格。

第5章
1945年—70年代初期的建筑——国际主义建筑的普及与发展

【教学目标】

主要了解国际主义建筑的全面普及以及活动概况；掌握国际主义运动的主要分支流派及其建筑表现；通过评析现代建筑大师格罗皮乌斯、密斯·凡·德罗、勒·柯布西耶、赖特和阿尔瓦·阿尔托的代表性建筑作品，理解并掌握其在国际主义运动时期的建筑思想与艺术风格。了解二代建筑大师的建筑思想与代表性建筑作品，理解并掌握其在国际主义运动时期的艺术风格特征。

【教学要求】

知识要点	能力要求	相关知识
国际主义建筑的全面普及	(1) 了解国际主义建筑的起源以及全面普及的社会历史背景 (2) 掌握国际主义运动在欧美及日本的风格表现	(1) 国际主义风格 (2) 粗野主义 (3) 柯布西耶派
国际主义运动的分支流派	(1) 理解国际主义运动各分支流派的建筑思想理论 (2) 评析国际主义运动各分支流派的代表作品	(1) 机器美学 (2) 典雅主义 (3) 有机功能主义
国际主义运动中的大师和他们的建筑	(1) 掌握格罗皮乌斯的建筑思想及其代表作品 (2) 掌握密斯·凡·德罗的建筑思想及其代表作品 (3) 掌握勒·柯布西耶的建筑思想及其代表作品 (4) 掌握赖特的建筑思想及其代表作品 (5) 掌握阿尔托的建筑思想及其代表作品	(1) 对理性主义、功能主义的充实与提高 (2) 全面空间 (3) 讲求技术精美 (4) 有机建筑 (5) 美国风格 (6) 人情化与地域性
二代建筑师和他们的建筑	(1) 了解路易斯康的建筑思想及其代表作品 (2) 了解尼迈耶的建筑思想及其代表作品 (3) 了解贝聿铭的建筑思想及其代表作品 (4) 了解丹下健三的建筑思想及其代表作品	(1) 服务性空间 (2) 被服务性空间 (3) 巴西利亚 (4) 交流性理论 (5) 建筑环境因素原则 (5) 多元因素原则

 基本概念

国际主义风格、粗野主义、典雅主义、有机功能主义、美国风格、有机建筑

引言

1945 年，德国、意大利、日本战败投降，第二次世界大战结束。建筑活动与经济状况紧密相关。战后初期，各国经济都受到削弱，只有美国不但没有削弱，反而增强了，美国成为首屈一指的经济强国。战争促进了科学技术的发展，战后建筑领域的科学技术也有新的进展。建筑材料的品种和质量都比战前进步。

第二次世界大战之后，建筑结构科学有很大进步。电子计算机(电脑)的应用大大加快了结构计算的速度，以前难于采用的结构形式现在可以采用了。壳体结构、空间结构、悬索结构大量用于大跨度建筑物，影响并改变了大跨度建筑物的形体。

20 世纪前期，现代主义的代表人物为大规模工业化建筑而大声疾呼。勒·柯布西耶的《走向新建筑》就是一个例子；格罗皮乌斯在 20 年代亲自做过装配化住宅的试验，密斯想着用玻璃和钢构造高层建筑的外墙等。这些构想和计划在第二次世界大战之前并没有真正普遍地实现。第二次世界大战以后逐渐成为现实。

从建筑创作和建筑艺术的角度看，战后初期的建筑格局和热点改变了。第二次世界大战前，建筑创作的热点在西欧；第二次世界大战后，美国的建筑更加引人注目。20 世纪 20—30 年代西欧提出来的不少建筑构想，在战前没有条件或来不及实现的，战后在美国这个富饶的国家里开花结果了。

概括起来，第二次世界大战以后到 70 年代后现代主义建筑运动开始前夕，西方建筑的发展基本可以分为两个阶段。

(1) 1945 年至 50 年代初期的恢复重建阶段。主要发展解决住房问题的现代功能性住宅，采用的方式是 20—30 年代在欧洲发展起来的现代主义建筑模式，预制件工业生产住宅，主要关心的问题是建造时间短和造价低廉，建筑本身简单，没有任何装饰。

(2) 50 年代到 70 年代的国际主义建筑运动阶段。以密斯的国际主义风格作为主要的建筑形式，采用"少就是多"的减少主义(Minimalism)原则，突出建筑结构，强调简单、明确的特征，强调工业化特点。以纽约的西格拉姆大厦为里程碑，在全世界发达国家掀起的国际主义风格运动，影响巨大，改变了众多城市的面貌。

在国际主义风格的主流之下，出现了几个基于国际主义风格的分支流派，它们是粗野主义、典雅主义、有机功能主义。这些流派从建筑思想、建筑结构、建筑材料等方面都属于国际主义风格，但在具体形式上却各有不同特点，丰富了相对比较单调的国际主义风格。

5.1 国际主义建筑的全面普及

"国际主义"风格源于现代主义建筑。早在 1927 年，美国建筑师菲利普·约翰逊就注意到德国举办的魏森霍夫住宅建筑展的一种单纯、理性、冷静、机械式的风格，他认为这种风格会成为一种国际流行的建筑风格，因此称之为"国际主义"风格(International Style)。

20 世纪 30 年代末，受到战争的影响，欧洲现代建筑运动的主要人物纷纷移民美国，使得源于欧洲的现代建筑运动迁移到美国继续发展。美国的巨大社会需求、庞大的经济实力和美国人民对于外来思想和设计的毫无保守的欢迎与接受，使得欧洲现代主义建筑与设计在美国全面普及。对此，菲利普·约翰逊曾说："德国人讨论现代主义，美国人并不讨论，但是他们却把整个国家按照现代主义的模式建造起来了。"美国人那种一旦认识到有用就全力以赴的建设态度，成为欧洲现代主义建筑得以发展成为国际主义风格，并在美国和全世界发展、推广的社会与经济基础。

战后的美国，建筑的发展达到兴盛的高潮，源于欧洲的现代主义被广泛采用：格罗皮乌斯在包豪斯校舍中运用钢筋混凝土预制构件的设计风格被广泛应用于政府的各项建设项目上；而格罗皮乌斯和密斯创立的玻璃幕墙大楼结构，则更为企业中意，立即成为美国企业的标准建筑风格。经过十多年的发展，钢筋混凝土预制件结构和玻璃幕墙结构得到非常协调的混合，成为国际主义建筑的标准面貌。

1959年以后，西方许多国家的大企业纷纷兴建总部大楼，以密斯的西格拉姆大厦为典范，形成了企业大楼的基本形象，这股兴建风潮促进了国际主义风格的广泛流行。因为大企业资金雄厚，建筑庞大而地点突出，往往在大城市的中心地带，因此成为很有说服力的标志性建筑，使公众对于国际主义风格有进一步的认识。密斯的公共和商业建筑确立了这种形象的标准，其他的建筑师与事务所也纷纷跟进，形成一股潮流。其中，SOM建筑师事务所设计的约翰·汉考克大楼(图5.1)、芝加哥西尔斯大楼(图5.2)，贝聿铭设计的波士顿汉考克大楼(图5.3)等都是重要的国际主义风格标志性建筑物，在当地具有很大的影响与教育作用，促进了国际主义风格的流行与普及。

图5.1　约翰·汉考克大楼　　图5.2　芝加哥西尔斯大楼　　图5.3　波士顿汉考克大楼

战后交通运输日益发达，国际交往也日益增多，因此使得机场、运动中心、国际会议中心等类型建筑大量产生。围绕着这些建筑，国际主义风格得到更多的发挥，出现了不少杰出的作品，包括沙里宁设计的杜勒斯国际机场；奈尔维1960年设计的罗马体育馆；墨非事务所1971年设计的芝加哥展览中心与麦克米克大楼等，这些建筑都具有崭新的功能特点和强烈的国际主义风格特色，是钢筋混凝土和玻璃结构的新一代杰作。1967年在加拿大蒙特利尔举办的世界博览会由美国设计师富勒设计的美国馆(图5.4)、奥托设计的联邦德国馆也是国际主义风格的杰作。

文化与公共设施的兴建也是第二次世界大战之后重要的建筑活动之一，而采用的风格基本都是国际主义风格。例如路易斯·康1960年设计的宾夕法尼亚大学理查德医疗研究中心(图5.5)、保罗·鲁道夫1963年设计的美国耶鲁大学艺术和建筑系大楼(图5.6)、本杰明·托马斯1963年设计的菲利普学院的科学与艺术系大楼、爱德华·巴恩斯设计的圣保罗学院学生宿舍、塞特(J·L·Sert)1963年设计的哈佛大学皮博迪公寓(图5.7)、1970年设计的哈佛大学本科生科学中心(图5.8)等。不仅大学建筑采用国际主义风格，中小学的建筑也都采用这种风格。典型的实例包括英国的史密斯夫妇在1954年设计的亨廷顿中学、罗伯特·费尔菲德事务所 1964 年设计的多伦多中央技术学校的教学楼等。这些建筑除了具有典型的国际主义风格特征之外，部分也具有由柯布西耶发展出来的、强调粗糙的混凝土结构和表面处理的所谓"粗野主义"特色。学校建筑最为集中体现了国际主义风格和粗野主义的结合，其数量和在世界范围的影响都相当惊人。也有一些文化建筑体现了国际主义风格精致的一面，是密斯风格的延伸与发展。例如，山崎实 1964 年设计的哈佛大学行为科学大楼、贝聿铭 1964 年设计的麻省理工学院地球科学大楼(图 5.9)、路易斯·康 1960 年设计的萨克学院生物学研究所、SOM 建筑师事务所 1965 年设计的科罗拉多的美国空军高等学院宿舍等。

图 5.4　蒙特利尔博览会美国馆

图 5.5　宾夕法尼亚大学理查德医疗研究中心

图 5.6　耶鲁大学艺术和建筑系大楼

图 5.7　哈佛大学皮博迪公寓

图 5.8　哈佛大学本科生科学中心

　　国际主义风格运动时期，日本的表现也很突出。日本受到勒·柯布西耶的影响很大，形成了所谓的"柯布西耶"派，代表人物有菊竹清训、桢文彦、丹下健三等。其中，丹下健三是日本国际主义运动的领袖人物，他设计的建筑除了具有强烈的国际主义风格特点之外，也注意对日本民族动机的运用，代表作品有 1964 年日本东京奥林匹克运动中心、1949—1956 年建造的广岛和平公园(图 5.10)、1958 年设计的日本香川县厅舍、1966 年设计的日本山梨文化会馆(图 5.11)、1965 年设计的圣玛丽亚天主教堂等。

图 5.9　麻省理工学院地球科学大楼

图 5.10　广岛和平公园

(a)建筑外观

(b)建筑细部(1)

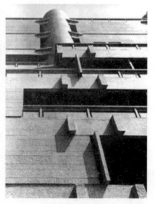

(c)建筑细部(2)

图 5.11　日本山梨文化会馆

除了建筑作品，欧洲现代建筑运动的主要人物还通过建筑教育的方式推广与发展了国际主义风格。可以说，自 20 世纪 30 年代末欧洲的现代主义大师移民美国后，通过改革美国的高等建筑教育体系，培养了整整两代忠于他们的现代主义原则的建筑师。例如，第二代建筑师中的贝聿铭、山崎实都是包豪斯教员直接培养出来的。贝聿铭受到了格罗皮乌斯、密斯等直接的教育与影响，把他们的思想通过自己的理解发展出来，成为新一代国际主义建筑大师。这种教育的影响是极其深刻的、影响范围也是非常大而广泛的。60 年代以来，随着包豪斯移民到美国的一代大师在美国高等学院中培养出来的第一批学生进入建筑设计的行列，国际主义风格在美国和其他西方国家全面推广，并达到高潮。

5.2 国际主义运动的分支流派

20 世纪 50—60 年代，国际主义风格已经蔚然成风，成为西方建筑风格的主流。从 50 年代起，有一些年轻的建筑师开始在国际主义风格的基础上进行形式的修正，企图达到更加完美的目的，由此出现了几个国际主义的分支流派，分别是粗野主义、典雅主义和有机功能主义。

5.2.1 粗野主义

国际主义风格盛行时期，一些建筑师强调现代材料与结构的表现，采用简单、粗壮的几何形式表达工业化的技术美，逐渐形成流派，称为"粗野主义"。"粗野主义"的名称最初是由英国的建筑师史密森夫妇于 1954 年提出的，用来识别像柯布西耶的马赛公寓和印度昌迪加尔行政中心那样的建筑形式，或那些受他启发而做出的此类形式。史密森曾说过："假如不把粗野主义试图客观地对待现实这回事考虑进去——社会文化的种种目的，其近切性、技术等——任何关于粗野主义的讨论都是不中要害的。粗野主义者想要面对一个大量生产的社会，并想从目前存在着的混乱的强大力量中，牵引出一阵粗鲁的诗意来。"这说明"粗野主义"不单是一个形式问题，而是同当时社会的现实要求与条件有关的。其实，柯布西耶在战前设计的少数建筑已经具有暴露粗糙的水泥墙面，采用特意留下浇筑水泥时的木模板痕迹的方法，来体现材料和建筑过程的痕迹，以及粗壮的结构处理，以体现新的美感，他称之为"机器美学"。受他的影响，战后不少青年建筑师刻意模仿和发展了这种探索，如美国建筑师保罗·鲁道夫（Paul Rudolph）1962—1963 年设计的耶鲁大学艺术与建筑系大楼就是这种类型的典范，采用了粗糙纵横的水泥预制件和浇注结构，形成了非常粗犷的形式。

美国建筑师路易·康（Louis Kahn）的设计也具有强烈的简单几何形式和象征性的粗野主义特征，其代表作品包括 1962 年设计的美国南加利福尼亚的萨克生物研究所大楼（图 5.12），1964 年在印度设计的印度管理学院大楼（图 5.13），1964 年设计的达卡政府大楼建筑等。

除了在美国，"粗野主义"在 20 世纪 50 年代中期至 60 年代中期在欧洲和日本也相当活跃。剑桥大学历史系图书馆（Cambridge University，History Faculty Library，1964—

图5.12 萨克生物研究所大楼

(a) 建筑外观　　　　　　　　(b) 建筑内庭　　　　　　　(c) 建筑内景

图5.13 印度管理学院大楼

1968年，图5.14和图5.15）、莱斯特大学工程馆（Leicester University，Engineering Building，1959—1963年）、谢菲尔德的公园山公寓（Park Hill，Sheffield，1961年）等都是粗野主义的代表作品。

图5.14 剑桥大学历史系图书馆

詹姆斯·斯特林（James Stirling）在1959—1963年间设计的莱斯特大学工程馆，如

图 5.16 所示，这是一座包括讲堂、工作室与试验车间的大楼。功能、结构、材料、设备与交通系统清楚暴露，形式直率，形体构图与虚实比例兼顾。

图 5.15　剑桥大学历史系图书馆室内

(b) 建筑底层

(a) 建筑外观　　　　　　　　　　(c) 建筑细部

图 5.16　莱斯特大学工程馆

建于 1961 年谢菲尔德的公园山公寓（Park Hill，Sheffield），如图 5.17 和图 5.18 所示，是一组大型的工人住宅，规模约为马赛公寓的 3 倍。公寓外形简朴粗犷，是内容的直率反映。毛糙的混凝土墙板与钢筋混凝土骨架暴露无遗。公寓内部每 3 层设一条交通性走廊，采用外廊式，尺度加宽，可作为邻里交往空间，似一条龙骨贯通整幢公寓，如图 5.19 所示。

图 5.17 谢菲尔德的公园山公寓群体鸟瞰

图 5.18 谢菲尔德的公园山公寓

图 5.19 谢菲尔德的公园山公寓廊道

丹下健三 1958 年设计的日本香川县厅舍（Kagawa Prefectural Government Office）和 1960 年设计的日本仓敷市厅舍（Kurashiki City Hall，Okayama，1960 年）都具有非常粗壮的形式与强有力的特征，代表了粗野主义在日本的发展。

香川县厅舍，如图 5.20 所示，建筑由办公室、县议会会议厅和大会议厅等组成，分为 3 层的底层部和 8 层的高层部。低层部沿街布置，首层架空；高层部为每面 3 开间的正方形，将楼梯、电梯、管道等全部集中在中间形成核体。建筑借鉴了日本传统建筑形式，在厅舍外廊露出钢筋混凝土梁头、阳台栏板的形式与比例等的表现上体现了传统建筑的特征，如图 5.21 所示。它是成功地将粗野主义与日本传统构造结合起来的典范，确定了日本现代建筑在国际上的地位。

仓敷市厅舍，如图 5.22 所示，混凝土墙板与钢筋混凝土骨架暴露无遗。建筑面对市民广场兴建，总建筑面积 7244m²，建筑高度 25m，地上 3 层，地下 1 层，另有塔楼 2 层。由于将主要楼梯都集中在中间的核体中，因此将 60m 长的建筑物分为 3 跨。同时为适应公共要求，在中间设置了两层高的跑马廊。二层主要为对外接待；三层为会议室与办公室等。

图 5.20　日本香川县厅舍

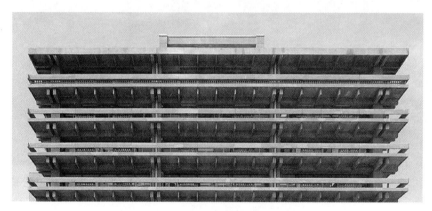

图 5.21　香川县厅舍建筑细部

图 5.22　仓敷市厅舍

5.2.2　典雅主义

"典雅主义"是与"粗野主义"同时并进、但在审美取向上完全相反的一种流派。粗野主义在欧洲、美国以及亚洲的日本等都有所表现，典雅主义则主要在美国。粗野主义的美学根源是战前现代建筑中功能、材料与结构在战后的夸张表现，典雅主义则致力于运用传统的美学法则来使现代的材料与结构产生规整、端庄与典雅的庄严感。

美国建筑师爱德华·斯通（Edward D. Stone）是典雅主义的代表人物之一。他于1920—1923年在阿肯色大学学习艺术，后在哈佛大学和麻省理工学院攻读建筑。1927年获奖学金赴欧洲学习两年，与欧洲的现代建筑运动有所接触。1930年进入纽约的一家建筑事务所，1936年自己成立事务所，1937年设计了纽约市第一座国际式建筑——现代艺术博物馆。第二次世界大战后，曾任耶鲁大学建筑学副教授（1946—1952年）。斯通的作品具有个性，设计手法始终如一，他的作品是"一种华丽、茂盛而又非常纯洁与新颖的建筑"，能使人联想到古典主义或古代建筑形式。在设计手法上，他在重视理性的同时，致力于运用传统的美学法则来使现代材料与结构产生规整、端庄与典雅的庄严感。在后期多产的年代中，他反复使用的设计手法和词汇也正是从古典主义派生出来的。他的代表作品有新德里美国驻印度大使馆（US. Embassy，New Delhi，India，1955年）、布鲁塞尔世界博览会美国馆（US. Pavillion at the Expo.58，1958年）、斯坦福医学中心（Stanford University Medical Center，1959年，图5.23）、贝克曼礼堂（Beckman Auditorium，1959年，图5.24）、华盛顿肯尼迪表演艺术中心（1971年）等。

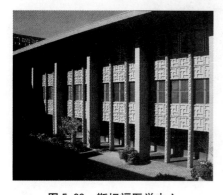

图5.23　斯坦福医学中心

图5.24　贝克曼礼堂

斯通1954年设计的美国驻印度大使馆建筑，具有非常明显的典雅主义特征，如图5.25所示，立面采用了精细的白色混凝土窗格结构，既作为遮阳板又具有精细的图案形式，非常突出。1958年设计的布鲁塞尔世界博览会美国馆，如图5.26所示，其中心建筑是一个直径为104m的巨大旋转型结构，采用外部连续、纤细的柱支撑顶部，形成环形外部柱廊，兼具典雅主义、高科技、工业化的特征，感觉轻盈、简洁、优雅、现代。1971年设计的华盛顿肯尼迪表演艺术中心也采用了斯通一贯的处理手法，如图5.27所示，建筑敞开对外的柱廊、简单的现代主义大平顶、精细的古典比例，使之成为国际主义风格与古典主义结合的代表作。

图 5.25　美国驻印度大使馆建筑

图 5.26　布鲁塞尔世界博览会美国馆

图 5.27　肯尼迪表演艺术中心

　　日裔美国建筑师山崎实（Yamasaki，1912—1986 年）也是典雅主义的代表人物。他对于国际主义风格的典雅性诠释和演绎，为战后的现代建筑开拓了一条崭新的发展途径，具有相当的影响力。

　　20 世纪 50 年代中期，国际主义风格在美国进入高潮阶段，格罗皮乌斯、密斯等人经过十多年的努力，终于把欧洲的现代主义建筑根植于美国，并使之发扬光大，成为国际主义风格。很少有建筑师对国际主义风格存在的问题提出疑问，而山崎实却在这个时候开始仔细地观察和研究国际主义风格，提出了这个风格存在的几个主要问题。

　　（1）现代主义建筑和国际主义风格建筑提倡的功能主义，或者他们强调的功能第一的原则，其实仅仅是物理功能的满足，并没有考虑人类的心理功能，因此，所谓的功能主义是不完全的，要满足心理功能，建筑必须美，而不仅仅是实用。

（2）现代主义强调建筑设计中经济因素的考虑，虽然有其正确的一面，但是不能拿经济因素来压抑建筑的精美。

（3）对于创新与继承的关系。创新固然重要，却不等于否定传统，比如传统建筑的材料——木、砖、石等，不能简单取消。

（4）不应该盲目崇拜现代主义大师，学习密斯、赖特、柯布西耶等的目的是学习他们的思想，而不是简单模仿他们的建筑形式，否则，就不可能有发展。

为此，山崎实在50年代的美国建筑杂志《建筑记录》（Architecture Record）中撰文，提出了现代建筑的"六条目标"。

（1）建筑应该通过美和愉悦提高生活乐趣。

（2）建筑应使人精神振奋，反映人类追求的高尚品格。

（3）建筑要有秩序感，为人的活动创造出宁静的背景。

（4）建筑要忠实坦诚，结构明确。

（5）建筑必须采用新的建筑材料与技术，充分发挥现代技术的优点。

（6）重要的是建筑要符合人的尺度，设计中注重人体工学的原则，使人感到安全、愉悦、亲切。

在进行一系列的理论探讨的同时，山崎实已开始探索修正国际主义风格的途径，主要从建筑结构的纤细、轻盈出发，探索国际主义风格基础上比较典雅的形式。1955年他设计了底特律魏恩州立大学的麦格拉格纪念会议中心，如图5.28所示，采用高台为建筑基部，四周参考日本园林方式设计了水池。整个建筑是两层楼的方块形，建筑结构是"实"的钢筋混凝土外加石片墙面。南北入口设计在中轴线上，入口采用三个连续起伏的玻璃尖拱顶，具有一定的历史符号意义。屋面采用折板结构，外廊采用与折板结构相对应的尖券，形式典雅，尺度宜人。整个建筑具有浓厚的古典主义色彩，是现代建筑中较早尝试采用古典比例与符号的典例。

(a) 建筑外观

(b) 建筑内庭

(c) 建筑细部

图 5.28　麦格拉格纪念会议中心

山崎实在20世纪50年代开始质疑"装饰就是罪恶"的理论。他认为，可以结合现代主义的基本立场，引入部分具有装饰性的特征，其中包括传统的、古典的比例，传统建筑的某些符号，建筑外部柱廊的典雅处理，柱子本身的精致设计以及建筑外部环境的刻画。

这些装饰都不违反现代需求，同时还会增加整体建筑的丰富性，更加丰富人与建筑之间的多元关系。麦格拉格纪念会议中心是这种观念的最早体现。在此之后，1958 年他又设计了底特律雷诺兹金属公司销售中心，如图 5.29 所示，进一步体现了这种立场。这个建筑采用完全敞开结构细节的玻璃幕墙方式，黑色的柱身上有白色的凹槽装饰，环绕建筑的水池中栽种着睡莲，形成生动、有趣的倒影。该建筑一方面保持了国际主义风格的简单、现代的特征；另一方面又以环境处理、细节处理、比例上的古典手法打破了刻板的面貌。

图 5.29　底特律雷诺兹金属公司销售中心

1959 年，山崎实设计了沙特阿拉伯的达兰国际机场候机楼，采用了柱、顶合一的基本模式，如图 5.30 和图 5.31 所示。每一个柱子的顶部都顶着一个倒方锥形屋顶，两个这样的柱顶单体合成一个伊斯兰风格的拱券，每个屋面板对角线长度为 12m，形成连续不断的倒方锥形体组合。根据他的典雅主义原则，所有的柱子都进行了精细的设计修饰。建筑中部设计了庭院，包括水池与绿化。他的这些处理，使得这个机场具有强烈的现代感，同时又具有浓厚的伊斯兰传统风格。

图 5.30　沙特阿拉伯达兰国际机场候机楼

图 5.31　沙特阿拉伯达兰国际机场候机楼细部

1962 年，山崎实设计了位于西雅图的国际博览会美国科学馆，如图 5.32 所示。在这里，他不但采取了古典的比例、中轴线等手法使得整个建筑具有浓厚的装饰意味，同时还采用了哥特式风格的某些细节，设计成一个白色的，具有浓厚哥特式风格的，并以水池环绕的极为典雅的建筑群。在总体布局中，他采用了将建筑与环境艺术、庭院设计混合的分散形式，吸取了不少东方园林的设计手法，将水池作为中心，用6个分开的建筑——入口大厅、科学精神厅、休息厅、空间科学厅、科学规律厅、会议和演讲厅环绕水池，形成一个单边向外的三合院。水池在整个建筑群的中央，水池的中心是五个高耸的白色"骨架"式装饰塔，具有浓厚的符号意义。

图5.32 1962年西雅图国际博览会美国科学馆

山崎实最负盛名的作品是1962—1976年间设计的纽约世界贸易中心，如图5.33所示。这座建筑群最主要的是两座110层的高楼，其结构和形式完全一样，外部朴素无华，全部装饰性因素是高耸的柱。这些密集的钢柱从下至上延伸，在第9层处合成哥特式的尖拱，然后延伸至110层。修长的钢铁线条，增加了建筑的整体视觉高度，也增加了典雅感。整个大楼外部采用银白色铝板覆盖，细长的玻璃窗深嵌在密集的金属柱的深处，有非常突出的凹凸感。这座建筑使人们了解到：虽然使用国际主义风格的全部基本原则，但是通过对于细节的处理和对形式的精心推敲，国际主义风格也可以具有非常丰富的面貌。

(a) 建筑外观

(b) 建筑细部

图5.33 纽约世界贸易中心

山崎实在他的设计中逐步发展了典雅、修长的白色柱结构，使之具有高度的装饰特点。把柱和顶部的拱券逐步过渡、连为一体是他探索出的新方法。他运用这种柱的排列和装饰性使用，又陆续设计了位于西雅图的IBM公司大楼（图5.34）、美国联邦储备银行大楼、普林斯顿大学威尔逊学院(图5.35)等建筑。这些建筑保持了他对于国际主义风格的典雅化改良特征，丰富了国际主义风格的面貌。

图 5.34 西雅图 IBM 公司大楼

图 5.35 普林斯顿大学威尔逊学院

典雅主义的代表性建筑还包括美国建筑师菲利浦·约翰逊(Philip Johnson)设计的谢尔登艺术纪念馆(Sheldon Memorial Art Gallery，1958—1966 年，图 5.36 和图 5.37)、纽约林肯文化中心(Lincoln Center，NY，1954—1958 年，图 5.38 和图 5.39)。

图 5.36 谢尔登艺术纪念馆

图 5.37 谢尔登艺术纪念馆室内

图 5.38　纽约林肯文化中心外部环境

图 5.39　纽约林肯文化中心

5.2.3　有机功能主义

在国际主义风格和粗野主义、典雅主义风行的同时，少数建筑师开始探索摆脱国际主义风格和派生出来的粗野主义、典雅主义简单几何形式的束缚，从有机形态来找寻可能的发展，称为"有机功能主义"。其中，最重要的代表人物是埃罗·沙里宁(Eero Saarinen)。

埃罗·沙里宁是国际主义建筑运动中非常重要的大师级建筑师，在国际主义风格盛行时，他独自突破刻板单调的密斯传统，开创了有机功能主义风格，并通过他设计的大型建筑和家具体现出来，丰富了现代建筑的面貌。埃罗·沙里宁是芬兰裔美国人，他的父亲是芬兰现代建筑的奠基人之一，他带领全家移民至美国，埃罗在美国学习建筑。他开始对于国际主义风格具有强烈的兴趣，而且对于建筑的现代雕塑效果也非常热衷，他的早期作品体现出这种双重倾向。例如，他设计的位于密歇根州的美国通用汽车公司技术中心大楼就是一个典型，这个建筑群有 25 幢建筑物，环绕一个规整的人工湖，湖中有带雕塑特点的水塔，初显沙里宁的建筑设计风格。使沙里宁闻名世界的是圣路易市杰斐逊国家纪念碑，如图 5.40 所示。这座高宽各为 190m 的外贴不锈钢的抛物线形拱门，造型雄伟，线条流畅，象征该市为美国开发西部的大门。

沙里宁最早采用了混凝土薄壳结构来探索有机形态。1953 年，他设计了麻省理工学院的克莱斯格大会堂和教堂。克莱斯格大会堂，如图 5.41 和图 5.42 所示，是美国第一个大型薄壳混凝土建筑。优雅的钢筋弧形混凝土屋顶由一个 1/8 的球体表面形成，主要由三个穹顶支撑。这个庞大的建筑呈现出非常特别的有机形态，是当时国际主义风格鼎盛时期少有的有机形式建筑。庞大的屋顶只有三个支点，形式简单、生动，室内宽敞宏大，依然体现了国际主义风格的自由空间的特点，而形式上却充满了变化。小教堂的建筑也很有特点，外形是一个红砖结构的圆柱体，如图 5.43 所示，四周没有窗口，采光仅仅依靠顶部天窗，简单到无以复加的地步，但是内部却复杂而神秘，他用简单的体型隐藏了内部给人以震撼的光线效果，如图 5.44 和图 5.45 所示。这个建筑摆脱了密斯式的单调感，同时也依然保持了国际主义风格的简单特征，突出了建筑师自我的审美立场，是有机功能主义的早期作品。

图 5.40　圣路易市杰斐逊国家纪念碑　　　图 5.41　麻省理工学院的克莱斯格大会堂外观

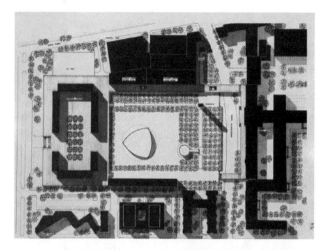

图 5.42　麻省理工学院的克莱斯格大会堂总平面图

图 5.43　麻省理工学院教堂外观　　　图 5.44　麻省理工学院教堂内部(1)

图 5.45　麻省理工学院教堂内部(2)

　　1958 年，沙里宁为耶鲁大学设计了冰球馆，如图 5.46 所示，建筑采用了悬索结构，沿球场纵轴线布置一根钢筋混凝土拱梁，悬索分别由两侧垂下，固定在观众席上。屋顶采用了抛物线形有机形态，建筑造型奔放舒展，表达出冰球运动的速度和力量。

图 5.46　耶鲁大学冰球馆

　　1956—1962 年设计的肯尼迪国际机场候机大楼(TWA Terminal，Kennedy Airport)是沙里宁奠定有机功能主义的里程碑建筑。如图 5.47 所示，建筑的中央部分是总入口和中央大厅，形式是一只展翼腾飞的鸟的形状，在上扬的翼下面，又伸展出两个弯曲的、向两边延伸的翼，这是候机大楼的购票与候机厅，而在这个大“鸟”的后面，又伸出两个弯曲的走廊形成登机终端。无论是建筑的外部还是内部，基本上没有几何形态，完全以有机形式作为设计的构思，同时又保持了建筑的功能化、现代建筑材料和非装饰化的基本特点，是突破国际主义风格，展示有机形态、将现代建筑材料和建筑方法用到淋漓尽致的一个重要建筑。

　　1957—1963 年设计的美国杜勒斯国际机场候机大楼是埃罗·沙里宁“有机功能主义”的进一步发展。如图 5.48 所示，在整个简单长方形的大楼基础上，他采用了 16 个巨大的、有机形状的柱支撑着弧面抛物线形的巨大屋顶。从结构与形式上，这些巨柱都有拉结和支撑住倾斜的大屋顶的双重功能和视觉感；巨大的玻璃幕墙呈曲面状，向下倾斜，非常有趣。沙里宁之前的肯尼迪国际机场候机大楼由于采用完全的有机形式，存在比较难与周

(a) 建筑外观　　　　　　　　　　　　(b) 候机厅内部

图 5.47　肯尼迪国际机场候机大楼

边建筑协调的问题，而杜勒斯国际机场候机大楼则改变了手法。整个建筑基本是长方形的，比较理性与工整，而在具体细节上则采用有机形式，从而使有机形态和理性考虑合一，达到了互相补充与协调的结果。

图 5.48　杜勒斯国际机场候机大楼

5.3 国际主义运动中的大师和他们的建筑思想发展

5.3.1　格罗皮乌斯在国际主义时期的建筑

格罗皮乌斯在 1937 年移民美国，1938 年任哈佛大学建筑系教授、主任，并参与创办该校的设计研究院。通过这个美国最高学府，格罗皮乌斯继续他的设计改革试验，在美国促进和推动现代建筑思想与理论，掀起了国际主义风格运动。并且，他以包豪斯的整套体系与方法改造了美国陈旧的、学院式的建筑教学体系，使之达到当时世界最高、最新的水平，培养出一大批杰出的现代主义建筑家。

第二次世界大战后，他的建筑理论和实践为各国建筑学界所推崇。在建筑设计原则和方法上，格罗皮乌斯在去美国前比较明显地将功能因素和经济因素放在最重要的位置上。他曾说过："在1912到1914年间，我设计了我最早的两座重要建筑：阿尔费尔德的法古斯工厂和科隆展览会的办公楼，两者都清楚地表明重点放在功能上面，这正是新建筑的特点。"然而，1937年他到美国后，公开声明："我的观点时常被说成是合理化和机械化的顶峰。这是对我的工作的错误的描绘。"格罗皮乌斯辩解说，他并不是只重视物质的需要，相反，他从来没有忽视建筑要满足人的精神要求。他说："许多人把合理化的主张看成是新建筑的突出特点，其实它仅仅起到净化作用。事情的另一面，即人们灵魂上的满足，是和物质的满足同样重要。"一个人的观点总是反映着时代和环境的烙印。从根本上说，作为一个建筑师，格罗皮乌斯从不轻视建筑的艺术性。他之所以在1910至20年代末之间比较强调功能、技术和经济因素，主要是因为德国工业的发展和德国战后经济条件与实际的需要。而1937年到美国后，格罗皮乌斯就已经开始对这种理性主义、功能主义进行了充实与提高。所谓"理性主义"，是指形成于两次世界大战之间的以格罗皮乌斯和他的包豪斯学派为代表的欧洲的"现代建筑"。它因讲究功能而又有"功能主义"之称。理性主义建筑最外在的特征是，不论在何处均以一色的方盒子、平屋顶、白粉墙、横向长窗的形式出现，而又被称为"国际式"。对"理性主义"进行充实与提高的倾向是战后现代建筑运动中最普通与最多数的一种。以设计方法来说是属于"重理"的。它言不惊人，貌不出众，故常被忽视，甚至还不被列入史册。然而，它有不少作品却毫无疑义地被认为是创造性地解决了实际需要的。

格罗皮乌斯曾提出过："新建筑正在从消极阶段过渡到积极阶段，正在寻求不仅通过摒弃什么、排除什么，而是更要通过孕育什么、发明什么来展开活动。要有独创的想象和幻想，要日益完善地运用新技术的手段、运用空间效果的协调性和运用功能上的合理性。以此为基础，或更恰当地说，以此作为骨骼来创造一种新的美，以便给众所期待的艺术复兴增添光彩。"

1937—1940年间，格罗皮乌斯为自己设计了位于马萨诸塞州的住宅。如图5.49所示，这个建筑采用了现代主义的基本形式，同时为了与环境适应，也应用了部分新英格兰地区传统建筑符号，包括白漆木墙、垒石基础等，是他开始在新环境中将现代主义与地方传统进行结合的最早实例。

图5.49 格罗皮乌斯的住宅

1949 年，格罗皮乌斯与 TAC 事务所设计的哈佛大学研究生中心（Harvard Graduate Center）是他后期的一个重要作品。如图 5.50 所示，哈佛大学研究生中心由 7 座宿舍用房和 1 座公共活动楼组成，按功能分区、结合地形而布局。建筑用长廊和天桥联系，形成了几个既开放又分隔的院子，空间环境变化丰富。公共活动楼是建筑群的核心，外观呈弧形，底层架空，二层是大面积的玻璃窗，墙面采用石灰石板贴面。面向院子的弧形墙面，既使它显得有些欢迎感，同时也与受地形限制的梯形院落在形式上更相宜。整个建筑群高低错落、虚实交映、尺度恰当，建筑造型简洁、大方，处处表现出独具匠心的精确与细致。

(a) 总平面图   (b) 宿舍外观

(c) 建筑细部   (d) 公共活动楼外观

图 5.50　哈佛大学研究生中心

格罗皮乌斯对于现代建筑具有非常重要的影响，是现代建筑派的奠基者与领导者。对于建筑界与设计界而言，他主要是一个开拓者、思想家和教育家，然后才是建筑家。他通过自己的理想主义立场，从教育着手，奠定了现代建筑系统的基础，这是他对世界最大的贡献。

5.3.2　密斯·凡·德罗在国际主义时期的建筑

由于战争的原因，密斯·凡·德罗在 1937 年移民美国。1938 年担任芝加哥阿莫学院建筑学院领导，这个学院在 1940 年与刘易斯大学合并成为著名的伊利诺理工学院。与格罗皮乌斯一样，他通过教育和建筑设计同时影响美国与世界建筑，在战后奠定了国际主义风格的基础，并使之发扬光大。

1947—1958 年是密斯的影响达到顶峰的时期，他设计的国际主义风格建筑完整地体现了他的设计思想，并影响到世界建筑的发展。这个阶段首先以1948—1951年兴建的芝加哥湖滨路的公寓姐妹楼(Lake Shore Drive Apts)开始，这也是密斯第一次真正实现全玻璃外墙的高层建筑。如图5.51所示，在湖滨路的这块地段上，密斯布置了两座长方形平面的大楼，它们相互之间成曲尺状相连。大楼的结构由框架组成，其目的是尽可能明显地表现结构的特性。支柱与横梁组成了立面构图的基调，在窗棂和支柱的外面还焊接了工字形钢。这种做法，不仅有加固窗棂的作用，而且还取得了美学的效果，加强了建筑物的垂直形象。在以后的许多建筑中，他不断地应用这一手法，成为将技术手段升华为建筑艺术的重要象征。

(a) 建筑鸟瞰   (b) 底层入口   (c) 建筑细部

图5.51 芝加哥湖滨路的公寓

湖滨公寓建成后，曾在美国产生了很大影响。在湖滨公寓中，形式的纯净与完善已经成为最高法则，任何其他元素都得从属于它。从湖滨公寓上也可看到一种有趣的共生现象，那就是建筑艺术创作与建筑工业化之间取得了平衡。建筑师不仅要解决使用功能问题，而且还要使建筑有相当的质量，这种质量就是人们通称的建筑艺术表现。

真正引起世界轰动、成为国际主义里程碑式的建筑是他在1956—1958年设计的纽约西格拉姆大厦。作为新时代的技术纪念碑，为现代都市摩天楼的商业形象和资本主义权利的表征建立了最重要的范本。如图5.52所示，这个建筑是黑色长方形玻璃盒子，大楼的前面是宽敞的广场，在高楼林立、拥挤不堪的纽约旧城区中确有令人舒畅的感觉。大厦是个简单的方柱体，38层，高158m。外部钢铁构架全部清一色垂直到底，为了加强亚光黑色的质感，他在外部金属结构上运用了黑色的青铜，因此价格高昂无比。为了取得整齐划一的外部形式感，密斯将垂直升降的窗帘设计了仅仅三种开合位置：完全打开、完全关闭，或者一半开合。建筑的细部处理严谨考究，大厦的铜窗框、粉红灰色的玻璃幕墙以及施工上的精细，使它在建成后的十多年时间里，一直被誉为纽约最考究的大楼。它的造型体现了密斯在1919年就曾预言的："我发现……玻璃建筑最重要的在于反射，不像普通建筑那样在于光与影。"密斯的形式规整和晶莹的玻璃幕墙摩天楼在此达到顶点。他以一种精密的建筑美学与工业技术的最佳利用的高度结合，创造了特有的建筑文化。随着战后美国资本与技术的渗透与传播，各种基于标准化体系建造、框架与幕墙结合的、简洁与光亮的现代建筑在各个国家与地区传播，成为国际主义风格。

(a) 建筑外观

(b) 底层细部

图 5.52　纽约西格拉姆大厦

　　密斯在这个时期最为突出的住宅设计是范斯沃斯住宅（Farnsworth House，1945—1951 年），如图 5.53 所示。它是一个结构构件精简到极致的全玻璃的方盒子，地板架空，从地面抬高约 1.5m，这是为了预防雨水的倒灌。住宅与自然景观的结合处理得极其协调。住宅北面是平缓的草地，南面是树木茂盛的河岸，门廊设在住宅的西边，宽一个开间。整个住宅除了地面平台、屋面、8 根结构钢柱和室内当中一段服务性用房为实，其余皆虚。

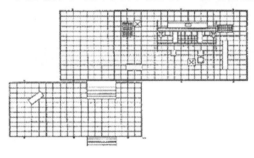

(a) 平面图

(b) 建筑外观

(c) 平台细部

图 5.53　范斯沃斯住宅

在住宅里可以从各个角度坐视外部景观的变化。它可以说是密斯具有浪漫主义意识的代表作，体现了密斯建筑的非物质化，并表达了固定的、超感官的秩序。范斯沃斯住宅的纯净与精美是无可挑剔的，与其说它是一座别墅，不如说它更像一座亭阁。它获得了美学上的价值，却没有满足居住的私密性需求。密斯所追求的技术精美，也与物质功能产生了许多矛盾。但这并没有妨碍它被广泛地认为是现代建筑的典范之一。同时，范斯沃斯住宅也标志着密斯后期设计的转折点——全神贯注于结构形式。

1950—1956年，密斯设计了伊利诺理工学院克朗楼（Crown Hall）。如图5.54所示，建筑基底为一个面积为120m×220m的长方形，上层内部是一个没有柱子的大通间，四周除了几根钢结构支柱外，全是玻璃外墙。内部包括绘图室、图书室、展览与办公等空间，这些不同的部分都是采用活动木隔板进行划分，表达了"全面空间"（Total Space）的新概念，是流动空间手法的发展。"全面空间"是采用静止的统一空间的构思，体现了密斯以"不变应万变"的理性主义思想。这种能适应功能变化的空间，对于某些公共建筑与工业建筑是有其优越性的。在这座建筑上，密斯还努力表现结构，使它升华为建筑艺术的新语言。他说，"结构体系是建筑的基本要素，它的工艺比个人天才，比房屋的功能更能决定建筑的形式"；"当技术实现了它的真正使命，这就升华为建筑艺术"。在这座建筑中，密斯为了获得空间的一体性，取消了顶棚上的横梁，改而在屋顶上架设4根大梁，用以悬吊屋面。在"少就是多"的思想指导下，克朗楼的造型表现出与密斯所有作品共有的逻辑明晰性以及细部与比例的完美。黑色钢框架与透明玻璃组成的建筑外观显得清秀、纯净。

(a) 建筑外观　　　　　　　　　　　　　　(b) 入口细部

图5.54　伊利诺理工学院克朗楼

20世纪60年代以后，密斯将自己的设计形式提高到精益求精的高度，设计了一系列高度典型化的国际主义风格建筑，比较重要的有1964年设计的芝加哥美国联邦政府大楼；1967年设计的华盛顿公共图书馆大楼（图5.55）；1968年设计的西柏林国家美术馆新馆（图5.56和图5.57）。西柏林国家美术馆新馆，更是将国际主义风格发展到极致：空旷、单一，仅仅是一个大屋顶下的巨大方空间而已，钢铁构架和巨大的玻璃幕墙，简单到无以复加的地步，是当时世界建筑界顶礼膜拜的"圣殿"。

密斯是20世纪70年代"后现代主义"兴起时被猛烈攻击的主要对象。后现代主义者批判他改变了世界多元化的面貌，把全世界的城市变成单调、刻板、无个性的钢铁与玻璃森林。但是，必须明确的是，密斯的设计和国际主义风格是工业化时代的必然产物。他代表的是他的时代，集中表现了工业化的特征。任何拿后工业化的价值和审美标准来批判他

图 5.55　华盛顿公共图书馆

图 5.56　西柏林国家美术馆新馆

图 5.57　西柏林国家美术馆新馆内部空间

的方式，与拿工业化的价值和审美标准来批判古罗马风格一样，都是毫无意义的。美国著名社会学家芒福德(L. Mumford)说："密斯·凡·德罗利用钢与玻璃的条件创造了优美而虚无的纪念碑……他个人的高雅癖好给这些中空的玻璃盒子以水晶似的纯净的形式……但同基地、气候、保温、功能或内部活动毫无关系。"这个评论可以说是恰当的。

5.3.3 勒·柯布西耶在第二次世界大战后的建筑

勒·柯布西耶是少数几个在第二次世界大战期间依然留在欧洲的现代主义建筑家之一。他留在了欧洲战区的法国，亲身经历了战争的残酷，无所逃避，又无法解释，过去的乐观信念被现实击碎。战前，他大力颂扬理性，战后他的思想倾向天命、神秘和原始宗教观，理性减退，非理性成分膨胀，这不可避免地表现在建筑作品中。

第二次世界大战后，他的建筑风格有了明显变化，其特征表现在对自由的有机形式的探索和对材料的表现，尤其喜欢表现脱模后不加装修的清水钢筋混凝土，这种风格后来被命名为"粗野主义"。建于1946—1952年的法国马赛公寓大楼（United Habitation, Marseille）是这种风格的作品之一。它是为缓解第二次世界大战后欧洲房屋紧缺的状况而设计的新型密集型住宅，充分地体现了勒·柯布西耶战前要把住宅群和城市联合在一起的想法。

这座公寓大楼可容337户，共1600人左右，采用钢筋混凝土结构。如图5.58所示，建筑长165m，宽24m，高56m。地面层开敞，其上共有17层，其中1～6层和9～17层是居住层，共有23种户型，大小不一。建筑内部平面布置采用复式布局，这是他最早的创造性尝试。建筑每3层设1条公共走道，交通面积较小。大楼的7～8层为商店与公共设施，17层及屋顶平台设幼儿园、托儿所等。屋顶平台上还有体育休闲设施以及供成人

(a) 建筑外观   (b) 室内场景

(c) 底层支柱   (d) 建筑细部   (e) 屋顶泳池

图5.58 法国马赛公寓大楼

使用的健身房、电影厅等，满足了住户日常生活的基本需要。大楼的外表采用粗糙的混凝土，把它最毛糙的方面暴露出来，在窗格的内侧面还涂有不同的鲜艳色彩。整个建筑好像一个巨大而雄厚的雕塑品，造型夸张地表现着钢筋混凝土材料的构成、重量与可塑性，表现出粗犷、原始、敦厚的艺术效果。

20世纪50年代之后，柯布西耶有两个新的设计发展方向：一是朝宗教建筑表现主义发展；二是在印度发展针对第三世界国家的低造价建筑与城市。

20世纪50年代初，柯布西耶的惊世之作——朗香教堂（Chapel of Notre-Dame-du-Haut，1950—1954年）问世，一举推翻了他在20年代与30年代时极力主张的理性主义原则和简单的几何形体，其带有表现主义的形体震动了当时整个建筑界，成为最有力的代表作。

如图5.59所示，朗香教堂的形体由粗粝敦实的体块组成，混混沌沌，像山石般屹立在群山之中，不像近现代建筑，也不像中世纪的教堂，而像原始社会的某个巨石建筑，存留至今。教堂的平面很奇特，所有墙体都是弯曲的，有一面还是斜的，表面是粗糙的混凝土，墙面上开着大大小小的窗洞，这些可能吸取了抽象雕塑艺术的构思。教堂的屋顶相对比较突出，采用钢筋混凝土板构成，端部向上弯曲，好像把船底放在墙体上。整个屋面自东向西倾斜，西头有一个伸出的混凝土管，让雨水排出后落到地上的一个水池里。在建筑的最端部有一个突起的塔状半圆柱体，既使体形增加变化，又象征着传统教堂的钟塔。教堂造型的怪异，根据柯布西耶自己的解释是有一定道理的，他认为这种造型象征着耳朵，

(a) 建筑外观(1)

(b) 建筑外观(2)

(c) 教堂内部(1)

(d) 教堂内部(2)

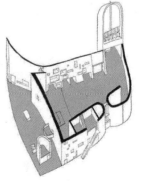
(e) 剖视图

图 5.59　朗香教堂

以便让上帝可以倾听到信徒的祈祷。这表明柯布西耶在设计这座建筑时已应用了象征主义的手法，同时也表现了抽象雕塑的形式和粗野主义的风格。朗香教堂，不仅意味着柯布西耶本人创作思想的转变，而且也是20世纪50年代以后现代建筑走向多元化和强调精神表现的一种信号。

　　柯布早期的作品几乎都是在法国境内的，1950年以后，他开始向海外发展，寻求大型项目。1951年，他受印度总理尼赫鲁之邀担任印度旁遮普省新省会城市昌迪加尔的设计顾问，为昌迪加尔做了城市规划，并设计了昌迪加尔行政中心建筑群（Government Center, Changdigarh，1951—1957年）。昌迪加尔位于喜马拉雅山下的干旱平原上，初期计划人口15万人，以后为50万人。规划方案采用棋盘式道路系统，城市划分为整齐的矩形街区。政府建筑群布置在城市的一侧，自成一区；主要的建筑有议会大厦、省长官邸、高等法院与行政大楼等，如图5.60和图5.61所示。前3座建筑大致呈"品"字形布局，行政大楼在议会大厦的后面。广场上车行道与人行道放置于不同标高，建筑主要入口面向广场，背面或侧面有日常使用的停车场和次要入口。为了降温，主要建筑物的前面都布置了大片的水池，建筑的方位都考虑了夏季的主导风向。可惜这些建筑之间的距离过大，无法形成亲切的环境。

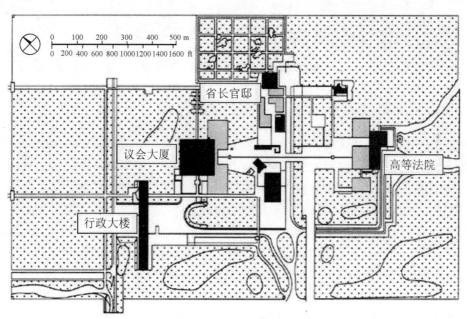

图5.60　昌迪加尔政府建筑群平面图

　　建筑群中最引人注目的建筑是高等法院（Palace of Justice，1956年）。如图5.62所示，整幢建筑外表是一个前后从底到顶为镂空格子形墙板的钢筋混凝土屋罩，由11个连续的拱壳组成，断面呈V形，前后略上翘。法院入口没门，只有3个直通到顶的高大柱墩，形成一个开敞的门廊，柱墩分别涂以红、黄、绿三种颜色，鲜明地突出了入口。主要立面上布满尺寸很大的遮阳板，法院外表是裸露着的混凝土，上面保留着模板的印痕和水迹。简单的立体几何形式组合与20世纪20年代荷兰"风格派"的作品形式接近，具有强烈的立体主义、构成主义色彩。

图 5.61 昌迪加尔政府议会大厦

(a) 建筑外观　　　　　　　(b)建筑细部(1)　　(c)建筑细部(2)

图 5.62 昌迪加尔高等法院

如果说战后的西方建筑风格可以笼统称为国际主义风格，或者说影响的中心人物是密斯·凡·德罗的话，那么在发展中国家影响力最大的却不是密斯和他的国际主义风格，而是勒·柯布西耶。原因是：①柯布西椰的建筑中的粗野主义成分与发展中国家的低建筑预算能够吻合，形成不少发展中国家的建筑师与政府官员对他的风格具有廉价和高品位双重特征的解读；②柯布西椰的设计思想中具有强烈的社会主义色彩，与发展中国家的社会情绪很容易沟通；③他的高度理性主义的城市规划思想很容易为发展中国家的官员所接受；④他的强烈的形式感对于青年建筑师而言具有更大的吸引力，比起精心雕琢的典雅主义、有机功能主义、高技派等，来得更加彻底和直率。

柯布西耶在战后非常活跃，他影响最大的地区应该算是拉丁美洲与印度。他亲自到这两个地区从事设计，对于这两个地区的年轻建筑师有着非常深刻的影响。在拉丁美洲国家，他影响了奥斯卡·尼迈耶和科斯塔，从而通过巴西首都巴西利亚的设计和规划体现了自己的全部建筑思想。印度受到柯布西耶的影响也非常大，这与这个战后摆脱英国殖民统治的第三世界国家的民族主义情绪和对于工业化的期望分不开，同时也因为这个国家资金缺乏，柯布西耶简单的结构提供了比较廉价的现代化建筑模式。

1965 年，勒·柯布西耶去世之后，研究他的设计思想的著作越来越多。虽然对于他的近乎乌托邦式的理性主义建筑和城市规划思想，理论界众说纷纭，但是对于他奠定的机器美学的基本原则和思想脉络，以及对现代城市规划理性的处理方式，基本都是肯定的。

他在钢筋混凝土的运用上达到淋漓尽致的水平，并且充分考虑低廉造价的问题。他的设计具有能够为第三世界国家使用的优点，这是密斯的建筑无法企及的。同时，柯布西耶在设计上讲究运用现代材料、现代技术手段表达具体建筑的精神内涵，现代主义建筑的基本语汇在他的手中具有功能和表现的双重作用，这是他与格罗皮乌斯最大的区别。他以丰富多变的建筑作品与充满激情的建筑哲学对现代建筑产生了广泛而深远的影响，始终走在了时代的前列。

5.3.4　赖特在第二次世界大战后的建筑

弗兰克·赖特在两次世界大战之间设计了不少重要建筑，包括流水别墅、约翰逊制蜡公司总部大楼等，这些作品使他成为美国最重要的建筑家之一。

第二次世界大战后，赖特提出了"美国风格"（Usonian）住宅建筑，并且设计和建造了样板房，是提供给美国中产阶级中等价格的、舒适的住房典范，是赖特对于现代建筑最重要的贡献之一。这种住宅建筑的构思是采用现代主义的简单几何形式，内部空间流动，没有任何装饰细节，具有部分国际主义风格的特征。但是内部采用壁炉、讲究郊外环境的这些特点，又是赖特自己发展出来的，可以说，这种"美国风格"是国际主义风格和美国中产阶级需求的结合。战后美国各地兴建的大量中产阶级住宅建筑基本都采用了他的"美国风格"住宅建筑的原则。

赖特在战后最重要的建筑是纽约古根海姆美术馆（Guggenheim Museum，1942—1959年）。如图 5.63 所示，美术馆坐落在纽约第五大道上，地段面积约 50m×70m。主楼是一个很大的白色钢筋混凝土螺旋形建筑，内部是一个高约 30m 的圆筒形空间，周围有盘旋而上的螺旋形坡道，美术作品就沿坡道陈列。参观者进门后可以先乘电梯至顶层，然后沿着螺旋坡道逐渐向下，直至参观完毕，又可回到底层大厅。这一奇特的构思也曾对后来某些展览馆的设计有过一定影响。大厅的光线主要来自上部的玻璃穹隆，此外沿坡道的外墙上有条形高窗供室内采光。螺旋形与中央贯通空间的结合是赖特的得意之笔。他说："在这里，建筑第一次表现为塑性的。一层流入另一层，代替了通常那种呆板的楼层重叠……处处可以看到构思与目的性的统一。"虽然有些评论指出这种螺旋形的设计与美术展览的要求冲突，"建筑压过了美术"，但这确是赖特利用钢筋混凝土材料的可塑性进行自由创作的最大胆的尝试，也成为赖特的纪念碑。

赖特的晚期作品具有一定的艺术表现特征，并不完全是国际主义风格的。他不喜欢重复自己的创作方法与手法，因而每个作品都有着十分强烈的个性与可识别性，充分表达了他的想象力和创作的诗意，成为国际主义运动时期一个非凡的特例。1953—1955 年他设计的普莱斯塔楼（Price Tower），如图 5.64 和图 5.65 所示，以水平向象征居住单元，以垂直向象征办公单元，利用水平线、垂直线与凸出的棱角体相互穿插与交错来体现了"千层摩天楼"的形象，具有充分的可识别性。

赖特的设计思想庞杂，但是却具有内在的统一性。1955—1957 年他出版了《美国建筑》（*An American Architecture*）和《自述》（*A Testament*）两本书，成为研究他的设计思想的第一手资料。他毕生都坚持采用现代材料和现代结构，在这方面，他是一个现代建筑

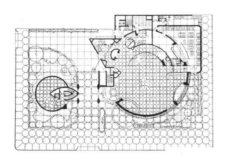

(a) 平面图

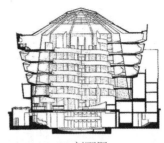

(b) 剖面图

(c) 建筑外观

(d) 室内场景

图 5.63　纽约古根海姆美术馆

图 5.64　普莱斯塔楼外观

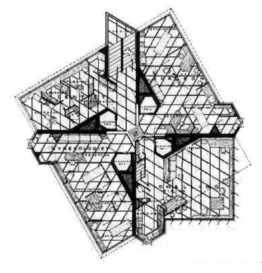

图 5.65　普莱斯塔楼平面

派。但是，他同时坚持采用各种具有装饰含义和形式的细节和结构，又使他与正统的现代建筑派不同。他对于现代工业材料和自然材料的配合运用很有经验，对于空间的自由运用、建筑与自然的和谐关系也有独到的地方，他的这些特征对于美国 20 世纪下半叶的住宅建筑具有相当的影响作用。他提出了"有机建筑"的原则，树立了崭新的建筑设计的切入点，而有异于现代主义的简单理性方式。他的建筑充满了个人特征，在反个人特征、求统一形象的国际主义风格时期是相当有积极意义的。正是如此，他在现代建筑中具有非常独特的地位。

5.3.5　阿尔瓦·阿尔托在第二次世界大战后的建筑

阿尔瓦·阿尔托在 20 世纪 20—30 年代的一系列建筑得到了世界建筑界的一致好评，特别是帕米欧结核病疗养院和维堡图书馆这两个作品，奠定了北欧现代主义建筑的基础。1933 年后，阿尔托的建筑作品开始带有明显的地区特点。40 年代初，阿尔托成为较早公开批判欧洲现代主义的人。他将现代主义建筑作了阶段的划分，认为第一阶段已经过去，新阶段的现代主义建筑应该克服早初期的片面性。他对初期的功能主义提出了补充与修正。他写道："在过去十年中，现代主义主要是从技术的角度讲功能，重点放在建筑的经济方面。给人提供遮蔽物很费钱，讲经济是必需的，这是第一步。但是建筑涵盖人的生活的所有方面，真正功能好的建筑应该主要从人性的角度看其功能如何。我们进一步看人的生活过程，技术只是一种工具手段，不是独立自为的东西。技术万能主义创造不出真正的建筑……不是要反对理性，在现代建筑的新阶段中，要把理性方法从技术的范围扩展到人性的、心理的领域中去。新阶段的现代主义建筑。肯定要解决人性和心理领域的问题。"对于他来说，建筑是为人设计的，而人是活生生的对象，刻板的、机械的、过于理性的建筑和设计都不能满足和符合人的全部需求。

除了要注重人性需求外，阿尔托还强调两点：一是非常注意建筑物与自然环境的契合。他提倡敬重自然而不是敬重机器。这个自然包括建筑所在地的气候、地形、河流湖泊、山峦、树木等。二是造型自由。他主张自由的建筑造型，反对任何限制、约束和现成的发式。他认为："任何形式上的约束，不管是根深蒂固的传统建筑样式，还是由于对新建筑误解而引出的表面上的标准样式，都妨碍建筑与人的生存的融合，从而降低建筑的意义与可能性……几乎所有的制度化都会破坏和扼杀生命的自主能力。"他在现代主义建筑奠定、发展的时期大胆从理性功能主义飞跃到非理性的有机形态，而同时还能够保持现代主义的民主主义、经济考量等基本原则，是非常难得的。

20 世纪 40 年代以后，阿尔托的设计在强调有机形式，采用传统、自然材料——木材与红砖等方面，为有机功能主义的发展奠定了坚实的基础。他的作品在建筑材料上，多采用柔和化与多样化的新材料与新结构，有时也使用传统材料；在建筑造型上，不局限于直线与直角，喜用曲线与波浪形；在空间布局上，主张有层次、有变化，强调人在进入的过程中逐步发现；在建筑体量上，强调人体尺度，化整为零。

芬兰珊纳特塞罗镇中心主楼(Saynatsalo Town Hall, 1950—1955 年)是他在这一时期的代表作。珊纳特塞罗镇中心由几幢商店楼、宿舍、一座主楼、附近的一座剧院和体育场组成，如图 5.66 所示。主楼包含镇长办公室、各部门办公室、会议室、图书馆与部分职工宿舍，全部采用非常简单的几何形式，具有现代主义的基本特点，但是使用了传统的坡屋顶和传统的材料——木头、红砖、黄铜等，既有现代主义的形式，又有传统文化的特色，是将现代功能与传统审美相结合的典例。

美国麻省理工学院学生宿舍"贝克大楼"也是阿尔托在战后的著名作品。如图 5.67

(a) 总平面图　　　　(b) 廊道景观　　　　(c) 建筑庭院

(d) 院落入口　　　　(e) 建筑外观　　　　(f) 室内场景

图 5.66　珊纳特塞罗镇中心主楼

所示，整座建筑平面呈波浪形，目的是在有限的地段内使每个房间都能看到查尔斯河的景色。这种手法的思路是和他早期的作品一脉相承的。7 层大楼的外表全部采用红砖砌筑，背面粗犷的折线轮廓和正面流畅的曲线形成强烈对比，在立面上打破了传统现代主义刻板的简单几何形式，波浪形外观形成的动态多少减轻了庞大建筑体积的沉重感，这对于后来的现代建筑产生了很大的影响。

(a) 建筑沿查尔斯河外观　　　　　　　　(b) 建筑外观

图 5.67　麻省理工学院的"贝克大楼"

1953—1976 年，是阿尔托创作的晚期。这一时期，他的建筑作品空间变化丰富，外形构图具有强烈的视觉冲击力，别具一格，却绝非怪诞。卡雷住宅（Maison Carre，1956—1959 年，图 5.68）、沃尔夫斯堡文化中心（Wolfsburg Culture Center，1959—1962 年，图 5.69），都是他在此时期的代表作品。1960—1964 年建造的芬兰欧塔尼米技术学院的一组建筑，最高大的部分是大阶梯讲堂，如图5.70所示。平面呈扇形，两道边墙呈直角三角形，尖角直刺天空，形体独特而有冲击力，但这形体与内部的梯级座位、听众视线、音学效果等完全吻合，绝非耍怪之作。

图 5.68　卡雷住宅

图 5.69　沃尔夫斯堡文化中心

图 5.70　芬兰欧塔尼米技术学院大阶梯讲堂

阿尔托是现代建筑的奠基人之一，也是第一个突破现代主义的刻板模式，走出自己道路的大师。特别是在战后时期，他能够在国际主义风格泛滥的时候，依然保持自我的立场，走有机功能主义道路，广泛在形式和材料上体现地域与民族特色，从而创造出大量深受国民喜爱的建筑，这不仅是难能可贵的，而且在目前也具有非常积极和重要的启示作用。阿尔托是一个温文尔雅的人，过着平静的生活。他的建筑作品反映着他的为人，简朴中有丰富，冷静中有温暖，运用技术时有感情，理性而富有诗意。20世纪后期，美国著名建筑师文丘里对先前的现代建筑代表人物多有批判，唯独给予阿尔托很高的评价，他写道："在现代建筑大师中，对我来说，阿尔托最有价值。"

5.4 二代建筑师和他们的建筑

5.4.1 路易斯·康的建筑

路易斯·康(Louis Kahn)是国际主义风格最重要的大师之一，是一个将国际主义风格理性化的人物，也是对现代主义最具有执着立场的一个建筑师，有着类似于勒·柯布西耶的理想主义色彩。

路易斯·康1901年2月20日出生于爱沙尼亚的萨拉马岛，1905年随父母移居美国费城，1924年毕业于费城宾夕法尼亚大学。宾夕法尼亚大学建筑学院在体系上维持着欧洲学院派传统，教学上强调古典建筑形式，因而，康在学习过程中受到了学院派非常深刻的影响。

1924年，康毕业后到欧洲旅游，学习和领会欧洲经典建筑的精神与风格，同时也了解到当时正在兴起的现代主义建筑运动，对柯布西耶的设计思想和城市规划思想感到非常震动。1935年，康在费城开业，开始了自己的建筑设计生涯。1941—1944年先后与 G. 豪和斯托诺洛夫合作从事建筑设计。康于1947年成为宾夕法尼亚州立大学建筑学院的教员，开始从事建筑的教学与研究，重点是如何在现代建筑中发展出具有形式个性化的新风格。1950年，他得到去意大利进修的机会，使他对于地中海地区古典建筑有了更加深刻的认识。他对于美国当时开始流行的国际主义风格不以为然，希望通过自己的诠释来改变这种刻板的面貌。

1952—1954年，康设计了耶鲁大学美术馆，如图5.71所示，明显地体现出与国际主义风格不同的现代建筑立场。

图 5.71　耶鲁大学美术馆

1957年，康成为宾夕法尼亚大学建筑学院的教授，开始了建筑思想与建筑设计发展的十年全盛时期。1960—1965年设计的宾夕法尼亚大学理查德医学研究中心是他的代表作品，如图5.72～图5.74所示。这个建筑把内部空间划分成主要使用空间和附属的服务性设备空间两个部分。其中，服务性空间包括楼梯、电梯、出入口通道、通风管道等，他把这些结构内容全部集中在建筑的四个塔中，在突出实际使用空间的功能的同时，也清楚地分划了两种功能区域。他认为建筑应该包括"服务性空间"和"被服务性空间"，把不同用途的空间性质进行解析、组合、体现秩序，突破了学院派建筑设计从轴线、空间序列和透视效果入手的陈规，对建筑师的创作灵感是一种激励、启迪。

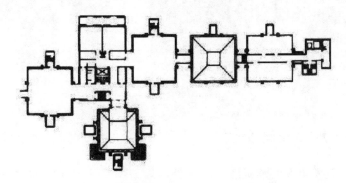

图 5.72　理查德医学研究中心平面图

图 5.73　理查德医学研究中心外观

图 5.74　理查德医学研究中心构造细节

　　路易斯·康发展了建筑设计中的哲学概念，认为盲目崇拜技术和程式化设计会使建筑缺乏立面特征，主张每个建筑题目必须有特殊的约束性。他的作品坚实厚重，不表露结构功能，开创了新的流派。他在设计中成功地运用了光线的变化，是建筑设计中光影运用的开拓者。他最重要的作品是20世纪60—70年代设计的一系列公共建筑，包括1959—1965年设计的位于加利福尼亚州拉霍亚的索克大学研究所、耶鲁大学英国艺术博物馆、孟加拉国达卡国民议会厅、艾哈迈德巴德的印度管理学院等。

　　索克大学研究所，如图 5.75 所示，是由数个基本单元体量隔着中央广场，左右对峙而成。各个基本单元的塔楼在朝外的一面，完全呈现一种封闭的保守样式，然而，在面临广场的后面的部分，却有精雕细刻的木板窗户，显得高雅华贵，如图 5.76 所示。整个建筑物笼罩着一种修道院般的肃穆气息，可以感受到康在设计中超越机能性和控制空间的才华。

图 5.75　索克大学研究所

图 5.76　索克大学研究所细部

　　印度管理学院建筑群及其建筑细部，如图 5.77～图 5.79 所示，以图书馆为中心，在那里红砖墙开口穿透进内墙，阴影隔绝了火热的太阳。从这些矮拱券造成的深窄洞中，表现出石造建筑厚重而有力的感觉。中庭的形式和空间、支柱的体量、圆洞及螺旋形楼梯等相辅相成、相得益彰。建筑造型虽然简单，但却形成一个错综复杂的环境。

图 5.77　印度管理学院建筑群

图 5.78　印度管理学院建筑细部(1)

图 5.79　印度管理学院建筑细部(2)

孟加拉国达卡国民议会大厦，如图 5.80 和图 5.81 所示，是孟加拉国议会所有活动举办地，也是世界上最大的立法机构办公大厦之一。它由 9 座单独的大厦连成一个整体，其中 8 个外围建筑高 110m，内部一个八角形建筑高 155m。这 9 个建筑内部都有不同的功能区，但又通过走廊、电梯、楼梯、灯光等连成一体，成为一座完整的建筑。康将相对简单的几何语言、圆形、三角形、正方形等直观的"柏拉图图形"融入国民议会厅，通过自然光对这些几何形体进行精细的雕琢之后，呈现出一种别样的美。在这里，康着力表现墙体围合的空间作用，把它处理成一片片互不相连的样子——在墙角处断开，以此来强调体积效果。

图 5.80　孟加拉国达卡国民议会大厦外观　　　　图 5.81　孟加拉国达卡国民议会大厦细部

路易斯·康被誉为建筑界的诗哲，大器晚成的他五十多岁时才真正成为一代宗师。他的建筑作品通常是在质朴中呈现出永恒和典雅。他的作品阐述了建筑应该怎样在反映人类对本质的思考过程中创造奇迹。他在建筑创作中善于把握光明与阴影的作用，启发着人们对存在和哲理的思考。正如柯布西耶在《走向新建筑》中所说："建筑是量体在阳光下精巧、正确、壮丽的一幕戏。"光也是康的建筑思想的焦点，他认为建筑是呈现光的艺术的舞台。通过对他的建筑思想的理解，我们可以感知建筑学的真谛——对超越物质与技术而存在的人类的梦想的表达。

路易斯·康的著作有《建筑是富于空间想象的创造》《建筑：寂静和光线》《人与建筑的和谐》等。近年来，相当多的建筑评论家认为，路易斯·康是一位在现代建筑的演变中居关键地位，因而为后现代主义的出现提供重要启迪的学者。他是一位承前启后的人物，是一个理论、实践皆极为出色的人物。他的理论，既有德国古典哲学和浪漫主义哲学的根基，又糅以现代主义的建筑观、东方文化的哲学思想，乃至中国老庄学说。在建筑理论方面，他的言论常常如诗的语言一般晦涩、艰深、令人费解；然而也确如诗句一般，充满着隐喻的力量。他的实践，似乎为这些诗句般的理论做了注解；而他的理论，似乎又为他的实践泼撒上一层又一层神秘的色彩。在他设计的巅峰状态，作品遍及北美大陆、南亚和中东，他的弟子成为今天美国，以至其他国家建筑界、建筑教育界的中坚，而他的建筑思想，更是风靡了一代又一代。

5.4.2　奥斯卡·尼迈耶的建筑

奥斯卡·尼迈耶(Oscar Niemeyer)是巴西最重要的现代建筑师，拉丁美洲现代主义建筑的倡导者。1907年12月15日出生于里约热内卢，1934年毕业于里约热内卢国立美术学院建筑系。1932年起在L. 科斯塔的建筑事务所工作。跟随着这位在巴西被视作现代建筑先驱的大师工作，他学习到了现代建筑的思想与实践，很快形成了自己对建筑的看法。1936—1937年，他参加了巴西教育卫生部大厦的设计，并继科斯塔之后担任设计组负责人，法国建筑师勒·柯布西耶担任这个工程的顾问。在柯布西耶的主持下，建筑进展很顺利，完成之后被认为是巴西第一座重要的现代建筑，如图5.82所示。通过巴西教育卫生部大厦的设计，柯布西耶将欧洲最先进的现代建筑思想传入拉丁美洲，从而影响了拉丁美洲现代建筑的发展。柯布西耶的机械理性主义的规划原则、现代主义立场、乌托邦式的城市规划思想深深影响了尼迈耶。

1937年尼迈耶在里约热内卢开设了自己的建筑师事务所，1939年与科斯塔合作设计了纽约世界博览会的巴西馆。在这个项目中，他继续体现出柯布对他的深刻影响。1947年代表巴西参加了纽约联合国总部大厦的10人规划小组的工作，设计了联合国大厦的秘书处大楼，这个建筑具有非常典型的国际主义风格特征，证明尼迈耶已经全面掌握了现代建筑的语汇。

1957年，尼迈耶成为巴西的建筑部长，并承担了新首都巴西利亚的许多重要建筑设计，如三权广场四周的建筑群、1957年的巴西利亚总统官邸(图5.83)、1958年的巴西利亚议会大厦、巴西利亚最高法院(图5.84和图5.85)、巴西利亚国家剧院、1960年的巴西利亚大学、1962年的巴西利亚外交部大厦(图5.86)、1963年的巴西利亚司法部大厦(图5.87)、1968年的巴西利亚陆军司令部大楼(图5.88)、1965年的巴西利亚机场、1970年的巴西利亚大教堂等，达到其事业的顶峰。

图5.82　巴西教育卫生部大厦

图5.83　巴西利亚总统官邸

图5.84　巴西利亚最高法院　　　　　图5.85　巴西利亚最高法院前雕塑

图5.86　巴西利亚外交部大厦

图5.87　巴西利亚司法部大厦

　　巴西利亚的规划是现代城市规划运动的巅峰，也是一个转折点。参与规划的包括卢西奥·科斯塔及景观设计师罗伯特·布雷·马克斯等。城市布局骨架由东西向和南北向两条功能迥异的轴线相交构成，从空中鸟瞰就像一架巨大的喷气式飞机，如图5.89和图5.90所示。"机头"为三权广场，建有总统府、最高法院和议会大厦等象征国家权力的建筑；"机身"为一条长8000m、宽250m的大道；其他公共建筑和居住区向两边延展形成"机

图 5.88　巴西利亚陆军司令部大楼

翼"。主轴线东端是三权广场，平面基本呈三角形，议会大厦、最高法院和总统府鼎足而立；在布局构图上、建筑空间上都是视线集中的地方。主轴线西段主要布置市政机关，西端是城市的铁路客运站。南北向轴线呈弧形的翼状，两翼各长约 5000m，有一条主干道贯穿其间，与公路连接。主干道两旁布置着长方形的居住街区。每一街区内有高层、多层的公寓以及商店等设施，布置格式基本统一。城市两条主轴线的交汇处，有一座 4 层的大平台，在不同层次上形成立体交叉道口，以疏导各个方向的交通。在这里设立全市的商业中心、文化娱乐中心，公共客运也大多在这里转站换乘。稍往西有体育场。东西轴线的南北两片地段分设动物园和植物园。城市的北、东、南三面有人工湖围绕，人工湖附近散布着若干片独户住宅区。城市有少数小型工厂，布置在火车站的一侧。巴西利亚的规划设计构思新颖，反映了现代城市规划研究的一些成果。宏伟的设计就像电影中复古的未来场景，飞碟形的穹顶，四方形的水池边伫立着政府大楼，优雅的曲线和块状的办公楼部署在宽阔的不可思议的大道两边，而当地充满野性的植物则被精心修剪平齐，以适应规整的线条和巨大空旷的空间。然而，巴西利亚的规划在宏观上产生美，但其规划尺度却极其不符合人居与步行的习惯。批评者认为它过分追求形式，对经济、文化和历史传统考虑不足，未能妥善解决低收入阶层的就业和居住等问题。建成以后，巴西利亚出现了两个世界：一个是政府机关和大企业所在的纪念碑式的城市；另一个是边缘自发形成的贫民区，它的居民为

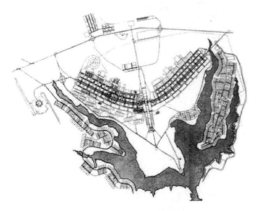

图 5.89　巴西利亚的总体规划

图 5.90　巴西利亚航拍图

"光辉"的高层城市提供服务。即便如此，巴西利亚的建筑也吸引了国际的关注。1987年它被联合国教科文组织宣布为世界文化遗产。

巴西利亚的三权广场(Square of the Three Powers)，如图5.91和图5.92所示，是一座露天广场，广场周围的建筑代表国家三种权力：总统府、议会和联邦最高法院，被称为巴西的神经中枢。建于1958—1960年的议会大厦(National Congress Building，Brasilia)，如图5.93所示，由参议院、众议院会议大厅和办公楼三部分组成。参、众两院的会议厅是一个长240m、宽80m的扁平体，上面并置着一仰一覆的两个碗形体。右侧上仰的较大的"碗"是众议院会议厅，象征着众议院的"民主"和"广纳民意"，这个开口向上的"碗"又给人一种即将腾飞的感觉，似乎表明众议院正在把巴西推向美好的未来。左侧下覆的稍小的"碗"是参议院会议厅，象征着参议院的"集中民意"与统帅功能。代表众、参两院的巨"碗"形式一仰一覆，与两者不同的功能相对应；一大一小，又与参议院和众议院的人数相对应；水平、垂直的体形对比强烈，构图新颖醒目。两只巨"碗"下侧的扁平体除了充当两院会议大厅外，还包括餐厅、商店、车库等附属建筑。会议厅的后面是两座28层高的管理办公大楼。为了加强垂直感，这两座办公大楼设计成双子楼形式，两楼中间的第11~13层有一条廊道相连，从而在整体上呈现出"H"形。"H"是葡萄牙文"人"(Homen)的第一个字母，这两幢办公大楼就象征着联邦议院"一切为了人"的立法宗旨。办公楼周边有水池环绕，使得议会大厦的各部分外观显得更加线条优美、轻盈飘逸。

图5.91　三权广场鸟瞰

图5.92　三权广场

图5.93　议会大厦

巴西利亚大教堂（1959—1970 年），是尼迈耶设计的一座超现代化的建筑佳作，如图 5.94 所示。这是一座造型奇特的伞形教堂，既像罗马教皇的圆形帽，又似印第安人的茅屋。这座教堂与传统的欧洲教堂迥然不同。它没有通常的高尖屋顶，16 根抛物线状的支柱支撑起教堂的穹顶，支柱间用大块的彩色玻璃相接，远远望去如同皇冠，如图 5.95 所示。而教堂主体则坐落在地下，人们通过通道进出。

图 5.94　巴西利亚大教堂

图 5.95　大教堂内景

尼迈耶在 1960—1970 年还到法国、意大利、阿尔及利亚等地设计了一些建筑物，如 1966 年的法国共产党总部、1968 年的米兰蒙达多利出版社大楼等，均带有曲线和曲面的量体，充分表达出他所追求的表现性及雕塑性的手法。

从以上作品可以看出，尼迈耶受到勒·柯布西耶的影响是显而易见的，但他又增加了表现主义和巴洛克的因素。尼迈耶重视体形的表现，尤其爱用"自由的和有感情的曲线"。他的作品既有现代主义建筑的形象特征，又有强烈的个人风格。他说："我总是被曲线的形式所吸引，无拘无束的世俗的曲线激发了用新技术去实现它的潜力，但目前还只是偶然在庄严地旧式巴洛克教堂中才能见到。""我特意忽视那些正确的方方正正的建筑，忽视那些用尺规设计的理性主义，而是去拥抱曲线的世界……对理性主义采取这样不合作的态度是因为我所居住的环境，那些白色的海滩，巍峨的群山，古老的巴洛克教堂和那些古铜色皮肤的漂亮女人。"这句话是他最著名的一句，不仅描述了他的作品，也描述了他的一生。

奥斯卡·尼迈耶被视为拉丁美洲现代主义建筑的倡导者，受到世界各界的关注和尊敬。在 104 年的生命中，他为世界留下了 600 多座建筑作品。他的建筑设计将艺术的美妙和建筑结构逻辑完美结合，构造丰富多样，为人称道。用他自己的话说："关于我所设计的作品，用两个词就可以简单地描述，那就是'当下'和'未来'，我在创造它的时候充满了勇气和理想主义。"

5.4.3　贝聿铭的建筑

贝聿铭（I·M·Pei）是现代建筑最重要的大师之一，也是比较少有的一直坚持现代主义建筑原则，避免使用任何历史装饰的建筑师之一。他直接受到第一代现代主义建筑大师的影响，与阿尔托、密斯、菲利普·约翰逊、柯布西耶等都有着密切的私人关系。而且，他的中国传统文化背景使他对于西方建筑的精髓和问题更加敏锐。他自始坚持现代主义的道路，致力于对现代主义建筑的完善、提高，而不屈从于时尚的潮流。比如，他从不去参加后现代主义的热闹，也从不对解构主义感兴趣，几十年如一日地坚持自己的原则，因此，在西方和国际建筑界具有很崇高的地位。

贝聿铭 1917 年 4 月 26 日生于广州，为苏州望族之后，在狮子林里度过了童年的一段时光。1935 年，贝聿铭远赴美国留学，先后在宾夕法尼亚大学、麻省理工学院和哈佛大学学习建筑。他在哈佛大学期间的老师就是格罗皮乌斯和马歇·布劳耶。通过他们，贝聿铭对于现代主义建筑有了深刻的了解与掌握。

1948 年，贝聿铭从纯学术的象牙塔进入实际的建筑领域。纽约市极有眼光和魄力的房地产开发富商威廉·柴根道夫打破美国建筑界的惯例，首次聘用中国人贝聿铭为建筑师，担任他创办的韦伯纳普建筑公司的建筑研究部主任。他们的合作达 12 年之久。在这 12 年中，贝聿铭为柴根道夫的房地产公司完成了许多商业及住宅建筑群的设计，也做了不少社会改建计划。贝聿铭还为母校麻省理工学院设计了科学大楼，为纽约大学设计了两栋教职员工住宅大厦。这些作品，使贝聿铭在美国建筑界初露头角，也奠定了他此后数十年的事业基础。

1960 年，贝聿铭离开柴根道夫，自立门户，成立了自己的建筑公司。他在纽约、费城、克利夫兰和芝加哥等地设计了许多既有建筑美感又经济实用的大众化的公寓。他在费城设计的三层社会公寓就很受工薪阶层的欢迎。因此，费城莱斯大学在 1963 年颁赠他"人民建筑师"的光荣称号。同年，美国建筑学会向他颁发了纽约荣誉奖。《华盛顿邮报》称他的建筑设计是真正为人民服务的都市计划。

贝聿铭早期的建筑设计具有很典型的国际主义风格特征，不过他不像密斯以玻璃为主要建材，而是采用混凝土，如纽约富兰克林国家银行、镇心广场住宅区、夏威夷东西文化中心等。到了中期，历练累积了多年的经验，贝聿铭充分掌握了混凝土的性质，作品趋向于柯比西耶式的雕塑感，例如达拉斯市政厅（图 5.96）的设计就属于此方面的经典之作。

图 5.96　达拉斯市政厅

贝聿铭在 20 世纪 60 年代开始形成自己的设计思想，强调"建筑艺术的表现必须是以社会需求为前提"，称之为建筑的环境因素原则。这个原则贯穿于他一生的设计实践中，他的作品都非常注重建筑与周围的关系，尽量达到完美的协调。贝聿铭的另一个建筑思想是强调现代建筑受现代技术条件约束，但技术条件并不是唯一的约束因素，环境的、个人的感受、社区的需求也必须考虑。他探讨现代技术、现代形式与多元因素结合的可能性，并根据自己的理解发展出个人的设计风格。体现他这种环境原则和多元因素综合原则的典型实例包括美国国家大气研究中心建筑群和北京香山饭店。

在美国国家大气研究中心的设计中，为了获得灵感，贝聿铭走出事务所，在山野之中日夜宿营，体验崇山峻岭和灿烂星河，他甚至深入岩穴生活的印第安人遗址，发现以山岩砌筑的塔形建筑物丝毫没有在群山面前的渺小感，从而有感而作，就地取材。最终完成的建筑，其色彩、质感与辽阔的大山背景浑然一体，建筑与周围的关系达到了完美的协调，如图 5.97 和图 5.98 所示，实现了赖特对建筑的最高赞誉——"我们从不建造一座位于山上的建筑，而是属于那山的"。

图 5.97　美国国家大气研究中心

图 5.98　美国国家大气研究中心建筑细部

1982 年，贝聿铭设计了北京香山饭店。贝聿铭根据自己的一贯想法——"越是民族的，越是世界的"，他不辞劳苦地走访了北京、南京、扬州、苏州、承德等地，寻找灵感，搜集素材。在设计中，考虑香山幽静、典雅的自然环境，也考虑这里众多的历史文物，因此将香山饭店刻意设计成能够和这些多元环境和文化因素融合起来的特别的形式，既不生搬硬套西方的现代主义风格，也不重复制造中国的仿古形式，而是把西方现代建筑的结构和部分因素与中国传统园林因素和空间布局因素相结合，形成了自己的风格，如图 5.99～图 5.101 所示。

图 5.99　北京香山饭店外观

图 5.100　北京香山饭店内庭

图5.101　北京香山饭店细部

在设计中，他把握了以下几个方面。

（1）建筑比较低矮，不破坏四周的景观。他知道人们往往以窗来确定建筑的高低与层数，因此在外立面上设计了三层玻璃窗，造成视觉上建筑只有三层的感觉，从心理上加强了建筑低矮的感觉。

（2）总体布局采用了一系列不规则院落方式，整个旅馆分为五个区段，中庭具有巨大玻璃顶棚，内部设计了一个古典庭院，从这个中央活动区伸展出客房区和后面的园林区等。

（3）采用了中国传统建筑的中轴线布局。

（4）不强调现代建筑的玻璃与钢的结合，而是采用钢筋混凝土结构，但客房部分依然采用砖承重的传统建筑结构，色彩配置上以灰、白两色为基本色调，以此突出民族性。

（5）重视园林和绿化在建筑中的作用。

（6）内部材料上尽量使用自然材料，特别是木、竹等。

（7）重复使用具有中国传统符号特征的形式：方和圆，无论建筑立面、内部、大门、灯具等，这两个形式反复出现，简单而丰富。

饭店建成后，与周围的水光山色，参天古树融为一体，"体现出中国民族建筑艺术的精华"。

贝聿铭建筑思想的第三个原则是强调空间与形式的关系。他将两者作为有机因素结合起来考虑，得到令人满意的结果。其中最典型的例子是他1978年设计的华盛顿美国国家美术馆东馆，这个建筑奠定了贝聿铭作为世界级建筑大师的地位。

出国会大厦西阶，在美丽的国家大草坪北边和宾夕法尼亚大街夹角地带，耸立着两座风格迥然不同的花岗岩建筑：一座在西端，为新古典主义建筑，有着古希腊建筑风格；另一座在东端，是一幢充满现代风格的三角形建筑。它们有一个共同的名字——华盛顿美国国家美术馆，如图5.102～图5.104所示。这里是世界上建筑最精美、藏品最丰富的美术馆之一，每一个爱好艺术的人都会在此流连忘返，在目不暇接中全身心感受艺术的魅力。早在1937年，国会就决定把位于国家美术馆东边的一块梯形地块留作将来美术馆扩建之用。具体的美术馆扩建计划（东馆的设计）从1968年开始，由贝聿铭担任建筑师。

基地位于一块36400m²的梯形地段上，东望国会大厦，南临林荫广场，北面斜靠宾夕

图 5.102　华盛顿美国国家美术馆及其周边环境鸟瞰

图 5.103　华盛顿美国国家美术馆老馆

图 5.104　华盛顿美国国家美术馆东馆

法尼亚大道,西隔 100 多米正对西馆东翼,附近多是具有古典主义风格的重要公共建筑。贝聿铭用一条对角线把梯形分成两个三角形。西北部面积较大,是等腰三角形,底边朝西馆,以这部分作展览馆,如图 5.105 所示,精心地解决了建筑与城市规划、同原有邻近的建筑与周围环境，特别是与旧馆的关系。三个角上突起断面为平行四边形的四棱柱体。东南部是直角三角形，为研究中心和行政管理机构用房。对角线上筑实墙，两部分只在第四层相通。这种划分使两大部分在体形上有明显的区别，但整个建筑又不失为一个整体。展览馆和研究中心的入口都安排在西面一个长方形凹框中。展览馆入口宽阔醒目，它的中轴线在西馆的东西轴线的延长线上，加强了两者的联系。研究中心的入口偏处一隅，不引人注目。划分这两个入口的是一个棱边朝外的三棱柱体，浅浅的棱线，清晰的阴影，使两个入口既分又合，整个立面既对称又不完全对称，如图 5.106 所示。展览馆入口北侧有大型铜雕，无论就其位置、立意和形象来说，都与建筑紧密结合，相得益彰。东西馆之间的小广场铺花岗石地面，与南北两边的交通干道区分开来。广场中央布置喷泉、水幕，还有 5 个大小不一的三棱锥体，是建筑小品，也是广场地下餐厅借以采光的天窗。广场上的水幕、喷泉跌落而下，形成瀑布景色，日光倾泻，水声汩汩。观众沿地下通道自西馆来，可在此小憩，再乘自动步道到东馆大厅的底层。

图 5.105 华盛顿美国国家美术馆东馆局部

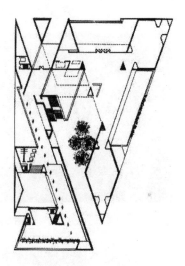

图 5.106 华盛顿美国国家美术馆东馆平面图

总体而言，东馆的设计巧妙结合地形，克服了在复杂地形布置平面的困难，从外观形成了一个有高有低、有凹有凸、有锐角与钝角的体块组合。阳光下，宽窄不同的凹凸呈现丰富的光影变化。建筑外表墙面与西馆保持协调，使用了相同的大理石，采用了与老馆同样的檐口高度。新馆没有细部元素，平滑简洁，与老馆格调完全不同：老馆造型靠线脚壁柱，新馆则靠纯粹的体量组合，具有丰富的表现力。新馆在内部采用大天窗顶棚，三角形的符号反复在各个地方运用，强调建筑形式的特征。宽敞的内部空间，具有强烈的现代主义特色，如图 5.107 所示。

贝聿铭最引起世界广泛注意和几乎异口同声的好评的大型项目应该首推巴黎卢浮宫的扩建工程，如图 5.108 和图 5.109 所示。1980 年，法国总统密特朗邀请贝聿铭扩建卢浮宫，这对于贝聿铭来说，是一个很大的挑战。人们往往称这个工程为"玻璃金字塔"，而忽视了除了作为入口的玻璃金字塔之外，还有复杂和庞大的地下工程部分，真正体现贝聿铭能力的就是这些地下工程部分。

图 5.107　华盛顿美国国家美术馆东馆内部空间

图 5.108　卢浮宫玻璃金字塔

图 5.109　卢浮宫玻璃金字塔细部

　　当时卢浮宫有 7 个部分，每个部分都是独立的。因为相互竞争着空间和资金，每个部门的馆长甚至不相往来。因此在重修时，贝聿铭的设计努力让 7 个部分统一成一个建筑物。他的设计意图很明确：①迁移走占用北部场馆的法国财政部，恢复为展览区；②主要联系各个分开宫殿的工程由地下通道负担，并将主要博物馆的功能放在地下的宏大空间中，包括外部交通联系以及所有的服务功能等，这样保持了地面的完整与形式的统一；

③地面入口采用简单的埃及金字塔形式与比例，材料采用玻璃与钢结构，形成具有古典建筑符号又没有过重体积感的空间形式。大金字塔周围还有三个小金字塔，为地下提供大金字塔之外的次级自然光源。金字塔把大量的光线引入博物馆内部，透过透明的玻璃，投射在空间与墙体、地面上，形成了光的庭院。这个建筑建成后，被称作20世纪下半叶最重要的建筑之一。

晚年的贝聿铭仍然接收了多个项目，例如中银大厦、苏州博物馆、伊斯兰艺术博物馆和日本美秀博物馆(图5.110和图5.111)等。

图5.110 日本美秀博物馆

图5.111 日本美秀博物馆入口空间

香港中银大厦，如图5.112和图5.113所示，位于香港中心区，高70层，总高度达315m。外墙以铝板和银色反光玻璃装嵌，大厦底层铺砌深浅不一的灰色的花岗岩。贝聿铭着力刻画建筑的崭新造型，通过三角形母体的巧妙变换，节节升高，造型简洁明快又极富标志性，形成了香港城市轮廓线的一个制高点。

图5.112 香港中银大厦

图5.113 香港中银大厦底部环境

21 世纪到来后，贝聿铭再次回到中国。他将自己多年积累的建筑智慧结合东方的传统美学以及对家乡的情感全部融汇在苏州博物馆这座建筑里，创造出了独具魅力的视觉之美。博物馆新馆的设计结合了传统的苏州建筑风格，把博物馆置于院落之间，使建筑物与其周围环境相协调，如图 5.114 和图 5.115 所示。

图 5.114　苏州博物馆外观

图 5.115　苏州博物馆建筑与园林

2009 年，贝聿铭还参与了多哈伊斯兰艺术博物馆的设计，如图 5.116 和图 5.117 所示。贝聿铭到了埃及和中东的其他国家去寻找伊斯兰教文化的最佳表达。他发现，无论是叙利亚大马士革的伊斯兰建筑物，还是土耳其的建筑物，都有着其他宗教的痕迹，不再是纯粹的伊斯兰表达方式。在开罗，贝聿铭从图伦清真寺得到了启示，从而最终完成了伊斯兰艺术博物馆的设计。

图 5.116　多哈伊斯兰艺术博物馆

纵览贝聿铭的建筑作品，可以看出，他的建筑特色主要包括：①丰富和发展了几何形体的建筑构图，他常运用平行四边形、三角形、半圆形等几何形体，并以多种方式组合起来，创造简洁明快与新颖的形象；②注重配合建筑所在地的环境特点，进行有个性的建筑设计；③在建筑造型中注重构造性与雕塑性并举；④他的建筑常有精致的细部处理。

身为现代主义建筑大师，贝聿铭坚信，建筑不是流行风尚，不可能时刻变化博取荣宠。建筑是千秋大业，要对社会历史负责。他持续地对形式、空间、建材与技术进行研究探索，使得自己的作品更具多样性，更优秀。他从不为自己的设计辩说，也从不自己执笔

图 5.117　多哈伊斯兰艺术博物馆建筑与庭院

阐释和解析作品观念，他认为建筑物本身就是最佳的宣言。

5.4.4　丹下健三的建筑

丹下健三(Kenzo Tange)是日本现代建筑最重要的奠基人之一，他所确定的将现代建筑的基本因素和部分日本传统建筑结合的方式，使日本建筑真正具有自己的独特形象，从而能够在国际建筑中占有一席重要地位。

丹下健三于 1913 年 9 月 4 日生于日本大阪，1935—1938 年在日本东京大学学习建筑。1938—1941 年进入日本现代建筑最重要的先驱之一前川国男的建筑事务所中从事建筑设计，这是他生涯中非常重要的一个阶段。通过这段时间的设计实践，他从大学中学习到的建筑理论得到具体的发挥，同时对于现代建筑的技术、材料和运作有非常深刻的理解。他受到前川国男很大的影响。前川曾经跟随柯布西耶学习建筑，他将柯布西耶的建筑思想带至日本，影响了他的学生丹下健三。

1941 年，丹下健三提出了"国民住宅方案"，这是他的最早的引起注目的设计项目。1942 年他设计了大东亚建筑纪念碑方案，得到了日本建筑界的好评。第二次世界大战期间，丹下健三没有多少建筑可以设计，因此集中精力从事研究。他在东京大学的城市规划研究所工作，重新把建筑实践经验进行理论性的深化，他研究的中心是城市规划和建筑的关系。他提出了公共场所设计的交流性理论(Communication Space)，认为公共场所的空间，除了具有功能性之外，还具有交流的功能，能够促进人际关系的发展，因此在设计上非常重视，而不仅是提供一个足够的空间那么简单。他认为，欧洲的交流空间是广场，而东方的交流空间是邻里的、狭窄的街道，精细的室外空间等，因此，不同文化的背景有不同的交流需求，也形成了不同文化的国家在公共空间上处理交流问题的不同手法，西方大量的公共广场和东方大量的有趣的小街道、密切的社区形成鲜明的对照。他认为，两种类型的公共空间都有其道理，也都有助于促进交流，密切人际关系，他希望能够把两者结合起来，创造新的交流空间，使新的城市具有更好的交流功能，而不仅仅是提供足够的物理性使用空间而已。通过这些研究，他已经把建筑的问题从包豪斯式的简单考虑物理功能的水平上升到心理功能的水平。

1946 年，他担任东京大学建筑系助教。教学的过程使他对现代建筑有进一步深刻的理解和系统的认识。他在 1946—1947 年提出了日本广岛市的重建计划、前桥市的重建计划、伊势崎市的重建计划、东京银座地区的重建计划和新宿地区的重建计划，这些计划方案都将欧洲现代城市规划的原则与日本国情结合，得到了很好的评价。这几个项目，特别是广岛的重建项目，是他战时城市规划思想和"交流空间"思想的集中体现，对于日本建筑界和规划界具有很大的影响。

20 世纪 50 年代，丹下健三在继承民族传统的基础上，提出"功能典型化"的概念，赋予建筑比较理性的形式，开拓了日本现代建筑的新境界。这个时期，他的代表作品包括广岛和平纪念公园（1955 年）、旧东京都厅舍（1952—1957 年）、日本香川县厅舍（1955—1958 年）、仓敷县厅舍（1958—1960 年）等。

1946—1952 年，丹下健三等七人小组受委托参与广岛复兴计划和规划。他们决定将原子弹爆炸地区和市中心的中岛地区作为广岛和平公园。公园的主要入口位于南端的和平大街上，在南北中轴线上布置了原子弹爆炸纪念陈列馆、慰灵碑，轴线的最北端是爆炸后遗留下的遗迹。原子弹爆炸纪念陈列馆是丹下健三战后的第一幢建筑，采用钢筋混凝土架空柱形式，尺度放大，形体简洁，具有强烈的表现形式和象征性形式，如图 5.118 所示。

20 世纪 60 年代，是丹下健三和他的研究所成果辉煌的时期。在 1960 年的东京规划中，他提出了"都市轴"的理论，对以后城市设计有很大的影响。另外，他在大跨度建筑方面作了新的探索，最著名的是东京代代木国立综合体育馆（1961—1964 年）。同时，在运用象征性手法和新的民族风格方面也进行了成功的探索，如山梨文化会馆（1966 年）、东京天主教圣玛丽大教堂（1964 年）、静冈新闻广播东京支社（1966 年，图 5.119）等。

图 5.118　广岛和平公园的原子弹爆炸纪念陈列馆

图 5.119　静冈新闻广播东京支社

东京代代木国立综合体育馆，如图 5.120 和图 5.121 所示，占地 90000m²，由第一体育馆、第二体育馆和附属建筑组成。第一体育馆为两个相对错位的新月形，第二体育馆为螺旋形，两馆南北对称，中间形成一个广场，巨大的悬索结构屋顶由两个相对错位的新月形和螺旋形组成，具有强烈的形式感和明显的日本传统建筑的基本构思。体育馆采用了高张力缆索为主体悬索屋顶结构，创造出带有紧张感和灵动感的大型内部空间。其特异的外部形状加之装饰性的表现，可以追溯到作为日本古代原型的神社形式和竖穴式住居，具有原始的想象力。这一设计可以说是丹下健三结构表现主义时期的顶峰之作，其最大限度地发挥出丹下健三将材料、功能、结构、比例，以及历史观高度统一的杰出才能。

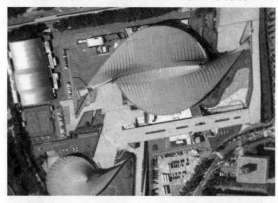

图 5.120　东京代代木国立综合体育馆鸟瞰

图 5.121　东京代代木国立综合体育馆外观

建于 1964 年的东京天主教圣玛丽大教堂是丹下健三最重要的建筑作品之一，它把西方的概念和东方的文化、感情融合于一体，成为一座非常特别的建筑。如图 5.122 和图 5.123 所示，建筑结构由八面墙组成，这些墙壁围出了教堂的内部空间，还充当了屋顶的作用，唯一的开口是一个垂直式的大裂口。不锈钢外覆面反射出来的光线仿佛为混凝土建筑披上了一件耀眼的外衣。虽然这只是一个单色的覆面，但是它的曲线和 U 形轮廓进一步增强了建筑的动态感。建筑的裂隙开口和屋顶分别设有四个玻璃窗，让充足的光线照入教堂内。

1970 年以后，丹下健三在北非和中东做了不少建筑设计，如约旦哈西姆皇宫工程、尼日利亚首都阿布贾城市规划(1976 年)、阿尔及尔国际机场等。这一时期，丹下健三还对镜面玻璃幕墙进行了探索，重要作品有东京都新市政厅、东京草月会馆新馆、大阪万博场址与基础设施规划、御祭广场(1970 年)、广岛国际会议场(1989 年)、新东京都厅舍(1991 年)、新宿公园塔(1994 年)、富士电视台总部大楼(1996 年)等。

草月会馆(Sogetsu Hall and Office)是日本插花艺术的草月流派的总部，如图 5.124 所示。会馆的建筑面积为 12000m²。首层是建筑的重点——草月广场，是草月插花艺术的展

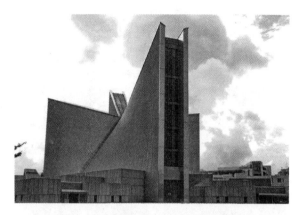

图 5.122 东京天主教圣玛丽大教堂

图 5.123 东京天主教圣玛丽大教堂室内

图 5.124 草月会馆

览处，它将会馆和一般市民的生活联系起来。广场充分利用地下一层的草月厅的天花形状，将地面做成三种高差，配合花台、流水、插花、摆设，形成充满艺术气息的空间。另外，对于透明和反射玻璃的巧妙运用，更增添了广场的宜人感。

丹下健三认为："虽然建筑的形态、空间及外观要符合必要的逻辑性，但建筑还应该蕴涵直指人心的力量。这一时代所谓的创造力就是将科技与人性完美结合。而传统元素在建筑设计中担任的角色应该像化学反应中的催化剂，它能加速反应，却在最终的结果里不见踪影……"这一最基本的理念便是丹下健三在建筑实践中始终坚持的信条。

如果说丹下健三的贡献，应该说他是首先对于密斯式的简单几何结构形式提出意见的日本现代建筑师。丹下健三的设计在很大程度上是要修正国际主义风格的垄断，以柯布西耶的方式来奠定日本现代建筑的基础。日本的现代建筑是从二战后开始发展起来的，经历了与其他西方国家类似的发展途径。从1945年至1964年前后，日本的现代建筑基本受到西方国际主义风格或其他类型风格的影响，其中以柯布西耶的影响最大，而密斯的影响相对较小。这个发展阶段至1965年以后，开始进入一个比较成熟的发展阶段，日本建筑师在丹下健三的影响下，开始探索现代建筑和日本民族风格相结合的可能，开创了日本现代建筑的民族化开端。20世纪70年代后，日本建筑进入到一个转型时期，探索新的可能性。80年代之后，受到后现代主义的影响，进入到后现代主义阶段。在这四个发展时期中，丹下健三都具有奠定基础的举足轻重的作用与地位。当然，作为一个二代建筑师，他也具有自己的局限性。他的建筑讲究整体形态的宏大，具有强烈的现代气息，但是内部空间的庞大往往令人望而生畏，缺乏亲和感。他的作品对于材料的应用也比较单调，过分依赖钢筋混凝土的表现，而缺乏其他有机材料的辅助，因而缺少具有人情味的细节。

本 章 小 结

本章主要讲述了1945—1970年初期现代建筑的发展。第二次世界大战前的现代主义建筑运动到战后发展成为"国际主义风格"运动，是现代建筑发展的最重要阶段，影响深远。

国际主义建筑运动自20世纪50年代开始在美国形成体系，到60年代达到高潮，影响世界各国，成为名副其实的国际建筑的统一风格。随着现代主义大师们在一些重要建筑中采用了国际主义风格，越来越多的建筑家或建筑事务所转向明确的国际主义风格。他们在世界各地从事类似风格、结构的建筑设计，所涉及的建筑大部分是巨型商业建筑，因此改变了城市天际线的面貌，奠定了国际主义风格建筑无可争议的垄断地位。

在国际主义风格的主流之下，出现了几个基于国际主义风格的分支流派，它们分别如下。

（1）粗野主义：以勒·柯布西耶为代表的，强调粗糙和强壮的建筑立面处理的风格。

（2）典雅主义：以斯通、山崎实为代表的，强调基于国际主义风格基础上的典雅细节处理的风格。

（3）有机功能主义：以沙里宁为代表的，强调有机形态的风格。

这些流派，从建筑思想、建筑结构、建筑材料等方面，都属于国际主义风格运动，但在具体形式上却各有不同特点，丰富了相对比较单调的国际主义风格。

思 考 题

1. 结合实例评述格罗皮乌斯的建筑思想理论与艺术风格。
2. 结合实例评述密斯·凡·德罗的建筑思想理论与艺术风格。
3. 结合实例评述勒·柯布西耶的建筑思想理论与艺术风格。
4. 结合实例评述赖特的有机建筑理论与艺术风格。
5. 结合实例评述阿尔托的建筑思想理论与艺术风格。
6. 结合实例评述路易斯·康的建筑思想理论与艺术风格。
7. 结合实例评述尼迈耶的建筑思想理论与艺术风格。
8. 结合实例评述贝聿铭的建筑思想理论与艺术风格。
9. 结合实例评述丹下健三的建筑思想理论与艺术风格。

第**6**章
现代主义之后的建筑发展

【教学目标】

主要了解现代主义之后建筑发展的概况；了解20世纪末的建筑革命，理解后现代主义建筑的主要思想与理论；掌握后现代主义代表建筑的解析；掌握晚期现代主义的多种表现形式；掌握晚期现代主义代表建筑的解析。了解当代建筑文化发展的趋向。了解21世纪普利兹克奖获奖者及其建筑作品。

【教学要求】

知识要点	能力要求	相关知识
20世纪末的建筑革命	(1) 了解高层建筑的发展、主要特征以及代表性建筑实例 (2) 掌握大跨度建筑的主要类型与特征 (3) 了解大跨度建筑的代表作品	(1) 桁架结构 (2) 网架结构 (3) 拱结构 (4) 悬索结构 (5) 薄壳结构 (6) 折板结构 (7) 膜结构
后现代主义建筑	(1) 理解后现代主义建筑的主要思想与理论 (2) 简要解析后现代主义的代表建筑	(1) 后现代主义 (2) 建筑的复杂性与矛盾性 (3) 现代古典主义
晚期现代主义建筑	(1) 理解晚期现代主义的多种表现 (2) 评析高科技风格的代表作品 (3) 评析新现代主义的代表作品 (4) 评析解构主义的代表作品	(1) 解构主义 (2) 高科技风格 (3) 新现代主义 (4) 晚期现代主义

基本概念

后现代主义、晚期现代主义、解构主义、高科技风格、新现代主义、桁架结构、网架结构、拱结构、悬索结构、薄壳结构、折板结构、膜结构

引例

20世纪60年代末和70年代，针对现代主义、国际主义风格的单一与垄断，在建筑中产生了后现代主义与晚期现代主义(包括高科技风格、解构主义、新现代主义等)。从时间的更迭上看，20世纪40—60

年代是现代主义建筑、国际主义风格垄断的时期，70年代后是后现代主义时期。这里的"后现代主义"包括了现代主义之后的各种各样的运动，包括后现代主义风格、解构主义风格、新现代主义风格、高科技风格等，学术界将它们统称为"现代主义之后的建筑"。这时期的建筑从强调技术与理性转向对人文的关怀，总体上呈现出复杂性与多样性。

6.1 20世纪末的建筑革命

6.1.1 高层建筑的发展

20世纪末期，随着西方发达国家的经济渐渐复苏，建筑业也相应地发展起来，能展现经济实力的高层建筑和超高层建筑渐渐成为建设热点。不但欧美发达国家，而且在发展中国家，尤其以中国为代表的亚洲国家的高层建筑也如雨后春笋般的出现，这反映了经济的大发展和商业竞争的日益激烈，其中以商业办公建筑为主。高层建筑的数量与平均高度都在逐年递增，在建筑的功能与技术方面也日益综合化与智能化，建筑造型也越来越多样化。

1. 高层建筑的特征

近几十年来，世界各国高层建筑的主要特征大致如下。

1）标志性

此类高层建筑数量最多，也最普遍。它们的体形多采用塔式结构，层数多在40层以上，高耸的顶部成为重点强调和处理的部位，以便成为城市的主要标志。其代表性的实例，如高度为452m的马来西亚吉隆坡的双子塔(1995—1997年)等。目前已建成的世界最高的高层建筑是2009年竣工的阿联酋国迪拜的哈里发塔(2004—2009年)，高度达828m。

2）高技性

此类高层建筑虽数量不多，但在世界上的影响却很大。它主要突出在建筑造型、风格上表现"高度工业技术"的设计倾向，宣扬机器美学和新技术的美感，使人们在传统的审美观念之外看到了一个惊诧的技术美的新世界。震撼人心的工程威力与技术成就，已使它的建筑价值超越了其自身的实用性而具有某种精神的意义。此类代表实例包括伦敦劳埃德大厦(1978—1986年)、香港新汇丰银行大厦(1979—1985年)、大阪新梅田空中大厦(1989—1993年)等。

3）生态性

为了应对日益严重的环境污染和能源危机，使城市建设能够适应生态要求，不致对环境造成不利影响，可持续发展的生态建筑设计理念越来越受到重视，高层建筑的生态策略也受到青睐。这类高层建筑的生态设计具有一些共同特点，即注重把绿化引入楼层空间，考虑日照、防晒、通风以及与自然环境的有机结合等因素，最大限度地节约资源、保护环境，使建筑重新回归自然，相互共生。典型实例包括德国法兰克福商业银行大厦(1994—1996年)、印度尼西亚雅加达的达摩拉办公楼(1990年)、马来西亚槟榔屿的MBF大厦

（1994 年）等。

4）文化性

在高层建筑上表达文化历史特征和地域性是后现代主义惯用的手法，菲利普·约翰逊、迈克尔·格雷夫斯等大师的作品更为明显。其中有表现新哥特风格的，有表现新古典风格的，也有表达本土文脉的，这些都使得高层建筑的艺术处理增添了新的文化特征。代表实例包括上海金茂大厦(1994—1999 年)、美国路易斯维尔市的休曼那大厦(1985 年)等。

5）纪念性

这一类的高层建筑常隐喻某一思想，或象征某一典范，以取得永恒的纪念形象。它们并不强调建筑的高度或形式的新颖，而是追求建筑比例的严谨、造型的宏伟，使人永记不忘。例如，东京都厅舍(1986—1991 年)基本上是模仿巴黎圣母院的造型，不过两侧的钟塔部位做了 45°的旋转，使其具有新颖的变体，同时也不乏永恒的纪念形象。

2. 高层建筑的典型实例

1）吉隆坡石油双塔大厦(1995—1997 年，建筑师：西萨·佩里)

吉隆坡石油双塔，如图 6.1 和图 6.2 所示，坐落于吉隆坡市中心区，双塔均为 88 层，高 452m，双子塔楼由裙房相连，是马来西亚石油公司的办公楼。两塔总建筑面积为 220000m² 。底部为花岗石砌筑的四层裙房，双塔的外部色彩呈灰白色，塔身全为玻璃幕墙和不锈钢组成的带状外表，造型与细部设计吸收了伊斯兰建筑传统的几何构图手法。塔楼平面为多棱角的柱体，包含了四方形和圆形。随着建筑高度的不同，立面大致可分为 5 段，逐渐收缩。塔楼造型反映出马来西亚的伊斯兰文化传统。在双塔第 41 层与第 42 层之间有一座"空中天桥"连接两塔，桥长 58.4m、高 9m、宽 5m，桥的两端是双塔的高空门厅。从桥的中部下面分别向两端伸出一个斜撑，固定在双塔身上，这样可以大大增加桥和塔的刚度，同时也象征着城市的大门。桥上可俯瞰吉隆坡市最繁华的景象。建筑设计体现了吉隆坡这座城市年轻、中庸、现代化的城市个性，突出了标志性景观设计的独特性理念。

图 6.1　吉隆坡石油双塔大厦

图 6.2　吉隆坡石油双塔大厦细部

2）大阪新梅田空中大厦（1989—1993 年，建筑设计：原广司）

新梅田空中大厦，如图 6.3 和图 6.4 所示，坐落在大阪市北区长方形地段的三个角上，两座 40 层高的办公楼被 2 层高的结构物（空中庭园）连接，形成一个高达约 150m 的巨大挑高门式空间，连接天空与地面，被称为"连接式超级高层大厦"。步入最顶层的蓝天步道，可接触室外空气，360°尽情欣赏风景。在门式空间的中部为悬空的巨型桁架通廊，并在前后设计有垂直的钢架作为竖向电梯。左边的办公楼顶部建有两条斜置的钢构架直达顶部空中庭园的大圆洞上，使空中庭园的交通系统显得复杂而神秘。

图 6.3　新梅田空中大厦　　　　　图 6.4　新梅田空中大厦的蓝天步道

门式空间底部是一个方形的中央广场。在高层旅馆的对面是一些零散的低层商店，以满足游客的需要。在旅馆和商店之间是"中央自然之林"。这是一座下沉式的园林，在它的北面布置有九根不锈钢的喷泉柱，前面是弧形的水池，内有散石点缀，它们与中央大片自然式园林相映成趣，成为观赏的焦点。这组建筑群造型在某种程度上有点类似于巴黎的新凯旋门，但它构思的不同之处在于要建立空中城市，使将来的高层建筑都在空中相互联系起来，成为一种创造新都市的技术。

3）法兰克福商业银行总部大楼（1994—1997 年，建筑师：诺曼·福斯特）

法兰克福商业银行总部大楼，如图 6.5 和图 6.6 所示，是世界上第一座高层生态建筑，堪称运用中庭原理来充分利用自然采光和通风的典范。建筑主体高 298m，共 60 层。建筑平面为边长 60m 的等边三角形。电梯、楼梯和服务设施位于三角形的三个角端。塔楼上下分为 5 段。三角形建筑的侧边每隔 8 层设置一个 4 层的花园，花园在平面上按顺时针方向螺旋式上升并轮流设置，使每一个办公室都可以直接采光和自然通风，朝向不同的室内花园。花园营造了一个个绿意盎然的楼层，在那里人们还可以眺望四周的城区。双层玻璃的采用，保证了建筑良好的保温隔热性能，又使建筑具有极好的透明性。所有的窗户都可手动倾斜打开，每扇窗户的外边都另外装有一片玻璃，上下都留有空隙，以便通风，同时可以阻止风雨的侵入。当外界气候无法保证自然通风时，中央控制系统会关闭所有的窗户，同时启动中央空调系统。花园的玻璃只有一层，中庭成为内部办公室的通风井。每隔 12 层所设置的水平玻璃隔断可使上升的热空气通过花园排到室外，并能防止过度地向上拔风。

图 6.5 法兰克福商业银行总部大楼   图 6.6 法兰克福商业银行总部大楼室内

4) 东京都厅舍(1985—1991 年,建筑师:丹下健三)

东京都厅舍,如图 6.7 和图 6.8 所示,采用了双塔形式的造型,与周围建筑和谐相映。为了避免建筑物内外空间的单调,建筑在形象和立面风格上,对应于内部功能采用了横长的窗、纵长的窗和格子窗的变化,旨在唤起人们对日本江户时代以来东京传统形式的回忆。立面采用了和巴黎圣母院相似的横三段式和竖三段式,使人联想起哥特式教堂的外观。整个建筑采用超跨结构,做成 19.2m 跨的无柱空间。建筑正大门外标志性的弧形设计,在道路旁边内凹,形成了一个较大的广场面积,可以提供大众一个集散的开放空间。整座建筑将传统与现代优雅地组合到一起,成为现代东京的一座标志性建筑。

图 6.7 东京都厅舍正立面   图 6.8 东京都厅舍广场

5) 阿联酋哈里发塔(2004—2009 年,建筑设计:SOM)

位于阿联酋国迪拜的哈里发塔(又称迪拜塔),如图 6.9~图 6.10 所示,总高 828m,160 层。34 层以下是酒店,45~108 层为公寓,123 层是一个观景台,可在上面俯瞰整个迪拜市。其余各层作为办公与服务层、设备层之用。

设计最大的挑战主要来自于建筑结构、垂直交通、建筑节能和消防安全。哈里发塔的设计为伊斯兰建筑风格，楼面为"Y"形的灵感源自沙漠之花蜘蛛兰。Y形大厦的三个支翼由花瓣演化而来，每个支翼自身均拥有混凝土核心筒和核环绕核心筒的支撑。大厦中央六边形的中央核心筒由花茎演化而来，这一设计使得三个支翼互相连接支撑——这四组结构体自立而又互相支持，拥有严谨缜密的几何形态，增强了哈里发塔的抗扭性，大大减小了风力的影响，同时又保持了结构的简洁。Y形的楼面也使得哈里发塔有较大的视野享受，能够抵御肆虐的沙漠风暴。

图 6.9　阿联酋哈里发塔　　　　　　　　图 6.10　阿联酋哈里发塔的内部空间

6.1.2　大空间大跨度建筑

20 世纪末期，社会的发展使建筑功能越来越复杂。一方面，为满足群众集会、举行大型的文艺体育表演、举办盛大的各种博览会等，出现了形形色色的大空间建筑；另一方面，新材料、新结构、新技术的出现，促进了大跨度建筑的发展。

大空间大跨度建筑主要用于民用建筑的展览馆、体育场馆、影剧院以及其他公共建筑，在工业建筑中，则主要用于飞机装配车间、飞机库和其他大跨度厂房。大跨度建筑结构包括网架结构、网壳结构、悬索结构、膜结构、薄壳结构等基本空间结构及各类组合空间结构。这些新结构形式的出现与推广，象征着科学技术的进步，也是社会生产力突飞猛进的一个标志。为了适应工业生产与人们生活的需要，大跨度建筑的外貌已越来越紧密地与新材料、新结构、新的施工技术相结合，朝着现代化、科学化的道路前进。

1. 桁架结构

桁架结构是大跨度建筑常用的一种结构形式，主要用于航站楼、体育馆、影剧院、展览馆等公共建筑。它是由杆件组成的一种结构体系。杆件与杆件的结合假定为铰接，在外力作用下杆件内力为轴向力，故桁架结构比梁结构受力合理。桁架内力分布均匀，材料强度能充分利用，可减少材料耗量和结构自重，使结构跨度增大。为了使桁架的规格统一，有利于工业化施工，建筑的平面形式宜采用矩形或方形。

采用桁架结构的典型实例是 2000 年竣工的旧金山国际机场航站楼，如图 6.11 和图 6.12 所示，具有显著的标志感。设计的突出特征是一个巨大的翼状屋顶，其平缓的结构造型既像飞机，又像飞鸟。屋顶向四周出挑，覆盖在玻璃墙体上。设计的精髓是两组巨大的悬臂桁架，巨大的钢架伸向前方，以支撑机场的中心部位。室内巨大的屋顶中心下面没有支柱，带给人们不同寻常的视觉震撼。

图 6.11　旧金山国际机场航站楼　　　　　　图 6.12　旧金山国际机场航站楼室内

2. 网架结构

网架结构是由同一规格、可批量生产的杆件组成的均质结构体，其主要特征是采用标准构件组成，整体性强、稳定性好、空间刚度大，有利于抗震。当荷载作用于网架各结点上时，杆件主要承受轴向力，能充分发挥材料的强度，可节省材料；网架结构高度小，可以有效地利用空间；网架形式多样，可创造丰富多彩的建筑形式。

采用网架结构的典型实例是由贝聿铭设计的卢浮宫玻璃金字塔入口，如图 6.13 和图 6.14 所示。网架通常都是双层的（上、下弦组成），上、下弦叠加在一起，看起来不够单纯和美观。为了解决这一矛盾，玻璃金字塔的下弦使用钢索来承受拉力，承托上弦和腹杆。由于钢索十分纤细且较难察觉，这样玻璃金字塔在很多人眼中就只看到了单纯的表皮，达到了形式的完美。

图 6.13　卢浮宫玻璃金字塔入口　　　　　　图 6.14　卢浮宫玻璃金字塔入口内景

3. 拱结构

拱结构是一种传统的大跨结构形式,它能够利用砖、石和混凝土等脆性材料的抗压性能,实现较大的跨度。随着钢结构的普及,钢结构拱的使用也相当普遍。拱的内力主要是轴向压力,结构材料应选用抗压性能好的材料。但是拱结构在承受荷载后将产生水平推力,在拱两侧作厚墙支承来抵抗水平推力。拱结构所形成的巨大空间常常用来建造商场、展览馆、体育馆、货仓等建筑。

采用拱结构的典型实例是2000年悉尼奥运会的主体育场,如图6.15所示。该体育场的屋顶为双曲线抛物面,由座席结构和295m长的拱结构共同支撑,气势宏大、富于力度感和表现力。

图6.15 悉尼奥运会的主体育场

4. 悬索结构

悬索结构包括三部分:索网、边缘构件和下部支承结构,它是利用索在重力作用下自然悬垂产生的结构形式。悬索的形状随荷载性质的不同而变化。在均布荷载的作用下,悬索的内力是沿着悬索线切线方向的拉力作用。由于拉力构件不存在失稳问题,可以充分发挥材料的强度,因而是一种高效率的结构形式。世界上许多著名的大桥采用了悬索结构,例如,纽约的布鲁克林桥(跨度386m)、旧金山的金门大桥(跨度1280m)、日本的关西大桥(跨度1990m)等。悬索结构不断创造着人类的跨度奇迹。

采用悬索结构的典型实例是1997年竣工的法兰西体育场,如图6.16所示。建筑由垂直的立面和水平的、悬挂于赛场之上的圆环(屋顶)组成,呈现出"开放、透明、流畅"的特点。呈花冠形组合的正弦曲线形的大台阶"漂浮"于城市上空,赋予建筑物以运动感。屋顶圆盘则象征着运动的灵巧。总面积达60000m²的椭圆形屋顶毫无"负重"之感,因为淡绿色的屋顶看上去轻得像微微透明的玻璃板,不用任何支撑物。体育场的顶上竖立着18根钢柱,起到屋顶平衡的作用。每根柱子上挂有4对吊索,屋顶就通过72对吊索被吊在柱子上。柱子高60m,象征着体育运动蓬勃向上的精神。

5. 薄壳结构

薄壳结构具有传力路线直接、受力性能良好、自重轻等优点。薄壳材料可以是钢筋混

图 6.16 法兰西体育场

凝土、金属板或玻璃纤维。但由于薄壳的壁很薄,只适用于均布荷载,无法抵抗集中荷载,且薄壳结构的形体较复杂,多采用现浇施工,具有费工、费时、费模板等缺点,因此,在一定程度上影响了它的推广应用。

采用薄壳结构的典型实例是 1998 年启用的由黑川纪章设计的吉隆坡国际机场,如图 6.17 所示。中央大厅的屋面结构采用大面积预应力混凝土加钢结构的单体网壳形式,每 4 片双曲线抛物面屋盖组成一组方形平面的屋架,由 4 根白色的锥体形状的巨柱及其树枝状构件托起,形成一个结构单元。航站楼设计了波浪形的屋顶,屋顶形体交接处设有采光天窗。屋顶沿着外部边缘向前突出,向下倾斜的屋顶轮廓产生出一种帐篷的视觉效果。室内巨大的双曲线抛物面的壳体像棕榈树叶一样,悬浮在引人注目和像树干一样的凝灰岩柱子之上。设计可谓结合了当代科技和马来西亚的文化,强调了丰富的热带色彩。

图 6.17 吉隆坡国际机场

6. 折板结构

折板结构是由若干块薄板将各自的长边以互成角度的刚性方式连接在一起形成的上部受压、下部受拉的结构方式。钢和混凝土都适合做成折板结构。只是,由于混凝土自重过大,做不出很薄的折板。而使用钢折板时,各棱边配置边缘构件,棱边之间形成斜面,很容易形成自重轻、跨度大的折板结构。

采用薄壳结构的典型实例是 2002 年完成的横滨港国际客运中心码头，如图 6.18 所示。这个建筑的独特之处在于两个方面：一是在建筑上；二是在结构处理上。建筑设计强调将码头作为城市地面的延伸。在这个建筑中，没有绝对意义上的地面、屋顶、墙面，而是将这三者结合成为一体，互相穿插、交汇，而且互相之间没有明确的交界。结构上采用了箱形梁和折板结构组合的结构形式，使建筑理念得到了很好的表达。

图 6.18　横滨港国际客运中心码头

7. 膜结构

膜结构是一种由高强膜材料与连接构件通过构造方式产生一定的预张应力而形成空间形状的新型结构形式，可分为充气膜结构和张拉膜结构。充气膜结构是通过内部不断充气，室内外产生压力差，膜受到一定的向上浮力来实现大跨度的。张拉膜结构是通过柱及钢架支承（钢索）张拉成型的，其造型优美、灵活，最大的特点是"空间整体结构"和"预张力"。其本质上是双向索网，只不过索网是由高密度的经线和纬线编织而成的。

膜结构最突出的优点是重量轻，因而可以覆盖更大的建筑空间。但由于膜布较轻，所以克服风荷载带来的上举力是一个需要注意的问题。膜结构对气候十分敏感，在雨、雪的作用下，容易产生一种"袋状效应"，会使雨、雪越积越多，最后导致膜材撕裂，因此必须使曲面保持足够的曲率和张力。另外，还面临着一个"膜材不可再生"的环保问题。

采用薄壳结构的典型实例是罗杰斯设计的英国千年穹顶，如图 6.19 和图 6.20 所示。它位于泰晤士河畔的格林威治半岛上，穹顶直径 320m，周圈大于 1000m，有 12 根穿出屋面高达 100m 的桅杆，屋盖采用圆球形的张拉膜结构。膜面支承在 72 根辐射状的钢索上，这些钢索则通过间距 25m 的斜拉吊索与系索为桅杆所支撑，吊索与系索同时对桅杆起稳定作用。它也是目前世界上单体规模最大的膜结构。

图 6.19　英国的千年穹顶　　　　　　图 6.20　英国的千年穹顶细部

6.2 后现代主义建筑

第二次世界大战结束之后，特别是在 20 世纪 50—70 年代期间，在现代建筑运动基础上发展出来的国际主义风格，成为西方国家设计的主要风格，改变了世界建筑的基本形式。60 年代末，国际主义风格垄断建筑设计，已经有将近 30 年的历史，建筑与城市的面貌越来越单调、刻板，往日具有人情与地域风格的建筑形式逐渐被非人情、非个性化的国际主义建筑所取代。对于这种趋势，建筑界出现了反对的呼声。建筑界需要、也面临一场大革命，以改变建筑发展的方向，丰富现代建筑的面貌。这个背景就是后现代主义产生和发展的条件。

6.2.1 后现代主义建筑的主要思想与理论

西方建筑界出现的"后现代主义"（Post-Modernism）是指 20 世纪 60 年代后期开始，由部分建筑师和理论家以一系列批判现代建筑派的理论与实践而推动形成的建筑思潮。它既出现在西方世界开始对现代主义提出广泛质疑的时代背景中，又有其自身发展的特点。80 年代后，后现代主义更多地被用来描述一种乐于吸收各种历史建筑元素，并运用讽喻手法的折中风格，因此又被称为后现代古典主义（Postmodern-classicism）或后现代形式主义（Postmodern-formalism）。美国是形成这股思潮的中心。

美国建筑师罗伯特·文丘里（Robert Venturi）在 1966 年发表的《建筑的复杂性与矛盾性》（*Complexity and Contradiction in Architecture*）是最早对现代建筑公开宣战的建筑理论著作，文丘里也因此成为后现代主义思潮的核心人物。在这本书中，文丘里针对密斯的"少就是多"提出了"少就是厌烦"（Less is Bore）。他提倡一种复杂而有活力的建筑，"喜欢基本要素混杂而不要纯粹，折中而不要干净，扭曲而不要直率，含糊而不要分明……宁可过多也不要简单，既要旧的也要创新"，赞成"杂乱而有活力胜过明显的统一"。凭借对历史建筑的丰富知识，他指出"建筑的不定形是普遍存在的"，由此，他赞成包含多个矛盾层次的设计，提出兼容并蓄、对立统一的设计策略和模棱两可的设计方法。文丘里在书中还直接提出了对传统的关注，认为"在建筑中运用传统既有实用价值，又有表现艺术的价值……"。不仅如此，传统要素的吸收还对环境意义的形成产生影响，他甚至提出，民间艺术对城市规划的方法另有深刻含义。显然，相对于现代派建筑师，后现代建筑师们对待历史与传统的态度发生了根本改变。

1972 年，文丘里又和布朗（D. Scott Brown）、艾泽努尔（S. Izenour）合作了一本书《向拉斯维加斯学习》，意为要从这座城市里传统的和现存的建筑中汲取灵感，以丰富建筑的构思，其主要思想也是赞成兼容而不排斥，重视建筑的复杂性；提倡向传统学习，从历史遗产中挑选；提倡建筑形式与内容分离，用装饰符号来丰富形式语言。文中还强调了后现代主义戏谑的成分和对于美国通俗文化的新态度。

美国建筑家罗伯特·斯坦因（Robert Stein）从理论上把后现代主义建筑思潮加以整理、分门别类，逐步形成了一个完整的理论体系。他在《现代古典主义》中完整地归纳了后现代主义建筑的理论依据、可能的发展方向与类型，是后现代主义建筑的重要奠基理论著作。

美国作家与建筑家查尔斯·詹克斯（Charles Jencks）继续斯坦因的理论总结工作，在短短几年中出版了《现代建筑运动》《今日建筑》《后现代主义》等一系列著作，对后现代主义建筑的发展起到了促进作用。1977年，他在《后现代建筑的语言》一书中指出：后现代主义派只限于用在那些设计上是怀古的、空间含混的、受色彩影响强烈的、混杂的和不纯的建筑物上。根据詹克斯的标准，可以称为后现代主义派的人很多，影响较大的有：罗伯特·文丘里，代表作品有美国宾州栗子山文丘里母亲住宅（Vanna Venturi House，1963年）等；查尔斯·穆尔（Charles Moore），代表作品有美国新奥尔良意大利广场（Piazza d'Italia in New Orleans，1975—1978年）；迈克尔·格雷夫斯（Michael Graves），代表作品有波特兰市政厅大楼（Portland Building，1980—1982年）等；菲利普·约翰逊（Philip Johnson），代表作品有美国电话电报公司大厦（AT&T Building，1978—1983年）等。

6.2.2　后现代主义建筑的代表人物及其建筑实例

1. 罗伯特·文丘里（Robert Venturi）与美国宾州栗子山文丘里母亲住宅（Vanna Venturi House，1963年）

罗伯特·文丘里无疑是后现代主义建筑的奠基人之一，他的后现代主义理论与实践引发了后现代主义建筑运动，在当代建筑史上具有非常重要的地位。

1963年建成的这座小住宅是罗伯特·文丘里的早期作品。如图6.21和图6.22所示，建筑采用明显的坡屋顶，显示与正统现代主义建筑的区别。住宅入口在山墙面，正中是一道豁口，其下为大门门洞，门洞上有一道凸起的圆弧线，或许以此隐喻拱券。门洞之内是一道斜门，进门之后转身就是楼梯。楼梯的踏步有宽有窄。在这个建筑中，文丘里使用了古典主义的山花墙、拱券等符号，在三角山花墙中间开缝，形成嘲讽、戏谑的特征，由此奠定了这个流派的基本特征。

图6.21　栗子山文丘里母亲住宅的正立面

图6.22　栗子山文丘里母亲住宅的东南立面

罗伯特·文丘里不反对现代主义的核心内容，他的努力是改变现代主义单调的形式特点。他的设计包含了大量清晰的古典主义建筑特征，比如拱券、三角山墙等。他的建筑包含了现代建筑的基本功能，也具有现代建筑的基本原则，在结构、材料和建造方法上也是现代的，仅仅采用了历史符号和戏谑的方式来增加建筑形式的丰富感，这个建筑体现了他在著作中提出的一系列后现代主义的基本原则。

在这个作品中，文丘里至少在两个方面脱离了以往现代主义建筑师的设计准则：一是他以强调建筑的不定形来对抗现代建筑的确定性和绝对的功能原则；二是他包容了现代建筑所排斥的传统建筑要素，并以诙谐的方式引用到设计之中。文丘里自己认为这个小住宅是"既复杂又简单，既开敞又封闭，既大又小，许多东西在某个层次上说是好的，在另一个层次上是坏的。住宅格局既包括一般住宅的共性，又包括环境的特殊性。在数量恰好的部件中，它取得了艰难的统一，而不是很多部分或很少部分之间容易的统一"。

2. 菲利普·约翰逊（Philip Johnson）与美国电话电报公司大厦（AT&T Building，1978—1983 年）

菲利普·约翰逊是美国最重要的当代建筑师之一。他经历了两个最重要的现代建筑运动，即现代主义运动与后现代主义运动。菲利普·约翰逊的经历与大部分建筑师不同，他是从理论开始发展起来的设计师。早在 20 世纪 20 年代末期，他已经在纽约的现代艺术博物馆担任设计部负责人，他是最早的把欧洲的现代主义介绍到美国的人物之一。因为长期从事博物馆工作，长期处于艺术和设计评论的主流之中，菲利普·约翰逊有一种敏锐的观察能力。早在文丘里提出"少就是厌烦"的主张时，他已经注意到现代主义、国际主义的式微，装饰主义可能抬头。他充分把握时机，终于以 1978—1983 年设计完成了美国电话电报公司大厦，一跃成为令人瞩目的后现代主义建筑师，这个建筑也成为后现代主义的代表作之一。

建造在纽约麦迪逊大道上的美国电话电报公司大厦，彻底改变了人们所熟悉的摩天楼形象，告别了玻璃与钢的模式。如图 6.23 所示，建筑外墙大面积覆盖花岗岩，立面按古典方式分为 3 段，顶部为一个开有圆形缺口的巴洛克式大山花。底部采用中央设一高大拱门的对称构图，使人联想到文艺复兴时期的巴齐礼拜堂。很显然，设计师菲利普·约翰逊是想以这种方式对 20 世纪初纽约城里尚未脱离传统形式的石头建筑做出某种回应。

与嘲讽古典主义不同，约翰逊在采用古典主义风格时比较严肃，从不调侃。在电话电报公司大厦之后，他又设计了很多后现代主义建筑，包括达拉斯国民银行大厦、休斯敦建筑学院大楼（图 6.24）等。这些建筑都具有确定的、具体的历史类型特征，能够非常容易地找到建筑的历史根源。约翰逊代表了后现代主义设计中比较讲究保持古典主义精华完整性的一派。他长期从事理论工作，对于现代主义、国际主义、后现代主义等有着非常深刻的了解和认识，这些背景使他的设计体现出一种深思熟虑的成熟特征。

3. 查尔斯·摩尔（Charles Moore）与美国新奥尔良意大利广场（Piazza d'Italia in New Orleans，1975—1978 年）

美国建筑师查尔斯·摩尔 1925 年生于美国密歇根州，是后现代主义最杰出的设计大师之一。1962 年，他在加利福尼亚州的奥林达为自己设计了住宅，是他最早的后现代主义设计。这个建筑使用了金字塔形的屋顶，明显地使用历史建筑符号来加强建筑文化表现的含义。摩尔对于建筑设计一向持有非常浪漫的艺术态度。他曾经说过："建筑如同表演艺术一样，是艺术的、充满了表演的精美与浪漫。"他的不少设计都有鲜明的舞台设计特

(b) 建筑底部

(a) 建筑外观　　　　　　(c) 室内场景

图 6.23　美国电话电报公司大厦

图 6.24　休斯敦建筑学院大楼

点，其中最具代表性的就是位于新奥尔良市边缘的意大利广场。

这个小广场主要为当地意大利后裔和移民规划设计，集商店、餐饮及居住等功能为一体。如图 6.25 所示，广场由公共场地、柱廊、喷泉、钟塔、凉亭与拱门组成，充满古典建筑的片断，却全无古典建筑的肃穆气氛。广场地面是黑白相间的同心圆弧铺地，喷泉穿插其间；5 个柱廊片断围绕圆心，并赋以鲜亮色彩。柱廊上可以找到古典柱式的各种样式，但一部分材料采用不锈钢，从而带有一些调侃意味。整个场景将拼贴、重叠、回归历史、通俗文化、装饰外壳等付诸实践，并完全背离现代建筑形式忠实于功能的美学准则。

(a) 广场环境　　　　　　　　　　　　　(b) 广场柱廊细部

图6.25　美国新奥尔良市意大利广场

4. 迈克尔·格雷夫斯（Michael Graves）与波特兰市政厅大楼（Portland Building，1980—1982年）

迈克尔·格雷夫斯是后现代主义建筑的重要人物之一，从20世纪60年代就开始了对后现代主义建筑设计的探索。他与文丘里具有非常类似的立场与看法，对于现代主义建筑的呆板、单调与垄断性非常不满，希望能够通过历史主义和装饰主义进行改造，使建筑具有趣味性和文化性，从而形成城市面貌的多元化。他的作品没有太明显的嘲讽意味，都是在现代主义的基础上加上部分历史的、古典主义的装饰符号。他善于从传统建筑上撷取一些元素，作为符号加在现代建筑上，使之具有历史的象征或隐喻。例如，五六十年代盛行大玻璃窗，而实际生活中人们习惯用手扶窗棂向外观望，格雷夫斯就多用带窗棂的小窗，有时就用木窗。建筑物的顶部影响建筑物的轮廓，早先的现代主义建筑顶部处理过于简单，格雷夫斯便加重处理，让建筑物有明显的顶部、主体和基座的区分，使之接近古典主义的"三段式"形象。格雷夫斯的建筑多用粉红、粉绿等粉色系。以上这些做法有切合大众使用和欣赏建筑的用意，在后现代主义建筑的术语中称作采用"双重编码"或"多义性"，即"雅俗共赏"。

格雷夫斯于1980—1982年所设计的波特兰市政厅大楼曾使建筑界哗然，几乎成为后现代主义的标志。如图6.26所示，建筑形似一个笨重的方盒子，上下分为三段。立面以实体墙面为主，带有从古典建筑中演绎出来的构图，色彩艳丽丰富，似一幅通俗的招贴画。这座建筑将现代办公楼简洁冰冷的形式完全打破，带来了从新古典主义到装饰艺术风格的众多历史联想。从某种程度上，实现了既出自专业人员之手，又使大众简明易懂的后现代主义设计理想。菲利普·约翰逊曾高度赞扬这个设计大胆地采用各种古典装饰动机，特别是广泛采用古典主义的基本设计语汇，使设计得以摆脱国际主义的一元化限制，走向多元装饰主义的新发展。

5. 矶崎新（Arata Isozaki）与筑波市市政中心大厦（Tsukuba Civic Center，1982年）

日本建筑师矶崎新是日本后现代主义设计的最重要代表人物之一。他能够在现代主义与古典主义之间寻找到一种非常微妙的关系，达到既有现代主义的理性特点，又有古典主

(a) 建筑外观　　　　　　　　(b) 建筑外观细部

图 6.26　波特兰市政厅大楼

义的装饰色彩与庄严特征,在亚洲建筑师中非常突出。

　　20 世纪 80 年代是矶崎新进入设计成熟的巅峰时期,他融合了西方现代主义结构、古典主义的布局和装饰、东方建筑的细腻和结构部件装饰化使用三方面的特点,设计出一系列非常特别的大型建筑,其中以日本筑波市市政中心大厦最具代表性,如图 6.27 所示。

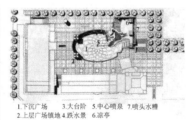

1.下沉广场　　3.大台阶　　5.中心喷泉　7.喷头水槽
2.上层广场镇地 4.跌水景　　6.凉亭

(a) 建筑外观　　　　　　　(b) 总平面图　　　　　　　(c) 建筑细部

图 6.27　筑波市市政中心大厦

　　他的作品与菲利普·约翰逊相比,没有那么严肃,也没有那样严谨与古典主义。而他在建筑材料的应用上,具有强烈对比的特点,因而建筑形象丰富。矶崎新对于简单的几何图形在后现代主义建筑中的运用非常感兴趣,他在许多设计中采用了这种手法。例如,在北九州市立美术馆的设计中,他采用了正方形反复重叠、错位等处理,达到了非常突出的视觉效果,如图 6.28 所示。

　　他曾经说:"建筑的构造其实是由简单的几何形式单元组成的,由于外部的立面包裹,才成为整体感,因此,使用几何单体在建筑的任何方向延伸和重复,都可以创造出多元的内涵来。"他的这个提法,在自己的不少设计中都得到了充分的体现。他的建筑具有某种暧昧的因素,不一定局限在历史符号的应用上,这样,他的设计就具有强烈的个人特色,而且比较粗犷有力、富于表现性。矶崎新在建筑上运用古典符号是非常节制的,他通过比较模糊的方式来表达自己的古典历史主义立场,同时又采用戏谑的方式使自己的建筑比较生动活泼,使用色彩鲜艳的图案形成丰富的平面效果,经常是欢乐的。

(a)建筑外观 (b)外观细部

图6.28 北九州市立美术馆

6. 詹姆斯·斯特林(James Stirling)与斯图加特州立美术馆扩建工程(Neue Staatsgalerie，1977—1984年)

詹姆斯·斯特林是英国杰出的后现代主义建筑师。他早期曾对密斯非常着迷，但是很快就感到现代主义在形式上的贫乏，因而决心要探索一条新路。他的探索方向是标准的后现代主义式的：采用现代主义与古典风格相结合，并且加以嘲讽式的处理，严肃之中充满了戏谑和调侃的味道。最典型的实例是德国斯图加特州立美术馆扩建工程，如图6.29所示。

(a)建筑鸟瞰 (b)建筑细部

图6.29 斯图加特州立美术馆扩建工程

这个建筑位于斯图加特市的一个坡地上，一边高一边低，因此设计上充分利用这种高低地势，形成具有强烈罗马特色的建筑群。这个博物馆采用了花岗岩和大理石为建筑材料，局部广泛采用古典主义的细节，比如拱券、天井、高低起伏的错落布局，中庭天井中的爱奥尼式柱和古典雕塑装饰，大块花岗岩和大理石镶嵌的墙面等，引起人们对于古罗马都城和建筑的联想。整体上的古典主义却结合了一些戏谑性的局部处理，如扭曲的玻璃幕墙、粉红色的巨大扶手、莫名其妙的结构细节等。现代主义、波普风格和古典主义被塞在一起，造成古怪的效果。这个建筑也是引起国际广泛讨论的重要项目之一。

众多后现代主义设计实践呈现出一些基本的共同特征：①回归历史，喜用古典建筑元素；②追求隐喻的设计手法，以各种符号的广泛使用和装饰手段来强调建筑形式的含义及象征作用；③走向大众与通俗文化，诙谐地使用古典元素。

后现代主义重新确立了历史传统的价值，承认建筑形式有其技术与功能逻辑之外独立存在的联想及象征的含义，恢复了装饰在建筑中的合理地位，并树立起了兼容并蓄的多元文化价值观，从根本上弥补了现代主义建筑的一些不足。但是，众多现象也清楚表明：后现代主义在实践中基本停留在形式的层面上，而没有更为深刻的内容，因此，趋向于越来越与一种风格画上等号。20 世纪 80 年代后期，这种思潮就大大降温。

6.3 晚期现代主义建筑

20 世纪 60 年代，与后现代主义相反的一股新思潮也开始登上了西方建筑舞台。赞成这股新思潮的建筑师，虽然也对单一刻板的国际主义风格感到厌恶，但却不愿走怀旧的道路，他们为了将正统现代派建筑提高到一个新的水平，大胆提出了极端技术论的观点。建筑评论界为了区分这一派有创造性的现代建筑师与后现代主义的不同，便称之为晚期现代主义（Late Modernism），这是一种与后现代派反向的革新思潮。

对比后现代主义与晚期现代主义，我们可以发现，后现代主义倾向强调他们创新中的文脉和文化上的附加物，他们对传统历史符号进行选择和变形，大多数涉及象征的含义，而且这种象征往往隐含着古老的历史文化；他们对技术和材料不感兴趣，在探求更为丰富的象征主义和传统文脉的同时，完全拒绝了那些纯粹抽象性的语言。相反，晚期现代主义强调解释技术问题，表现的也是后工业社会的技术形象。他们并不抛弃对前一时期现代建筑特有的工艺技术和抽象纯净的建筑信念，他们放弃采用传统的具有表现力的形式语言，而在新材料、新技术方面有创造性的表现。因此，他们比后现代主义者更接近现代派建筑师，在超越现代建筑运动中确立了自身的历史地位和产生了巨大的影响。

晚期现代主义者在很大程度上将现代建筑先驱们的理论与观念推向极端，由此创立了一种精巧复杂的现代主义。其中，比较重要的有高科技风格、解构主义与新现代主义三个流派。

6.3.1 高科技风格

建筑中新技术的运用一直是众多西方现代建筑师的实践特征，而作为一种设计流派的高科技风格（High Tech），则有其自身的独特性。它一方面表现为积极开创更为复杂的技术手段来解决建筑，甚至城市的问题；另一方面表现为建筑形式上新技术带来的新美学语言的热情表达。这种风格的起源很早，如 1851 年建造的伦敦水晶宫、1889 年建造的巴黎埃菲尔铁塔等，都是在建筑上表达新技术的先驱，但成为一个完整的设计潮流，则是 20 世纪 70 年代以来的事情。

理查德·罗杰斯（Richard Rogers）、诺曼·福斯特（Roman Foster）两个最重要的"高科技"建筑师，奠定了"高科技"派发展的模式，影响了整个世界。

真正使世界感到"高科技"成为流派的是理查德·罗杰斯和伦佐·皮阿诺（Renzo Piano）在 1971—1977 年间设计的巴黎蓬皮杜文化中心（Pompidou Culture Center，1971—1977 年）。"这幢房屋既是一个灵活的容器，又是一个动态的交流机器。它是由预制构件高质量地提供与制成的。它的目标是要直截了当地贯穿传统文化惯例的极限而尽可能地吸引更多的群众……"。整座建筑由现代艺术博物馆、公共情报图书馆、工业设计中心与声乐研究所四个部分组成，大楼长 168m、宽 60m、高 6 层，如图 6.30 所示。由标准件、金属接头与金属管构造的结构系统形成了内部 48m 完全没有支撑的自由空间。结构与设备全部暴露，沿街立面挂满了五颜六色的各种管道：红色代表交通，绿色代表供水，蓝色代表空调系统，黄色代表供电，电梯也完全由巨大的玻璃管道包裹外悬。这个庞大的公共建筑曾引起了法国公众很大的争议，但它最终成为巴黎新的标志性建筑之一。

(a) 建筑外部 　　　　　　(b) 建筑细部 　　　　　　(c) 室内场景

图 6.30　巴黎蓬皮杜文化中心

1978 年，理查德·罗杰斯又设计了伦敦的劳伊德大厦（Lioyd Maison，1978—1986年），更加夸张地使用了高科技特征，如图 6.31 所示。大厦位于伦敦市中心商业区，四周是拥挤的街道与石头般的体块建筑。业主要求业务单元在原有条件下提高 3 倍；主要空间与服务空间既要联系又要减少干扰；空间必须灵活变化。罗杰斯将一系列办公空间围绕中庭布置，电梯、设备间、结构柱等布置在 6 个垂直塔中，结构的支撑柱布置在建筑外部，垂直风道、水平风管外露，这样的布局使得内部空间非常完整、连续，得到了最大效率的使用。6 个垂直塔体充分利用地块不规则角隅。不锈钢夹板饰面的闪亮塔身，不仅形成与周围建筑平实体量的对比，又丰富了城市轮廓。建筑外观由两层钢化玻璃幕墙与不锈钢等合金材料构架组成，表面参差地布满管线与结构件，比蓬皮杜文化中心更加夸张与突出。

诺曼·福斯特所设计的香港汇丰银行新楼（New Headquarters for Hong Kong and Shanghai Bank，1979—1986 年）也是一座典型的高科技风格作品，如图 6.32 所示。建筑位于香港中环，背山面海，高 41 层，高 180m。全部楼层结构悬挂在钢铁桁架上，前后 3 跨，建筑沿高度分为 5 段，每段由 2 层高的桁架连接，成为楼层的悬挂支撑点。这座建筑极力追求表现技术美的时代特征，而非首先从空间的使用功能出发。它的底层架空的开敞空间和两座互成角度的自动扶梯与勒·柯布西耶曾提出的"新建筑五点"相合拍，所不同的则是它的空间更为巨大、开放，并且在斜坡道上设置了自动扶梯而表现了当代风格。外观上，外露的空腹钢梁和后退的玻璃幕墙，好像将密斯的"皮包骨"理论颠倒；建筑内部巨大的中庭和楼层的开敞空间把密斯的"流动空间"从水平方向改为水平和垂直两个方向。建筑大部分构件采用了飞机和船舶的制造工艺技术，是有目的地在世界不同地方运用最新科技建造的，这种"多国籍"的高科技设计手法正是格罗皮乌斯的"工业化和协同生产"思想在后工业化时代的具体实践。这座建筑可说是晚期现代主义高科技风格最重要的建筑物之一，它强有力地表现了结构桁架和轻质技术的最新成就。它对建筑技术语言的富有想象力和表里如一的应用，充分表达了技术的美。

法国建筑师让·努维尔（Jean Nouvel）设计的巴黎阿拉伯世界研究中心（Arab World Institute，1981—1987 年）为高科技在建筑中的创造性应用揭开了一幅崭新的图景。如

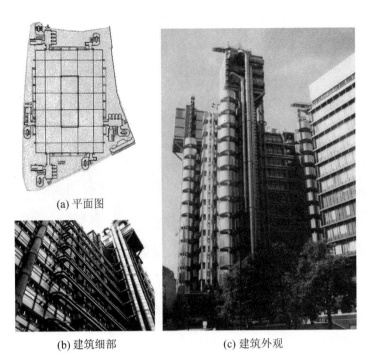

(a) 平面图

(b) 建筑细部   (c) 建筑外观

图 6.31　伦敦的劳伊德大厦

图 6.33 所示，建筑分为两个部分：半月形的部分沿着塞纳河岸线弯曲；平直的部分则呼

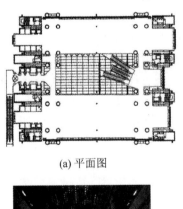

(a) 平面图

(b) 建筑中庭内景   (c) 建筑外观

图 6.32　香港汇丰银行新楼

应着城市规则的道路网络。两者中间设置露天中庭。建筑最有表现力的是南立面处理，由上百个完全一样的金属方格窗（Photo-sensitive-panels）组成，平整光亮。它们的孔洞如同照相机的快门，孔径会随着外界光线的强弱而变化，室内采光得到了调节，立面也似屏幕般变得活跃，象征着神秘变幻的阿拉伯世界。

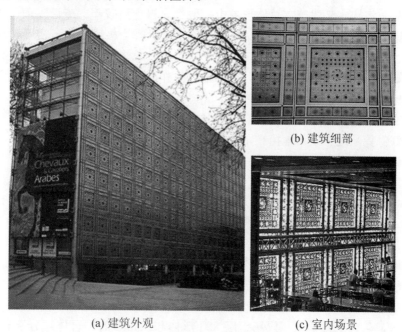

(a) 建筑外观　　　　　　　　　　　　　　(b) 建筑细部

　　　　　　　　　　　　　　　　　　　　　(c) 室内场景

图6.33　巴黎阿拉伯世界研究中心

从以上典型作品中可以看出，高科技风格的建筑有这样一些主要特征：①结构外露；②建筑看似复杂的外形，其实都包含着内部空间的高度完整性与灵活性；③注重部件的高度工业化、工艺化特征与设计的开发。建筑师常常使建筑构件看来像批量生产的产品，以显示其中的工业技术含量。

6.3.2　解构主义

"解构主义"（Deconstruction）这个词是从"结构主义"（Constructionism）中演化而来的，它的形式实质是对于结构主义的破坏和分解。从哲学上讲，解构主义早在1967年前后被法国哲学家德里达（Jacques Derrida）提出。作为一种设计风格，则是在20世纪80年代后期出现。以艾森曼（Peter Eisenman）和屈米（Bernard Tschumi）为代表的建筑师将德里达的解构主义哲学应用于建筑创作，提出了所谓的解构主义派（Deconstruction in Architecture）。他们大胆向古典主义、现代主义和后现代主义提出质疑，认为以往任何建筑理论都有某种脱离时代要求的局限性，不能满足发展变化的要求。他们试图建立关于建筑存在方式的全新思考，重视"机会"和"偶然性"对建筑的影响，对原有传统的建筑观念进行消解、淡化，把建筑艺术提升为一种能表达更深层次的纯艺术，把功能、技术变为表达意图的手段。

在建筑手法上，解构主义打破了原有结构的整体性、转换性与自调性，强调结构的不稳定性和不断变化的特性，并提出了消解方法——颠倒和改变。颠倒，主要指颠倒事物的原有主从关系；改变则是建立新观念。解构主义反对整体性，重视异质性的并存，把事物的非同一性和差异的不停作用看作是存在的高级状态。因此，解构主义建筑的形式特征包括以下几点。

（1）散乱。解构主义建筑在总体形象上一般都显得支离破碎、疏松零散，边缘纷纷扬扬、犬牙交错。在形状、色彩、比例、尺度、方向的处理上极度自由，避开建筑学中一切已有的法式、程式和秩序，没有轴线，没有团块组合，总之，努力让人摸不着头绪。

（2）残缺。不求齐全，力避完整，有的地方故作破碎状、残损状、缺落状、不了了之状，令人愕然，又耐人寻味。

（3）突变。解构主义建筑中的各部分和各种要素的连接常常很突然，没有预示、没有过渡，它们好像偶然地、碰巧地撞在了一起。

（4）动势。大量采用弯曲、扭转、倾倒、波浪形等具有动态的形体，造成失稳或轻盈的形态。

伯纳德·屈米的巴黎拉维莱特公园(Parc De La Villete，1982—1989 年)被认为是解构主义的代表。他的设计手法是按"重叠"和"分离"的观念来进行，设计了一个不和谐的点、线、面几何叠加系统，如图 6.34 所示。首先，他为基地建立了一个 120m 长的方格网。在每个网络节点上放置一个被称作"疯狂"红色立方体的小品建筑，满足公园所需的一些基本功能，称为"点"系统。穿插和围绕着这些立方体，组织了一个道路系统，有的按几何形式布置，有的十分自由，共同组成公园的"线"系统。在"点""线"系统之下，是"面"系统，包含了科学城、广场、巨大环形体和三角形的围合体，分别布置了餐厅、影视厅、体育馆、商店等功能。在这里，每个系统自身完整有序，但叠置起来就相互作用。可以看出，屈米的策略是先建立一些相对独立的、纯净几何方式的系统，再以随机的方式叠合，迫使它们互相干扰，以形成某种"杂交"的畸变。

伯纳德·屈米从 1977 年开始从事解构主义的设计和研究，并且提出了自己的建筑理论主张，把现代主义的标准设计理论——"形式追随功能"改成"形式追随幻想"。他的理论性很强，同时具有惊人的说法，因此在西方颇能引人注意。伯纳德·屈米的设计体现出不系统性和不完整性，这恰恰是解构主义的特征。没有非黑即白的二元对抗性，主张多元、主张模糊地带，是解构主义的精神实质所在，屈米的作品也正体现了这个实质。

艾森曼设计的俄亥俄州立大学维克斯纳视觉艺术中心(Wexner Center for the Visual Arts，1985—1989 年)也是解构主义建筑的著名代表作品，如图 6.35 所示。艺术中心是若干套不同系统的相遇与叠置，即一组砖砌体、一组白色金属方格构架、一组重叠断裂的混凝土块及东北角上的植物平台，它们之间看似冲突，但实际上是在两套互成角度的平面网格中各自定位的：一套是大学所在的城市网格；另一套是校园网格。"中心"的布局就是在这两套网格的相互作用中形成的，这在建筑的柱网及铺地中最明显地体现出来。白色金属构架成为"中心"最引人注目的部分，它覆盖中心中央的步行道，南低北高，呈现出不稳定和移动感，笔直贯通地斜插入校园，甚至像直接插入已有的两座会堂建筑，却又与城市网格吻合。这个建筑充满了解构主义的特点，在设计时，艾森曼同时运用物理学的某些原理，形成一个具有高度理论支持的建筑，用来与传统的现代主义、国际主义风格相对抗。艾森曼是当代建筑界最复杂的人物之一，他对于现代主义具有强烈的热爱，但对于简

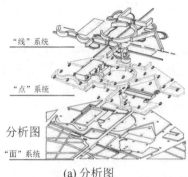

"线"系统

"点"系统

分析图

"面"系统

(a) 分析图

(b) "疯狂"红色立方体 (c) 建筑小品(1)

(d) 鸟瞰模型

(e) 建筑小品(2)

图6.34 巴黎的拉维莱特公园

(a) 总体鸟瞰

(b) 白色金属方格构架

(c) 室内场景

(d) 建筑入口

图6.35 维克斯纳视觉艺术中心

单的复兴现代主义却又不满足,因此,在解构主义理论中找寻发展方向。他反对后现代主义的装饰化方式，却又不满意现代主义，在新现代主义和解构主义之间徘徊，或者说活跃在两个不同的范畴中，因而非常复杂。

被视作世界上第一个解构主义的建筑师是弗兰克·盖里（Frank Gehry）。他在 20 世纪 70 年代开始对最廉价的工业建筑材料，比如铁丝网笼、金属瓦楞板、铁皮板感兴趣。他认为这些材料本身具有很好的功能，仅仅是因为长期使用在工业建筑或临时建筑上，造成对这些建筑材料的漠视。他从解构主义哲学中吸收了反对二元对抗的观念，不认为工业建筑材料仅仅是工业建筑用的，因此采用这些建筑材料设计了一系列住宅建筑，其中包括他自己在圣塔莫尼亚的住宅，如图 6.36 和图 6.37 所示。

图 6.36　弗兰克·盖里自宅外观

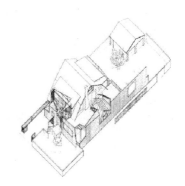

图 6.37　弗兰克·盖里自宅轴测图

60 年代至 70 年代末期是盖里的探索期和建筑风格的酝酿期。在这一时期，盖里侧重于对材料的甄选，表现材料自身的属性，大胆使用廉价的工业材料，力图表达建筑的偶然性、过程性，以及一种看似尚未完成的美感。他的设计手法是打碎、拆散各种建筑构件，再进行重新组合；看似随意、偶然，但处处与功能契合。他说："这个世界是一个暂时性的、呈碎片状的、永远处于不断变化的世界，我的工作就是用建筑语言对这种生存状况敏感地加以表达；""我们的文化由快餐、广告、用过就扔、赶飞机等组成——一片混乱，所以我认为我的关于建筑的想法比创造完满整齐的建筑更能表现我们的文化。"

在建筑形式上，对过去的传统美学法则采取了完全对抗的态度。对此，盖里说："我从艺术家的作品中寻找灵感……我努力消除传统的文化包袱，并寻找新的途径。我是开放的，这儿没有规则，没有对或错……"

20 世纪 80 年代后期，建筑师弗兰克·盖里（Frank Gehry）开始探索整体性的设计语言，不再以小尺度的建筑构件，如门、窗等为变化单位，而是采用大尺度的功能组合体为单位。同时，盖里更注重建筑的雕塑感，更多运用曲线，创造形体、空间复杂的建筑，在形式的把握与功能的完善之间达到精致的平衡，确立了新时代的建筑美学——有人称之为"现代巴洛克"。其主要的手法是，在建筑主体完整的前提下，利用连接部位形成复杂的形式，但并未造成建筑主体的复杂。局部的复杂有完好的功能，如采光、交通，同时设计语言更加开放，既有抽象形体，又引人联想。这一切使他成为当今世界最为活跃的解构主义建筑师之一。他的代表作品是布拉格的尼德兰大厦（Nationale-Nederlanden Building, 1994—1996 年，图 6.38）和西班牙毕尔巴鄂的古根汉姆博物馆（Guggenheim Museum, Bil-

bao，1993—1997 年，图 6.39）。尤其是古根汉姆博物馆建筑，在形式上对过去的传统美学法则采取了完全对抗的态度，集中表现了盖里后期的解构主义的思想。博物馆立于河边，采用了弯曲、扭曲、变形、有机状、各种材料拼接等手法，体积庞大、形体古怪。他采用了金属材料钛作为中央大厅的外墙包裹材料，在阳光照射下，建筑形成诗一般的动感，改变了整个城市的意象，也改变了以往建筑艺术语言的固有表达。可以看出，盖里的设计基本采用了解构的方式，即把完整的现代主义、解构主义建筑整体打碎处理，然后重新组合，形成破碎的空间与形态，然而这种破碎本身却是一种新的形式，是解析了以后的结构。盖里的作品展现了一种全新定义的、复杂的、富于冒险性的建筑美学，他创作的作品常常引起争议，但超凡的形态创造也恰恰反映了他用建筑语言表达社会价值的永不厌倦的探索精神。

图 6.38 布拉格的尼德兰大厦

图 6.39 西班牙毕尔巴鄂的古根汉姆博物馆

其他具有代表性的解构主义建筑作品还包括以下几个方面。

（1）雷姆·库哈斯［Ram Koolhaas（OMA）］设计的海牙国立舞剧院（Hague Dance Theatre，1984—1987 年），如图 6.40 所示。剧院选址在一个城市轨道交通与公交的中转区附近，与 8 车道的高架与呆板的政府办公楼为邻。与唤回场所与记忆的通俗文脉主义的设计策略不同，他设计了一座硬边建筑置入苛刻的都市现实：沿道路主立面似铁板一块，背立面更像车库。

(a)建筑外观

(b)外观细部

图 6.40 海牙国立舞剧院

（2）丹尼尔·李伯斯金（Daniel Libeskind）设计的柏林犹太人博物馆（Jewish Museum，1989—1999 年），如图 6.41 所示。建筑以极其强烈的对比手法使新老建筑在形式上形成冲突，而在空间深处又相连接，以此暗示德国犹太人的命运。立面充满不同方向的断裂的直线，形成尖锐的角和狭长的缝。

(a) 整体鸟瞰

(b) 建筑细部

(c) 内部场景

(d) 建筑鸟瞰

图 6.41　柏林犹太人博物馆

图 6.42　维也纳某处屋顶加建会议室

（3）蓝天组合（Coop Himmelblau）设计的维也纳某处屋顶加建会议室（the Roof Remodeling，1983—1989 年），如图 6.42 所示。建筑设计综合桥梁与飞机的结构系统原理，选用了钢材、玻璃、钢筋混凝土等多种建筑材料，在形式上采用若干框架系统的叠合，构筑浮游空间，仿似昆虫吸附在屋顶上，呈现出一种混乱与非理性的特征。它所表达的建筑理念是：建筑并非是调和或顺从，而是将一个场所中存在的张力用强化的视觉方式做出的表达。

6.3.3 新现代主义

20世纪70年代，虽然有不少建筑师认为现代主义已经穷途末路，但也有许多建筑师依然坚持现代主义的传统，完全依照现代主义的基本语汇进行设计，同时他们根据新的需要给现代主义加入了新的简单形式的象征意义。他们的设计不是简单的现代主义的重复，而是在现代主义基础上的发展，因此被称为"新现代主义"（Neo-Modernism），以显示它与战前传统的现代主义、战后的国际主义风格的区别。这批建筑师实力强劲，能够一直保持自己的设计立场，使得现代主义能够越过后现代主义在七八十年代形成的热潮，而在后现代主义基本完结的90年代继续发展，在21世纪初依然成为当代建筑的一个重要的主流方向。

20世纪80年代初，纽约的一些建筑评论家开始使用"新现代主义"这个名称，认为一种新的建筑正在从现代建筑的历史中复活，以表达与后现代主义相抗衡的姿态。"新现代主义"的代表人物包括理查德·迈耶、贝聿铭、西萨·佩里等。另外，新现代主义在日本也有相当的发展。

以建筑师理查德·迈耶为代表的，具有"优雅新几何"风格的作品，被认为是新现代主义的典型。迈耶认为，现代主义具有非常完善的理论内核，不是后现代主义能够轻易推翻的。他喜欢现代主义的建筑思想，特别是高度强调机械美学的柯布西耶的建筑。他认为，20年代的早期现代主义建筑是整个现代主义建筑的精华部分，是白色和解构主义的结晶。因此，他很早就采用白色作为自己的建筑风格特征。1965—1967年他设计的史密斯住宅（图6.43）、1969年设计的魏因斯坦住宅以及1971—1973年设计的道格拉斯住宅（图6.44），都具有白色的构成主义特征，在当时的后现代主义浪潮中带来一股清新的气息。它们都具有现代主义的基本结构特征，但是加强了现代主义的美学部分，在突出色彩单一——全部白色和简单的立方形结构组合两方面发展了"现代主义"，因此具有"新现代主义"的符号性。

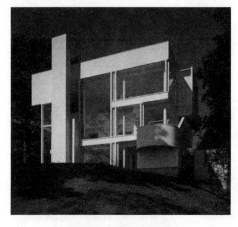

图6.43 史密斯住宅

图6.44 道格拉斯住宅

1998年，迈耶完成了位于洛杉矶的世界最昂贵的博物馆项目——保罗·盖蒂中心（Getty Center，1985—1998年）。这是一个庞大的建筑组群，包括艺术博物馆、文物和考古研究中心、图书馆、讲演厅、文化活动中心、收藏馆等，由 6 组建筑综合体组成，如图 6.45 所示。迈耶使用了现代主义的方式设计，全部建筑保持无装饰、功能主义、白色（部分使用了来自意大利的白色大理石作为墙面材料，其他部分采用了白色混凝土）。通过对空间、格局以及光线等方面的控制，迈耶创造出全新的现代化模式的建筑。他说："我会熟练地运用光线、尺度和景物的变化以及运动与静止之间的关系……虽然我所关心的一直是空间结构，但是我所指的不是抽象的空间概念，而是直接与光、空间尺度以及建筑学文化等方面都有关系的空间结构。"

(a) 建筑群鸟瞰　　　　　　　　　　　　　　(b) 建筑外观

图 6.45　保罗·盖蒂中心

2003 年，迈耶完成了罗马千禧教堂的设计，再一次将白色与光的艺术发挥到极致，如图 6.46 所示。建筑包括教堂和社区中心两部分，两者之间用 4 层高的中庭连接，玻璃屋顶和天窗让自然光线倾泻而下。建筑材料包括混凝土、石灰石和玻璃。建筑造型中最突出的部分是 3 座大型的混凝土薄壳，看上去像白色的风帆，赋予建筑明显的雕塑感，也渲染了教堂的纯净与崇高的氛围。

(a) 建筑外观　　　　　　　　　　　　　　(b) 教堂内景

图 6.46　罗马千禧教堂

新现代主义在日本也有相当的影响。第二次世界大战后成长的新一代日本建筑师，如桢文彦、黑川纪章、矶崎新和安藤忠雄等，自觉地将现代建筑的设计原则及设计语言与日本城市文脉、传统精神联系在一起，创建了日本新现代主义建筑。其中，最为突出的是安藤忠雄(Tadao Ando)。

安藤忠雄在继承现代建筑传统的前提下，又发展了自己独特而富有诗意的建筑语言。"他的设计理念和对材料的运用把国际上的现代主义和日本美学传统结合在一起……通过使用最基本的几何形态，用变幻摇曳的光线为人们创造了一个世界。"对安藤来说，材料、几何与自然是构成建筑的必备三要素。他强调材料的真实性，喜欢用清水混凝土；他的作品中以圆形、正方形和长方形等纯几何形来塑造建筑空间与形体的特征十分突出；他强调自然的作用，但是他指的自然并非原始的自然，而是人安排过的一种无序的自然或从自然中概括而来的有序的自然，即抽象了的光、天与水。他说："当自然以这种姿态被引用到具有可靠的材料和正宗的几何形的建筑中时，建筑本身被自然赋予了抽象的意义。"

安藤开始引起反响的作品是1976年的住吉的长屋，如图6.47所示。由于是旧房改建，所面临的地段条件极为苛刻，新建筑几乎贴着其他的建筑而建。在创造这个有极度限制的空间的过程中，安藤领悟到了极端条件下存在的一种丰富性以及和日常生活有关的一种限制性尺度。建筑采用了一个简洁的混凝土体块，在平面上分成明显的三个部分，即两端为房间，中间是一个室外的庭院。光线从天空洒落在光洁的混凝土墙壁上，留下了随时间而变化的阴影，成为建筑中一种生动的元素。建筑的庭院为业主提供了一种在日常生活中和自然接触的途径，从而成为住宅生活的中心。它同时也表现出自然界丰富多彩的各个方面，成为一种重新体验在现代城市中早已失去的风、光、雨、露的装置。

安藤最杰出的作品是1988—1989年间设计的宗教建筑——水的教堂(图6.48)和光的教堂。在水的教堂设计中，安藤大量使用裸露的混凝土材料、简单的几何形体。墙面光滑干净，不加装饰，从一条小溪引水形成一方水面，由此构成的内部空间却变化丰富。整个平面由两个上下相叠的正方形组成，面对一个人工湖，一堵L形的墙将建筑与水池围合。祈祷室三面为实墙，一面完全敞开，面临水池，水池中立着十字架，以远处优美的山坡树木为背景。整个作品简约平正，冷凝深远，含有诗意哲理，在现代建筑的物质手段中传达出日本古典美学的情趣与底蕴。

总体而言，"新现代主义"其实包含了极为丰富与多样的表现，并不是对现代主义的

(a) 建筑外观

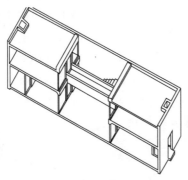
(b) 建筑模型

(c) 室内场景

图6.47 住吉的长屋

(a) 教堂外观　　　　　　　　　　　　　　　　　(b) 教堂内景

图 6.48　水的教堂

简单复制或延续，而是在经历了又一次的社会、经济、文化和技术的变迁之后，它已经具有了新的内涵。在经历了对现代主义的反思和对国际主义的批判之后，新现代主义根据对建筑的各种更深刻的理解去充实与扩展现代建筑的内涵，丰富现代建筑的形式表现，是在继承现代派建筑师设计语言的基础上，将这种语言发展得更加丰富，更有人情，也更精致化。在设计中，现代主义建筑师作品中的几何造型、混凝土体块、构架、坡道、建筑漫游空间以及对光的空间表达，依然都是新现代主义建筑实践中的共同的形式语言，但同时，他们也更加关注建筑形式的自主性，并还将使这些自主的建筑更自觉地去适应各种文脉、环境与美学的需要。

6.4　当代建筑文化的发展趋势

21 世纪以来，随着科技的迅猛发展、经济繁荣、社会文化进步和思想活跃，促使了当代建筑功能不断复杂，建筑形式日益丰富，使人们眼花缭乱。未来城市与建筑的发展趋势会怎么样？于是，科学家和哲学家、艺术家和建筑理论家、工程师、建筑师与规划师一起协作，共同探讨着人类所关心的自己有限的生存环境与家园。

经过多年的辩论与探讨，人们逐步达成了共识，做出了明智的选择，那就是：经济发展、保护资源和保护生态环境协调一致，让子孙后代能够享受充分的资源和良好的资源环境。人、建筑、自然环境有机共生，有效、有节制地利用不可再生资源，维护可再生资源的良性循环，保护人类唯一的生存环境——生物圈。也从不同的角度探讨许多建筑的新课题，在建筑创作实践方面、在建筑思想理论方面、在建筑创作方法方面都取得了一系列的成果，使当代的建筑文化呈现错综复杂的壮丽画面。其中编织着科技的成就、生态环境意识、传统文化与创新思潮、高度人情化的思想等。概括起来，就是理论、技术、场所、生态四方面因素对建筑创作起着极为重要的作用。

6.4.1　建筑理论的多元化倾向

当代错综复杂的建筑文化必然导致建筑理论多元化倾向。"一言堂"的权威已成历史，群星灿烂正是当代建筑师队伍的真实写照。为了在激烈的世界建筑市场中争得自己的位置，他们不得不标新立异，表现自己的新理论和独特的建筑风格。于是新现代派、简洁派、古典复兴派、前卫派、新表现派、解构派、高技派、生态派、仿生派，以及建筑类型学、建筑现象学、行为建筑学等学派与理论不断出现。在这些流派中，比较著名的人物大致如下。

弗兰克·盖里(1929年生，美国)是解构主义建筑师的代表人物之一，他的杰作是建筑艺术史上里程碑式的西班牙毕尔巴鄂的古根海姆博物馆(1997年)，造型如奇特抽象的雕塑，同时也能适应功能与空间的需要。

阿尔瓦罗·西扎(1933年生，葡萄牙)是乡土情结、场所精神、尊重环境的新地域主义代表人物之一。90年代后的代表作有西班牙圣地亚哥加利西亚当代艺术中心(Galician Center of Contemporary Art，1993年，图6.49)、福尔诺斯教区教堂、波尔图当代艺术中心、波尔图大学建筑学院(图6.50)等。

图6.49　加利西亚当代艺术中心

图6.50　波尔图大学建筑学院

阿尔多·罗西(A Rossi，1931—1997年，意大利)是新理性主义的代表人物之一，建筑类型学的倡导者。他主张从原型中吸取建筑创作灵感，并应用构件元素进行设计，因此创造了一批富有严谨性格的新理性建筑，比较有代表性的例子有米兰格拉拉公寓(Gallaratese 2 Residential Complex，1970—1973年，图6.51)、1979年在威尼斯建造的水上剧场、1989年荷兰博尼方丹博物馆新馆(图6.52和图6.53)等。

图6.51　米兰格拉拉公寓

图 6.52　博尼方丹博物馆新馆

图 6.53　博尼方丹博物馆新馆室内

罗伯特·文丘里(1925 年生，美国)是后现代主义的代表人物之一，他 1991 年在西雅图创作的艺术博物馆、1983 年创作的普林斯顿大学巴特勒学院胡堂(图 6.54)都是后现代建筑的名作。

图 6.54　普林斯顿大学巴特勒学院胡堂

安藤忠雄(1941 年生，日本)是新现代派的代表人物之一。他的主要作品包括 1990 年建造的日本兵库县水御堂、1992 年在西班牙塞维利亚博览会上的日本馆、1994 年大阪飞鸟博物馆(图 6.55 和图 6.56)等。

乔斯·拉法尔·莫尼欧(1937 年生，西班牙)是新理性主义的代表。他本着对周围环境及环境平衡动力学的现实主义考虑，追求建筑与环境的融合。代表作有 1980—1985 年在西班牙梅里达建造的罗马艺术博物馆(图 6.57)、1989—1993 年在美国马萨诸塞州韦尔斯利建造的戴维斯博物馆等。

图 6.55 大阪飞鸟博物馆

图 6.56 大阪飞鸟博物馆细部

图 6.57 罗马艺术博物馆

斯韦勒·费恩(1924—2009 年,挪威)是北欧当代乡土派的重要人物。他的设计侧重于营建与自然环境的关系。他的代表作品包括 1991 年建造的挪威冰川博物馆(图 6.58)、1992 年在瑞典建造的假日别墅等。他说:"我们要用材料作为创作的词汇,正是应用这些木头、混凝土、砖头,我们可以写成不同于结构的建筑历史,并且把结构赋予诗意。"

(a) 建筑外观

(b) 建筑细部

图 6.58 挪威冰川博物馆

理查德·迈耶是新现代主义的代表人物之一。他于 1997 年在洛杉矶建造的盖蒂艺术中心、1996 年建造的巴塞罗那现代艺术博物馆(图 6.59)都是现代白色派的代表作品。

图 6.59 巴塞罗那现代艺术博物馆

伦佐·皮亚诺(Renzo Piano,1937 年生,意大利)是高技派最有代表性的人物之一,他的近作,如 1988—1995 年在日本大阪建成的关西国际机场(图 6.60)、1998 年在瑞士巴塞尔建成的比耶勒博物馆、1994 年在新喀利多尼亚斯特建成的芝柏文化中心(Tjibaou Culture Center,1995—1998 年,图 6.61 和图 6.62)等,都是强调建筑技术和生态美学完美结合的作品。

图 6.60 关西国际机场

图 6.61 芝柏文化中心群体建筑

图 6.62 芝柏文化中心建筑细部

诺曼·福斯特(1935年生，英国)也是高技派最有代表性的人物之一。他的著名作品是香港新汇丰银行大厦(1985年)、德国法兰克福的商业银行大厦(1997年)、香港新机场(1998年)、英国伦敦市政厅(2002年，图6.63)等，作品都把高技术的特色表达得淋漓尽致。

图6.63 英国伦敦市政厅

6.4.2 先进技术的全球化倾向

随着以信息技术为标志的高科技时代的不断发展，新科技、新材料、新结构、新工艺、新设备、新设计方法、新思想都为建筑的创新提供了诸多可能性。"大数据""计算机辅助设计"和"信息技术"成为21世纪中建筑设计领域的几个关键词，它们不仅改变了我们的生产方式，使建筑师告别了"三角板""丁字尺"的时代，更让建筑设计的形态与空间表达可以"多样化"和"非线性"，而且这样的改变正在加速进行。许多过去认定的"幻想式"和"不可能"，如今都一一实现。先进技术的全球化倾向，就像计算机技术一样，不受国界的阻挡。我们可以从高层建筑、大跨度建筑、智能建筑、生态建筑、仿生建筑等类型中看到新的科学技术所创造的建筑奇迹，看到新的技术美学观正在新时代中逐渐成长。

2010年运行的凤凰中心，建筑造型取意于"莫比乌斯环"，如图6.64所示，建筑设计了一个具有生态功能的外壳，将具有独立维护使用功能的空间包裹在里面，体现了楼中楼的概念，两者之间形成许多共享型公共空间。在东、西两个共享空间内，设置了连续的台阶、景观平台、空中环廊和通天的自动扶梯，使整个建筑充满着动感和活力。南高北低的体量创造了良好的日照、通风、景观条件，避免了演播空间的光照与噪声问题，又巧妙地避开了对北侧居民住宅日照遮挡的影响。在它光滑的外形表面没有设一根雨水管，所有雨水都顺着外表的主肋导向建筑底部连续的雨水收集池，经过集中处理后，提供艺术水景及庭院浇灌。

2008年运行的北京首都国际机场3号航站楼，如图6.65所示，由英国诺曼·福斯特建筑事务所设计，是新技术应用的典型实例之一。航站楼屋顶造型是利用空气动力学原理，模拟机翼划过时空气产生的流动曲线，采用双曲穹拱形。配备了自动处理和高速传输的行李系统、快捷的旅客捷运系统以及信息系统，配备了世界上最先进的三类精密自动飞机引导系统，采用了目前全球最先进的 i-bus 智能控制系统实现智能控制。每年可少开新风系统近 5 个月，既实现了办公环境的舒适性，又最大限度地节约了能源。运用适宜技术和手段来表现建筑，通过合理的网格标准模数设计和建筑构件的工厂化预制，在设计深化过程中尽量在本土市场寻找低成本建筑材料和成套设备，降低工程造价并减少对环境的影响。整个屋面系统被约 36m 间距的钢柱支撑，再无多余的构件和管线与天花板连接，所有机电设备都按垂直方向布置，不同类型的设备管线集合在一起，达到一种最高效的节省空间的目的。外玻璃幕墙在设计中根据以往的工程经验，创造性采用了"悬挂幕墙体系"，利用自然采光降低照明能耗，三棱锥体的屋顶天窗最大限度地控制能量消耗。

图 6.64　凤凰中心

图 6.65　北京首都国际机场 3 号航站楼

汉诺威博览会 26 号展厅(1995—1996 年)如图 6.66 所示，由赫尔佐格事务所设计，体现了 2000 年世界博览会的主题：人—自然—技术。巨大的展厅长 200m，宽 116m，布置成 3 跨。建筑外观是一种独具艺术性的技术，是建筑结构和对环境中可持续发展的能量形式进行优化开发的完美体现。具有适应大跨度空间的理想形式的悬挂屋面结构；具有代表性的断面形状，使功能性的空间高度足以呼应大厅的巨大面积，同时能提供一个自然通风的必要高度，从而保证了热量上升的构造效果得以充分发挥；建筑物的大面积区域允许自然光线进入，但同时又可避免日光的直射。明亮，但不耀眼的光线，是创造整个大厅空间品质的关键所在。

万科总部办公楼(2007—2009 年)，如图 6.67 所示，设计者斯蒂芬·霍尔是当代建筑现象学理论的执行者，作品与现象学理论和建筑类型学有关。这座是以"低技术"为主的生态建筑，充分利用自然技术，适应地域气候特点，利用本地绿色建筑材料等低成本、低投入方式平衡和保护周边生态系统。它就像躺着的摩天楼，采用悬拉索、钢结构的大跨度综合结构，相当于是把摩天大楼横过来，建在桥墩上，形状由多个长方形不规则组合，仿佛是一条龙的抽象画。落地柱支撑起上部 4~5 层结构，在底部形成了连续的大空间，绿色的土坡向远方延伸，使建筑与自然地形完美的结合。

1994 年落成的里昂机场火车站，如图 6.68 所示，设计人是卡拉特拉瓦。他是少有的同时身兼建筑师、结构工程师、雕塑家几种不同身份的"通才"的建筑师之一。他的建筑设计大多都借鉴了结构仿生学原理，这座建筑仿照"飞鸟"展翅的结构形体，不仅具有轻盈的美感，而且也展示了新技术的有机性与全球性。

图 6.66 汉诺威博览会 26 号展厅

图 6.67 万科总部办公楼

图 6.68 里昂机场火车站

阿利耶夫文化中心，如图 6.69 所示，由扎哈·哈迪德设计，这座流线型的建筑实际由地形自然延伸堆叠而出，并盘卷出各个独立功能区域，曲线形的外观表皮将建筑各空间的功能区进行了有效的分割。所有功能区域以及出入口均在单一、连续的建筑物表面，由不同的褶皱堆叠呈现。玻璃幕墙表皮给室内空间带来了充足的自然光。朝向北面的图书馆区域可以有效地控制自然光的照射。一系列坡道设计连接了室内各个区域空间，并形成了一个连续的交通回路；空中通道连接了图书馆和会议中心。

图 6.69 阿利耶夫文化中心

6.4.3　场所精神的地域化倾向

现代主义建筑在经过 20 世纪 30 年代国际式的潮流致使各国建筑个性与文化特征渐渐丧失之后，面对此种状况，赖特的"有机建筑"、阿尔托的"人情化建筑"就是早期探讨建筑环境特色与建筑个性的典范，为后来的建筑设计做出了启示。20 世纪 60 年代以后，后现代派、新乡土派与新理性主义分别从各自的角度出发，提出了重返乡土与场所复兴的理论，使当代建筑师们，尤其是发展中国家的建筑师们，摆脱了千篇一律的国际化模式，可以有机会在应用现代技术的基础上发挥地区文化的特色与建筑师的创造才能。这种场所精神已越来越为世界人民所共识，它能体现建筑环境的意义、地区文化的传统，以及物质文明的个性化特征。

意大利的阿尔多·罗西、德国的昂格尔斯、葡萄牙的阿尔瓦罗·西扎、瑞士的博塔、西班牙的何塞·莫尼欧、挪威的斯韦勒·费恩、埃及的哈桑·法赛、印度的柯里亚、丹麦的伍重、希腊的波费里奥斯、墨西哥的巴拉干，以及美国的文丘里、穆尔、斯蒂文·霍尔等人都在创造新场所精神方面做出了杰出的贡献。

其中比较著名的例子有：柯里亚（Charles Correa）针对气候特征和采用"低技术"设计的斋普尔市博物馆（Jawahar Kala Kendra Arts Center，图 6.70 和图 6.77）、甘地纪念馆（图 6.72）等；阿尔瓦罗·西扎于 1958 年在海边设计的波·诺瓦餐厅（图 6.73），作品体现了对于葡萄牙乡土建筑传统的探求；霍尔于 1997 年所设计的美国西雅图大学教堂（图 6.74）、1992 年在得克萨斯州达拉斯市所建的斯特雷托住宅等；彼得·卒姆托于 1996 年在瑞士山区创作的瓦尔斯温泉浴场、瑞士乡村小教堂（图 6.75）等；博塔于 1982—1988 年设计的瑞士戈塔尔多银行（Bank of Gottardo，图 6.76）、1995 年在法国创作的伊夫里教堂、1995 年设计的旧金山现代艺术博物馆（San Francisco Museum of Modern Art，图 6.77 和图 6.78）、1996 年圣玛利亚十字架教堂（图 6.79）等；1989 年安东尼（Antoine Predock）设计的奈尔森美术中心（Nelson Fine Arts Center，图 6.80 和图 6.81）；巴拉干于 1968 年设计的墨西哥城伊格尔斯托姆住宅等，都是具有场所精神和地域特色的佳作。同时，他们还在创造建筑的地域性过程中努力做到具有时代感和与生态环境的有机结合，力求乡土建筑

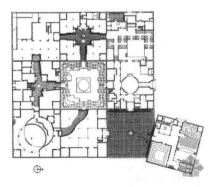

图 6.70　斋普尔市博物馆平面图

图 6.71　斋普尔市博物馆外观

图 6.72 甘地纪念馆

图 6.73 波·诺瓦餐厅

图 6.74 西雅图大学教堂

图 6.75 瑞士乡村小教堂

图 6.76 瑞士戈塔尔多银行

图 6.77 旧金山现代艺术博物馆外观

的现代化，使这种场所精神更加具有新的含意，而又不失传统建筑文化精神。为此，斯蒂文·霍尔曾极力宣扬应用现象学理论指导建筑创作。而在建筑现象学与场所精神方面的理论家则首推挪威的诺伯格·舒尔茨，他在《场所精神——关于建筑的现象学》一书中解释，场所精神就是有文化内涵的空间环境，并具有一定的地域特点，正是这种场所精神才可以区别于千篇一律的国际式风格。

图 6.78　旧金山现代艺术博物馆室内　　　　图 6.79　圣玛利亚十字架教堂

图 6.80　奈尔森美术中心外观

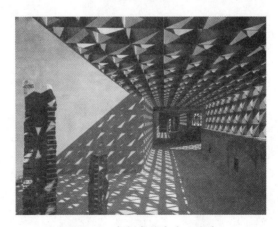

图 6.81　奈尔森美术中心室内

6.4.4　建筑环境的生态化倾向

随着全球环境的急剧恶化和不可再生资源的迅速减少，人类意识到盲目建设带来了严重的后果，提出了在建设中要重视生态环境平衡，在城市与区域规划建设中做到整体有序、协调共生。

　　早在 20 世纪 60 年代，美国建筑师索勒里就提出了建筑与自然环境要协调发展的生态建筑学概念，并在亚利桑那州进行了规模较小的生态建筑试验。1968 年，他提出了巴贝尔 2 号方案，设想规划一座规模 600 万人口的生态城市，设计容纳 1.5 万人的组合生态居住单元，并使城市内有足够的活动空间和景观。90 年代，建筑师与规划师才真正重视建筑的生态设计与城市生态学的应用。有关绿色建筑创作和有效利用自然资源（如自然通风采光、利用太阳能、节能技术、材料循环利用等）的设计技术开始陆续展开，仿生建筑设计技术也得到了关注。这些新的观念改变了传统建筑的创作思想，也为建筑与环境共生及可持续发展创造了条件。现在人们已越来越盼望着回归自然，向往符合自然生态的城市与建筑环境，这为人居环境学的新观念与新一轮城市规划奠定了理论基础。"花园城市""山水城市""生态城市"等已成为人们追求的目标。

　　在建筑生态设计与城市生态规划方面的研究已日益取得成效，例如，印度建筑师查尔斯·柯里亚的设计思想与作品体现了技术与本地环境、经济文化相结合的适宜性技术策略，创造性地探索出一条"形式追随气候"适宜性建筑设计。他针对印度本地炎热干燥的气候特征、地少人多建设密集的状况，以及针对低收入阶层提出了一种节能的管式住宅设计策略。

　　埃及建筑师哈桑·法赛努力以最低的耗费创造最原生态的环境。他致力于探索用灰泥代替水泥的埃及传统的土坯建筑。这种技术和做法可以使生活在发展中国家的穷人阶层解决住房问题。风干土坯墙的导热性差，保温时间长，适合于埃及炎热而干燥的气候，并加入厚厚的砖墙和传统的院落结构以实现住宅的被动降温。

图 6.82　梅纳拉商厦

　　建筑师杨经文的建筑善于用设计的手段调节建筑小气候，将全新的现代技术以一种极富创造性的语言使建筑与当地特殊的气候环境形成对话。他于 1992 年在马来西亚设计的梅纳拉商厦，如图 6.82 所示，考虑热带气候所需的通风条件，将建筑物的上部挖成几处空间，既使空气能通过建筑的过渡空间，又可兼作空中花园，供居民休息，而且也使建筑造型产生了新颖的效果。

　　由诺曼·福斯特设计的德国柏林国会大厦改建（1999 年完成，图 6.83 和图 6.84），将高技派手法与传统建筑风格巧妙结合，既满足了新的功能要求，又赋予这一古老建筑以新的形象。改建成一座低能耗、无污染、能吸纳自然清风、阳光的生态环保建筑。

　　2009 年，由 DCM 公司设计的英国曼彻斯特民事司法中心（图 6.85），尽量利用自然力量来调节建筑室内环境。建筑的朝向和外形是在分析了本地气象参数和微气候的基础上，用计算机流动动力学验证优化确定的。场地规划还充分考虑了本地的地表水和地下水资源对环境的破坏和依赖降到最低限度。经测算，对于公共建筑中能耗最大的空调系统，司法中心的能耗比常规建筑至少降低了 20%，按目前的运行情况，在 25 年的周期里，可以节约 160 万英镑。

　　单体建筑的生态设计能改善环境，而更重要的还是在城市总体规划与群体设计中运用生态观念来改善城市的物理环境和城市的景观与美化。目前，生态城市的成功案例和经验较多，例如，美国得克萨斯州圣安东尼奥市国家银行的前广场与绿化、城市水面与道路有机结合，形成美好景观，使城市居民在审美情趣和活动行为方面都能获得舒适性。由SWA事务所所做的美国德克萨斯州欧文市威廉广场景观设计，巧妙地构思了令人难忘的栩栩如生的群马雕像。

图 6.83　德国柏林国会大厦穹顶外观

图 6.84　德国柏林国会大厦穹顶内部

图 6.85　曼彻斯特民事司法中心

综上所述，当代世界的建筑文化就像一株苗壮成长的大树。它分出两支主干：一支是在传统文化与场所精神的基础上沿着地域化的方向进行变革；另一支是在科学技术的基础上沿着全球化的方向发展。这两支文化主干是互补共生的，同时也在不断交融中继续发展和创新，这就是当代世界建筑文化发展的总趋势。

6.5　21 世纪普利兹克奖获奖者及其建筑

普利兹克奖(Pritzker Architecture Prize)由美国芝加哥普利兹克家族通过旗下凯悦基金会于 1979 年创立。每年度授予一位当今的建筑师，以表彰其在建筑设计创作中所表现出的聪明才智、想象力和责任感等卓越品质，及其通过建筑艺术对建筑环境和人类作做出的持久而杰出的贡献。它也通常被誉为"全球建筑领域的最高荣誉"或"建筑界的诺贝尔奖"。本节将盘点 21 世纪普利兹克奖历年得奖设计师，点评其设计理念，并展示其精品设计项目。

6.5.1　2000年第22届得主：雷姆·库哈斯(荷兰)

雷姆·库哈斯(Rem Koolhaas)于1944年生于荷兰鹿特丹，早年曾从事剧本创作并当过记者。1968年转行从事建筑设计，就读于伦敦有前卫意识的建筑学院(Architecture Association)。1972—1979年，获得了Harkness研究奖学金，使他得以在美国生活和工作。他曾在著名的Ungers事务所及Peter Eiserman的纽约城市规划建筑研究室工作过，同时也在耶鲁大学和加州大学洛杉矶分校执教。1975年，库哈斯与其合作者共同创建了OMA事务所，试图通过理论及实践，探讨当今文化环境下现代建筑发展的新思路。

他关注社会，主张"前进，再前进"的无限创新理论，他的OMA是培养优秀建筑师的摇篮。他有着难得的天赋和能力，能思考从最小的建筑细节到区域总体规划概念的一系列问题。多年来完成了一系列介于城市设计和建筑之间的精彩项目。"在库哈斯眼里，形式的美丑不是第一位的，对当地文化的捕捉解读乃至创造性的再操作是他的兴趣。他似乎总是走在潮流的前沿。他对新事物始终保持着不息的热情、不衰的兴趣，他想始终走在时代的最前端。"

代表作品：康索现代艺术中心(1987—1992年)；达尔雅瓦别墅(1991年)；乌特勒克的教育馆(1997)年；波尔多住宅；西雅图图书馆；中央电视台新楼。

西雅图图书馆：这座图书馆建筑是一个多功能、多内涵的社会中心，确定了"5个平台模式"，各自服务于自己专门的组群，分别是办公、书籍及相关资料、交互交流区、商业区、公园地带。从上到下一次排布，形成一个综合体。平台之间的空间就像交易区，"不同的平台交互界面被组织起来，这些空间或用于工作，或用于交流，或用于阅读"，有一种特别的空间交融的感觉。折板状的建筑外型呼应西雅图连绵山脉与蜿蜒沙流的地景，建筑形体随着平台面积和位置的变化形成新奇的多角结构，有新现代主义的某些特征，如图6.86所示。

图 6.86　西雅图图书馆

中央电视台新楼：基于对建筑形式和建筑高度两方面的认识，库哈斯创造了一个环状的形式——一个在竖直方向呈 6 度斜角的方状环形。这种造型，既从形式上化解了传统的三段式模式，还设计出一种新的上下贯穿一气的形体。建筑在竖直方向上区别于以往摩天楼"高耸入云"的形象，而是具有水平方向的立体感、纯净感和现代感。这个作品，延续了他的某些一贯手法：倾斜的玻璃幕墙、现代建筑的体块感及不大的高宽比例。相应地，它对环形形式与"促进团结、加强协作"之间关系的说明，则明显地缺少建筑上的说服力。中央电视台新楼是他的一项建筑和城市理论在北京的实验，如图 6.87 所示。

图 6.87　中央电视台新楼

6.5.2　2001 年第 23 届得主：雅克·赫本佐格(瑞士)和皮尔·德·梅隆(瑞士)

雅克·赫尔佐格(Jacques Herzog)于 1950 年生于瑞士的巴塞尔，曾在苏黎世联合工业大学接受教育并在那里遇到了皮尔·德·梅隆(Pierre de Meuron)。他们共同于 1978 年在巴塞尔建立了 Herzog&de Meuron 建筑事务所，在伦敦、苏黎世、巴塞罗那、旧金山和北京都设有分支机构。在从事建筑设计的同时，赫本佐格和德·梅隆也在世界范围内被邀请做大会演讲和教授。2001 年，他们将一个旧的伦敦发电站改建为 TATEMODERN 艺术馆而获得了普利兹克奖。他们还设计了被称作"鸟巢"的北京国家体育馆。

代表作品：戈兹美术馆(1989—1992 年)；泰特现代美术馆(2000 年)；德国慕尼黑安联足球场；旧金山 de Young 博物馆。

德国慕尼黑安联足球场：球场被设计成像一个巨大的橡皮艇，给人以强烈的视觉冲击。白色椭圆体表面由 2874 个菱形膜结构构成，具有自我清洁、防火、防水以及隔热性能。足球场外围用光滑可膨胀的 ETFE 材料(中文名为乙烯-四氟乙烯共聚物，厚度小于0.2mm，是一种透明膜材)做成，并可以发出不同的光，让整个建筑看上去像是一个 LED大屏幕，如图 6.88 所示。

旧金山 de Young 博物馆：设计灵感来自于金门公园，结构独特，外部材料没有用木材而是选择了铜板，是因为 15 年时间会让铜板长出绿锈来。铜板上不规则地打上空洞和浮雕圆点，与周围苍翠欲滴的树林搭配得当，如图 6.89 所示。

图 6.88　德国慕尼黑安联足球场

图 6.89　旧金山 de Young 博物馆

6.5.3　2002 年第 24 届得主：格伦·马库特(澳大利亚)

格伦·马库特(Glenn Murcutt)于 1936 年生于英国伦敦，大学毕业后周游各地，1964 年在 Ancher，Mortlock，Murray and Woolley 事务所工作 5 年，1970 年在悉尼创办了自己的事务所。在 33 年独立工作的生涯中，他刻苦本能地坚持轻型建筑材料以及被动式自然空调系统的应用。

马库特受密斯现代派风格的影响深远，作品规模不大，外观谦逊，材料平常、朴素。他的设计因地制宜地适应当地地理、气候条件，关照周围的景观以及气候的变化。他的作品集现代性、本土文化、精湛的地方手工艺和对自然的尊重于一身，大多使用普通建筑材料，如混凝土、波纹铁、水泥等，有着如弓形屋顶的夸张的曲线，分明的棱角、斜角很大的屋檐等，和周围环境相得益彰。他利用光、水、风、阳光、月光来设计完善各种细部，很好地呼应环境，适应场地气候，被奉为"生态建筑"的典范。

代表作品：玛格尼住宅(1984—1988 年)；亚瑟与翁尼·博伊德艺术中心(1996—1999 年)；麦阿格住宅。

玛格尼住宅：坐落在一个海滩上，有美丽的礁石和巨大的岩层。平面为两个区域，一个区域是父母房，另外一个是给客人或家庭使用的。有一个扩展了生活空间的开敞大阳台，朝着休息、用餐和厨房空间，如图 6.90 所示。

麦阿格住宅：位于新南威尔士，由双层砖胶合板以及波纹钢板的金属结构组成，主面朝向为北向，天棚的长度经过计算用以把夏天的太阳挡在室外，冬天的太阳尽量多地进入室内。从外侧看，环绕建筑的窗像一个反射大地景象的影像反射器。从内部看，它是一个从一个房间到另一个房间的透明的窗户，不同设置的窗洞口，斜向的或者水平的，为室内的人们提供了周围不同的景色。滑动的窗格栅可过滤景色，使柔和的光线进入室内，并改善室内通风，如图 6.91 所示。

图 6.90 玛格尼住宅

图 6.91 麦阿格住宅

6.5.4 2003 年第 25 届得主：约翰·伍重(丹麦)

约翰·伍重(Jorn Utzon)1918 年生于丹麦，曾是一名水手，1942 年毕业于艺术专科学校。第二次世界大战爆发后逃往瑞典的建筑工作室当职员。后来去了芬兰，与阿尔瓦·阿尔托一起工作，曾游历中国、日本、墨西哥、美国、印度、澳大利亚等。他扎根于历史文化，把古代传统与自己的修养相结合，形成了一种艺术化的建筑感觉，以及和场所状况相联系的有机建筑观。

代表作品：悉尼歌剧院。

悉尼歌剧院：悉尼歌剧院的传奇始于 1957 年，38 岁的伍重是一位名不见经传的建筑师。他参加了恶尼歌剧院的设计竞赛。他的方案在来自 30 多个国家的 230 位参赛者中被大赛评委选中，当时的媒体称之为"用白瓷片覆盖的三组贝壳形的混凝土拱顶"，如图 6.92 所示。

图 6.92 悉尼歌剧院

悉尼歌剧院的巨大壳片不是功能需要的，也不是结构决定的，他是建筑师追求雕塑感，象征意念的作品。虽然有人批评这座建筑异想天开、哗众取宠，而且造价高得离谱，但由于造型独特，悉尼歌剧院已经成为悉尼的象征，那片神采飞扬的片片"白帆"吸引了世界各地慕名而来的游客。

6.5.5 2004年第26届得主：扎哈·哈迪德(英国)

扎哈·哈迪德(Zaha Hadid)于1950年生于巴格达，1972年在伦敦的建筑联盟(AA)学院学习，1977年获硕士学位。此后，她加入大都会建筑事务所。1983年她入选香港 The Peak Club 的设计竞标方案，之后在多项竞赛中获一等奖。她曾执教于伦敦建筑联盟学院，也曾任哥伦比亚大学和哈佛大学访问教授，并在世界各地举行各种讲座。她是一个特立独行的女人，一个在建筑界摸爬滚打的女人，一个叱咤风云的女人，她"英雄式的奋斗历程"赢得了众多赞誉。

作为当今建筑界最杰出的解构主义大师，她大胆创新，运用空间和几何结构，营造建筑物优雅、柔和的外表和常给人一种无重力、飘浮在空中的感觉。她的作品多以线性、锐角、动感的元素为基础，通过有机的组合，展现出了一种动态、飞速的特点，给人强大的冲击力。

代表作品：维特拉消防站(1991—1993年)；LFone 园艺展廊(1997—1999年)；罗森塔尔当代艺术中心；辛辛那提当代艺术中心(1999—2003年)；广州歌剧院；北京银河 SO-HO。

维特拉消防站：这是1993年哈迪德的成名作。在它的建筑方案出台、尚未实施之际，由于其充满幻想和超现实主义风格而名噪一时。整座建筑仿佛是一只纸折的飞镖，充满了倾斜的几何线条，自由的节奏令人紧张得喘不过气来。墙面倾斜、屋顶跳动，或规则，或扭曲，而细部则呈现女性的柔美感。不稳定的变化动感和结构的分解势态贯穿了建筑的每一个角落，如图6.93和图6.94所示。

图6.93 维特拉消防站外观

图6.94 维特拉消防站室内

广州歌剧院：以"圆润双砾"方案中标，它隐喻由珠江河畔的流水冲来两块漂亮的石头。这两块原始的、非几何形体的建筑物就像砾石一般置于开敞的场地之上，极富后现代的形体寓意，外形优雅、柔和。建筑表面保持水泥粗糙面而不磨光，外观灰黑色，外部地形处理成沙漠状。造型自然、粗野，具有可触摸的自然质感。前厅、休息厅借助大面积的玻璃与室外景观内外交融。借助连续、流畅的墙面及廊道，带来拉伸而充满张力的视觉效果，构成功能交织、景观渗透的动态空间，成为城市空间的延续，如图6.95所示。

图 6.95　广州歌剧院

6.5.6　2005 年第 27 届得主：汤姆·梅恩(美国)

汤姆·梅恩(Thom Mayne)生于 1944 年，曾在南加州大学与哈佛大学接受建筑教育，毕业后曾任教于加州州立科技大学，并于 1972 年协助创立南加州建筑学院。

1972 年，梅恩在圣塔莫妮卡与伙伴迈可·罗东迪成立了自己的建筑事务所，称为莫尔菲斯建筑事务所(Morphosis)，其意思是"处于构成之中"。Morphosis 所追求的是能够打破材质、形式的传统疆界，走出现代主义与后现代主义二元论的设计领域。

受到弗兰克·盖里投身的"解放作品运动"的影响，梅恩早期的试验作品喜欢采用轻骨架构造和低造价的材料，他以一种形式上的意趣，剪裁与拼贴那些破碎的片段与构图。梅恩注重基地里建筑物间的连接关系，并讲求独立建筑物的机能性与材料的发挥。他认为基地的纹理与环境、地景息息相关。梅恩也是少数在早期就采用电脑来分析基地、建构物体，以表达自己建筑理念的建筑师。他的作品，在外观上不如弗兰克·盖里那样大胆与自由，但却有一种抽象的、图腾式的体量感，运用材料也多样。

代表作品：布雷德斯住宅；加州交通运输局第七区总部；巴黎灯塔大楼；洛杉矶博览会公园科学中心学校；旧金山联邦大厦；Hypo 银行卡莱根福总部多用途中心；阿尔普-阿德里亚中心；爱默生学院洛杉矶中心。

布雷德斯住宅：将房间与基地自然之间的界限模糊化，将人造空间融入地景中心。场地兴建在有邻房的社区中，将内外界限模糊处理就会牵涉到隐私权的问题，设计利用墙，特别是贯穿建筑体量的那道弧形的墙，来处理住宅中公、私空间的隐私。为了使建筑物与自然融合，基地设计成缓坡与建筑物成为一体，在外墙用色上采用了与石头相近的灰色，与自然协调，如图 6.96 所示。

Hypo 银行卡莱根福总部多用途中心：保存了城市与农地之交中荒芜的虚空间，将建筑与延伸出的新都市空间整合在一起。设计将城市原本的南北向、东西向轴线由街区延伸到本中心的地景中，以都市纹理作为参考底图，塑造了一个结合原有基础建设的多用途的都市建筑类型，并加入新元素。在这个方案中，我们也可以看到梅恩从"解构主义"出发所做的一些设计细部，比如倾斜的墙板、悬挑出的走道等，如图 6.97 所示。

图6.96　布雷德斯住宅

图6.97　Hypo银行卡莱根福总部多用途中心

6.5.7　2006年第28届得主：保罗·曼德斯·达罗查（巴西）

保罗·曼德斯·达罗查（Paulo Mendes da Rocha）生于1928年，1954年毕业于巴西麦克肯兹建筑学院，毕业不久就赢得了圣保罗保利斯塔健身俱乐部系列运动场馆招投标竞赛，并因此获得了1961年第六届圣保罗双年展总统奖。在之后的数年内，他成为了巴西最负盛名的建筑师之一。

他的设计风格一直非常先锋，其作品以清教徒的手法将"明晰而诚实地表现结构和材料"的现代主义原则推向极致，许多人甚至将他视作"教堂野性主义的创始者"。他善于大胆运用简单的材料和巨大的结构营造出诗意的空间，其建筑充满粗犷野性的气质。他的设计常常利用混凝土的表面形成相当丰富的纹理，反映出清水混凝土的美感。

代表作品：圣彼得小礼堂（1987年）；巴西雕塑博物馆（1988年）；圣保罗州立美术馆（1993年）；圣保罗酋长广场（2002年）。

巴西雕塑博物馆：保罗十分擅长将建筑本身融入背景之中，并保持建筑的力度。在这个设计中，他使用了巨大的混凝土厚板创造出部分处于地下的空间，并采用整个面积达460m² 的篷布结构覆盖其上。该建筑本身就融入周围景色之中，当游人沿着斜坡进入建筑时，空间便在其下面徐徐展开，如图6.98所示。

图6.98　巴西雕塑博物馆

圣保罗酋长广场：从门廊延伸出一个巨大、悬空的混凝土天棚，可为步行者遮阴。保罗的标志性风格是在户外广场的巨大墩座上架起现代派的混凝土板层，这种风格还仅局限于拉丁美洲，如图 6.99 所示。

图 6.99　圣保罗酋长广场

6.5.8　2007 年第 29 届得主：理查德·罗杰斯(英国)

理查德·罗杰斯(Richard Rogers)于 1933 年出生于意大利的佛罗伦萨，6 岁随家人搬到英国。毕业于伦敦建筑联盟学院，1954—1959 年远赴美国耶鲁大学深造。1963 年他与诺曼·福斯特等人成立"四人小组"，1977 年成立罗杰斯事务所。1977 年，与伦佐·皮亚诺一起设计了蓬皮杜艺术文化中心，1978 年设计了伦敦的劳埃德保险公司办公楼，从此，他作为"高技派"代表人物之一，在全球建筑界产生了广泛影响。

罗杰斯是城市生活的拥护者，认为城市作为一个文明的教化中心，能将人类在世界上的活动对环境的影响减少到最低限度。他反对美国那样的分散城市，主行未来城市的区块应该把生活、工作、购物、学习和休闲重叠起来，集合在持续、多样和变化中的结构中。他提醒专业人士要密切关注建筑节能、公众参与、技术适宜等问题。

罗杰斯的贡献在于，他使得应用于建筑中的高科技，不仅让公众浅显易懂，而且达到的效果令人吃惊。现代主义曾一度排斥实用性的装饰，但罗杰斯通过对未经过任何装饰的粗糙的建筑元素进行了具有爆炸效果的美学处理后，他向世人展示，基本的建筑元素完全具备装饰的意义。

代表作品：蓬皮杜艺术文化中心；劳埃德保险公司办公楼；香港汇丰银行；加的夫的威尔士国民议会大夏；日本电视台总部大楼。

蓬皮杜艺术文化中心：坐落在巴黎拉丁区北侧、塞纳河右岸的博堡大街。因这座未来主义风格的现代化建筑外观极像一座工厂，故又有"文化工厂"之称。他和伦佐·皮亚诺认为，建筑必须透明，让公众看到它是怎么构成的，所以决定把通常隐藏在建筑物内部的钢结构、水暖通风管道和玻璃自动扶梯等暴露在外面，完全颠覆了博物馆建筑的历史，如图 6.100 所示。

劳埃德保险公司办公楼：坐落在不规则的基地上，充分利用土地并协调原环境。巨大的体量逐层退缩，并注意对街道的行人尺度影响，与都市脉络相和谐。辅助空间用来设置电梯、楼梯、管道、电线和通风系统；以一规则的大房间为主空间做办公室、礼堂、画廊等。两个区域明确分开。外观上采用非古典形式，建筑的立面是金属与玻璃的构材组合、透明的电梯往来，与以往建筑形成极为不同的外观效果，似乎预示着高科技时代的来临，如图6.101所示。

图6.100　蓬皮杜艺术文化中心

图6.101　劳埃德保险公司办公楼

6.5.9　2008年第30届得主：让·努维尔(法国)

让·努维尔(Jean Nouvel)于1945年出生在法国西南的佛梅尔，20岁开始就因天赋异禀而获得法国美术学院颁出的建筑奖项，1972年获得了建筑师职业资格。1987年，他因设计巴黎阿拉伯世界博物馆获得了突破，获得了建筑国际大奖赛的奖项。

努维尔的设计，从建筑到家具设计，都以光学、明暗透明度为其特征。他无视传统分类，延伸了建筑的词汇，他善于采用最先进的建造技术，如综合采用钢和玻璃，熟练地运用光作为造型要素，使得作品充满了魅力。他喜欢设计前大量研究项目本身及其周围地区，仔细分析环境气候、当地风土文化、客户期望、市民喜好。努维尔认为，建筑就像人类，在环境中长大，并随着时间而改变，直至有一天消失。

代表作品：阿拉伯世界文化中心；阿格巴大厦；卢塞恩文化和艺术中心；巴黎卡地亚基金会当代艺术馆；美国明尼阿波利斯市古瑟里剧院；国立索菲娅女王博物馆和艺术中心；萨拉克的圣玛丽教堂；里昂歌剧院等。

阿拉伯世界文化中心：墙面外部是玻璃幕墙，幕墙后面是不锈钢的方格构架，构架上有数百个一米见方的金属图案，组合起来，像是阿拉伯清真寺的图案。细细看每个构架图案，像是一个金属镜头结构，上面有精细的电子设备，通过光敏传导器来控制镜头的开合。如果光线强烈，镜头就关闭多一些；如果光线弱，镜头就自动张开，因此它也是一个全自动的电子遮光幕墙。据说是全世界最昂贵的墙面，如图6.102所示。

国立索菲娅女王博物馆和艺术中心：以一座公共广场为基础，作为延伸将大楼的整体环境很好地保留。围绕在三座卷状大楼旁，上面还有个大穹顶(在视觉上将三座楼连成一体)。从主楼向外扩展，像有只起保护作用的胳臂，沿着建筑的延伸部分而建。在穹顶上，一系列的孔隙使自然光落入与其相对应的区域，光线充足，如图 6.103 所示。

图 6.102　阿拉伯世界文化中心

图 6.103　国立索菲娅女王博物馆和艺术中心

6.5.10　2009 年第 31 届得主：彼得·祖姆托(瑞士)

彼得·祖姆托(Peter Zumthor)于 1943 年出生于瑞士巴塞尔，曾受过细木工和设计师的训练。他是隐居在阿尔卑斯山的低调设计师，他的建筑是生活的容器和背景，尊重建筑物周遭的环境，被视作"极简主义"的代表。祖姆托为人低调，坦率。他的作品大都在人迹罕至的地区，如阿尔卑斯山上。他耐得住寂寞，与媒体的接触非常少。祖姆托说，之所以隐居山间，是为了"摒除世间的杂念"。他说："频繁出入在五光十色的大都会，我担心自己的作品会变味。"祖姆托的设计真实、自然质朴，不强调风格这种华而不实的东西，而是从材料、构造、细节出发，设计结合地质地基的特点和融合周围环境。

代表作品：瓦尔斯温泉浴场；圣本尼迪克特礼堂；布雷根茨美术馆；2000 年德国汉诺威博览会瑞士馆；瑞士乡村小教堂等。

瓦尔斯温泉(Vals)浴场：建筑以退让谦逊的姿态覆盖于同山体一色的草皮之下，采用当地的石材，与周围景观融为了一体，如图 6.104 所示。透过玻璃能看到阿尔卑斯山脉。祖姆托为这座外形简朴、内部类似洞穴的山间浴场立下规矩：凡是进来洗浴的人，不能讲

图 6.104　瓦尔斯温泉浴场

话。这是一条看似不合情理的苛刻的规矩，但自从 1996 年对外开放至今，浴场似乎有一种天生的魔力，让每一个进入此地的人情不自禁闭上嘴。"空气中弥漫着浓浓的宗教气息，让人沉静，彻底慢下来。在这里，讲话是一种多余"。

6.5.11　2010 年第 32 届得主：SANAA 小组（日本）

SANAA 建筑事务所由妹岛和世和西泽立卫于 1995 年共同设立，在世界各地设计建筑了一批风格独特、具有创新精神并赢得国际声誉的建筑。

妹岛和世（Kazuyo Sejima）1956 年出生于日本茨城县，1981 年毕业于日本女子大学的大学院，获硕士学位，然后进入伊东丰雄的建筑事务所，并于 1987 年创立了自己的事务所。她的作品受到其老师伊东丰雄的影响，承袭了伊东丰雄的轻快和飘逸，而且更加细腻、精致而富于女性气息。她认为建筑不应该有一个固定的形式，而是因物而异、因时而异。SANAA 的作品外观单纯，强调内部空间的物质反映，并以凝练的形式表达出丰富、细腻的情感。

代表作品：金泽 21 世纪美术馆；日本长野 O-Museum 博物馆；克里斯丁·迪奥大厦；德昆斯特林剧院和文化中心；矿业同盟管理学院；纽约新当代博物馆；巴伦西亚近代美术馆；瑞士联邦理工大学学习中心。

金泽 21 世纪美术馆：没有唯一正面的圆形平面，具有均质、连续的玻璃开放界面，使各方向人流对美术馆的可达性均等。建筑师为了削弱与周围建筑的冲突，把各空间平铺在基地上，再用圆将这些空间圈在一起。特意将部分建筑内部矩形空间顶层凸起，错落有致。高耸的矩形体块与周围建筑遥相呼应，这一手法更加削弱了圆形与矩形的视觉冲突，如图 6.105 所示。

纽约新当代博物馆：把展厅堆砌而成，像优美的箱子被紧密地摞起来。展厅的上下有一些缝隙，让光线照射进来，使得整个建筑就如楼中楼一样巧妙。通过体量间的相互错动，最大化地使用美术馆的空间和遵守区域规划的同时，体量的错动提供了采光、景色开敞和多样性，如图 6.106 所示。

图 6.105　金泽 21 世纪美术馆

图 6.106　纽约新当代博物馆

6.5.12　2011年第33届得主：艾德瓦尔多·苏托·德·莫拉(葡萄牙)

艾德瓦尔多·苏托·德·莫拉(Eduardo Souto de Moura)1952年出生于波尔图，1980年毕业于波尔图大学艺术学院，就学期间曾在西扎事务所实习4年。他的建筑设计主要分布在葡萄牙，其中包括私人住宅、剧场、商店、旅馆、公寓、办公楼、博物馆、体育设施和地铁等。他的设计体现了对材料的超凡把控能力和对场地与历史的重视，被称为葡萄牙的"新密斯主义者"。他说："我避免使用那些濒临灭绝的、珍贵的树种，我觉得我们在运用木材的时候应该保持谦逊和敬畏，并且之后重新种植。然而，我们必须使用它，因为这是我们所能得到的最好的材料之一。"

代表作品：布拉加体育馆；奥利韦拉电影院；博谷塔；Bom Jesus镇住宅；里斯本博物馆。

布拉加体育场：这是一个从自然中创造而最后又和自然融为一体的作品，如图6.107所示。位于克拉图山北坡的公园内。一端是富有戏剧性的采石场岩壁，另一端则是下方布拉加城的景色。选择这里，可以避免新工程阻断山谷中的河流，如同罗马的露天剧场，只设置了两面有座位的观众席。体育场的屋顶看上去像长长的遮阳板，这个形式取自秘鲁古印加的桥。体育场建筑两部分的看台坡度相同，高40m。这促使该建筑成为今后城市继续向北发展的起始点。

图6.107　布拉加体育场

6.5.13　2012年第34届得主：王澍(中国)

王澍1963年出生于新疆。1985年毕业于南京工学院建筑系，2000年获同济大学建筑学博士，现任中国美术学院建筑艺术学院院长。王澍不满于千篇一律又破坏生态的城区建筑，相反，他更热爱郊区项目，在那里，他可以发掘工地附近的可再生材料，搭建符合当地环境的建筑，将人们对历史的缅怀和敬畏融入现代建筑中。他注重保持建筑物的手工之美，来增加建筑的灵魂和人性化气质。

他的建筑给人们提供安静的生活和日常活动环境，又体现出其功能性。通过使用再生材料，表现出对传统和环境的敬畏，同时还体现出他对施工质量的关注。王澍的作品使用可再生建筑材料，例如拆迁屋顶的瓦片和砖，创造出丰富的纹理和触觉效果。

代表作品：中国美院象山校区；宁波历史博物馆；宁波美术馆；苏州大学文正学院图书馆等。

中国美院象山校区：坐落在杭州南部群山东部边缘，把校园设计成一个向农村开放的建筑群，就像是一个小城镇，为学生们提供生活和学习的场所。建筑本身的运动曲线和丘陵的起伏的环境相呼应，它在视觉上形成一条纽带，回廊和走廊像蛇一样穿梭在建筑的内与外，加强了建筑的呼吸，如图6.108所示。

宁波历史博物馆：采用的是新乡土主义风格，除了建筑材料大量使用回收的旧砖瓦以外，还运用了毛竹等本土元素，这既体现了环保、节能等理念，也使宁波博物馆有别于其他博物馆。它既满足了游客的游览体验，又很好地展现了历史，无论其外观还是内部设置，都体现出空间体验的丰富性，如图6.109所示。

图6.108　中国美院象山校区

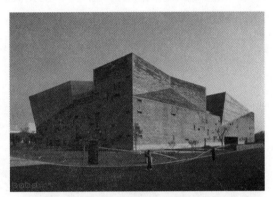

图6.109　宁波历史博物馆

6.5.14　2013年第35届得主：伊东丰雄（日本）

伊东丰雄1941年出生于韩国汉城（今首尔）。1965年毕业于东京大学建筑系，1965—1969年就职于菊竹清训联合建筑师事务所，1971年创办名为都市机器人（URBOT）的设计事务所，后改为伊东丰雄建筑师事务所。从早期带有现代主义理性的线条（如中野本町之家和银色小屋），到后期大量的玻璃穿透效果，他的设计作品风格相当明显。他是日本银色派建筑师中的先锋人物，他的建筑作品被认为是对日本传统建筑的现代表现。

伊东丰雄曾说过："20世纪的建筑是作为独立的机能体存在的，就像一部机器，它几乎与自然脱离，独立发挥着功能，而不考虑与周围环境的协调；但到了21世纪，人、建筑都需要与自然环境建立一种连续性，不仅是节能的，还是生态的、能与社会相协调的。"

透过许多小型建筑作品，伊东丰雄将自己的建筑定义成都会生活的"着装"，这一点在现代日本人密集的都市景观中更加突显。

代表作品：中野本町之家（White U，1976年）；银色小屋（Silver Hut，1984年）；风之塔（Tower of Winds，1986年）；Retail Tree House；Mikimoto珠宝旗舰店；松本表演艺术中心；仙台传媒中心；台湾高雄"世界运动会"主场馆；台湾台中市大都会歌剧院。

仙台传媒中心：仙台传媒中心是一所让仙台市民使用的图书馆设施，大胆地尝试用板和立体柱的结构体系来取代传统的梁、板和柱的构筑体系。建筑结构由板、管筒、表皮三个元素组成。平面宽松、自由的设计和创造使人们享有更多行动的自由，同时也制造了无序的空间体验。首层的玻璃可以自由开关，"墙"在此接近于虚无，使外界和建筑内部可以保持最大程度的交流。建筑外观全采用透明的玻璃拼接，从外部可以清楚地看到内部，建筑与城市的界限似乎不存在了，使建筑几乎融于城市背景中，如图6.110所示。

风之塔：风之塔以永不停歇、永在改变的风暗喻东京视觉上的复杂性。伊东丰雄眼中的东京瞬息万变，不是通过建筑为纪念碑体现纪念性，而是藉高压电线铁塔、自动贩卖机、闪烁的广告招牌和红绿灯来表现。21m高的椭圆形圆柱立在圆环交流道中央、横滨车站前面，车辆川流环绕。有孔铝板由一个轻量架构支撑，将大型地下购物中心的通风塔隐藏其后，化庸俗的烟囱为高雅的圆柱。灯光由计算机程序控制，随着接收到的周遭信息不断变换花样。风之塔的结构随着时间变化而有不同风貌，白天平淡无奇，夜间如梦似幻，呈现出伊东丰雄想象中的都市，如图6.111所示。

图6.110　仙台传媒中心

图6.111　风之塔

6.5.15　2014年第36届得主：坂茂(日本)

坂茂于1957年出生在日本东京，1977—1980年就读于南加州大学建筑学院，1982—1983年在东京矶崎新工作室工作，1984年获库柏联盟建筑学院建筑学士学位，1995年任联合国难民署高级专员顾问，1995—1999年任横滨国立大学建筑学助理教授。他完成的项目从极小居所、实验性住宅和社区到博物馆、展览馆、会议中心、音乐厅及写字楼等。他最广为人知的是对自然材料的运用，用最简单的诸如纸板、纸制管、竹子和预制板建造出优美而宁静的建筑。

20年来，他不断创新，用创造性和高品质设计来应对破坏性自然灾害所造成的极端状况。每当灾难发生时，他常常自始至终地坚守在那里，他使建筑师能够参与政府、公共机构、慈善家及受灾群体之间的对话。

他谋求与周边环境和特定地域相适应的建筑产品与体系，尽量使用可再生或当地材料。他善于发现标准部件及普通材料，诸如纸筒、包装材料和集装箱等的新用途。他在结构创新以及使用非传统材料方面令人称赞，诸如竹子、织物、纸板，还有再生纸纤维和塑料等复合材料。

代表作品：双顶屋（1993 年）；MDS 画廊（1994 年）；窗帘墙屋（1995 年）；家具屋（1995 年）；纸屋（1996 年）；汉诺威建筑展日本馆（2000 年）；竹家具宅（2002 年）；纽约游牧博物馆（2005 年）；碳纤维椅（2009 年）；蓬皮杜梅斯中心（2010 年）；赫斯利九桥高尔夫球俱乐部（2010 年）；女川集装箱临时房屋（2011 年）；纸板教堂（2011 年）；Tamedia 新办公楼（2013 年）；里特贝格博物馆夏季馆（2013 年）；阿斯彭艺术博物馆（2014 年）。

汉诺威建筑展日本馆：完全采用再生纸打造，其拱筒形主厅由交织成网状的纸筒组成，并用织物和纸膜进行内外部围护。在长达半年的世博会举办期间，日本馆经历了烈日暴晒和刮风下雨，既很好地完成热量阻隔也不曾漏雨，让全世界对坂茂和他的纸质建筑刮目相看。最终日本馆在拆卸后运回了日本，并制成小学生的练习本再次循环使用，如图 6.112 所示。

图 6.112　汉诺威建筑展日本馆

纸板教堂：2011 年新西兰坎特伯雷地震产生的剧烈破坏后，坂茂建造了纸板教堂，作为基督城重建的象征，以替代地震中焚毁的教堂……成为大地震后社区重建重要的精神地标，如图 6.113 所示。

图 6.113　纸板教堂

6.5.16 2015年第37届得主：弗雷·奥托(德国)

弗雷·奥托(Frei Otto)1925年出生于德国。60年前，他第一次提出与世界各地建筑息息相关的"轻型结构"的概念。之后，在漫长的建筑师职业生涯中，他花费了大量的时间和精力研究轻型结构，并取得了业界瞩目的成果。

他始终坚持着设计"与自然和谐、节能、轻型、可移动的适应性建筑"的目标。他从自然中发现和汲取灵感——他的灵感来源于鸟类头骨、蜘蛛网等自然现象，寻求以最少的物质和能量创造建筑空间。他说，必须了解"物理、生活和技术工艺导致的对象"。终其一生，弗雷·奥托创造了富有想象力的、新鲜的、前所未有的空间和结构。

代表作品：国际花园展大厅(1963年)；夏季奥运会慕尼黑奥林匹克公园(1972年)；慕尼黑动物园；蒙特利尔世博会场馆(1967年)；外交俱乐部帐篷；轻型结构研究所；平克·弗洛伊德美国巡回演唱会的伞(1977年)；世博会日本馆(2000年)；曼海姆多功能大厅屋顶。

慕尼黑奥林匹克体育场：采用了帐篷式屋顶结构，该结构的实现是对建筑空间结构颇具革命性的挑战，是慕尼黑奥林匹克体育场建筑团队集体智慧的结晶，如图6.114所示。

曼海姆多功能大厅屋顶：提供了一个建构简单、易组装、灵活且极其吸引眼球的结构解决方案。该多功能厅使用了细长杆件和连接节点，采用先进的技术，形成了跨度距离可达30m的掐丝模式，如图6.115所示。

图6.114 慕尼黑奥林匹克体育场

图6.115 曼海姆多功能大厅屋顶

本 章 小 结

本章试图以大致的时间线索对现代主义之后最受关注、最有影响的建筑思潮、建筑观念与建筑设计及其产生的原因进行介绍与论述，以之勾勒出现代主义之后的主要的建筑状况与建筑思考。

20世纪末期，随着西方发达国家的经济渐渐复苏，建筑业也相应的发展，能展现经济实力的高层建筑和超高层建筑的渐渐成为建设热点。以商业办公建筑为主，高层建筑的数量与平均高度都在逐年递增，建筑的功能与技术方面也日益综合化与智能化，建筑造型也越来越多样化。另外，由于社会发展使建筑功能越来越复杂，为满足群众集会、举行大型的文艺体育表演、举办盛大的各种博览会等，出现了形形色色的大空间建筑。新材料、新结构、新技术的出现也促进了大跨度建筑的发展。

从西方当代的建筑发展来看，自文丘里在 20 世纪 60 年代开始向现代主义挑战以来，设计上有两个发展的主要脉络：一个是后现代主义的探索，采取古典主义和各种历史风格从装饰化角度丰富现代建筑；一个是晚期现代主义，它是对现代主义的重新研究与发展，包括对于现代建筑的结构进行消解处理的解构主义、突出表现现代科学技术特征的高技派、对现代主义进行纯粹化和净化的新现代主义。这两种方式基本上是并行发展的。新现代主义是使现代主义能够保持发展，而不至于被后现代主义取代的重要设计运动。

总体而言，在 20 世纪 60 年代后期出现的对现代建筑学派的思想与实践进行反思与批判的转变中，西方建筑界的发展呈现出理论探索异常活跃、人文学对建筑领域的渗透尤为显著的特点。后现代时期的建筑从强调技术与理性转向对人文的关怀，总体上呈现出复杂性与特征性。经过多年的探索与实践，当代的建筑文化呈现错综复杂的壮丽画面。其中编织着科技的成就、生态环境意识、传统文化与创新思潮、高度人情化的思想等，从中可以看出，理论、技术、场所、生态四方面因素对建筑创作所起的重要作用。

思　考　题

1. 阐述现代主义之后的主要的建筑思潮。
2. 结合实例评述后现代主义的建筑思想理论与艺术风格。
3. 结合实例评述高科技风格的艺术特色。
4. 结合实例评述解构主义的建筑思想与艺术风格。
5. 结合实例评述新现代主义的建筑理论与艺术风格。
6. 结合实例讲述大跨度建筑的主要类型。

参 考 文 献

[1] 王瑞珠．世界建筑史：西亚古代卷（上下册）[M]．北京：中国建筑工业出版社，2005．

[2] 王瑞珠．世界建筑史：古埃及卷（上下册）[M]．北京：中国建筑工业出版社，2005．

[3] 萧默．文明起源的纪念碑：古代埃及、两河、泛印度与美洲建筑[M]．北京：机械工业出版社，2007．

[4] 谢小英．神灵的故事——东南亚宗教建筑[M]．南京：东南大学出版社，2008．

[5] 陈志华．外国建筑史（19世纪末叶以前）[M]．3版．北京：中国建筑工业出版社，2004．

[6] 罗小未．外国近现代建筑史[M]．2版．北京：中国建筑工业出版社，2003．

[7] 罗小未，蔡琬英．外国建筑历史图说[M]．上海：同济大学出版社，1986．

[8] 陈志华．外国古建筑二十讲[M]．北京：生活·读书·新知三联书店，2007．

[9] 吴焕加．20世纪西方建筑史[M]．郑州：河南科学技术出版社，1998．．

[10] 吴焕加．现代西方建筑的故事[M]．天津：百花文艺出版社，2005．

[11] 刘先觉．建筑艺术世界[M]．南京：江苏科学技术出版社，2000．

[12] [英]比尔·里斯贝罗．现代建筑与设计——简明现代建筑发展史[M]．羌苑，等译．北京：中国建筑工业出版社，1999．

[13] 傅朝卿．西洋建筑发展史话[M]．北京：中国建筑工业出版社，2005．

[14] [美]爱德华·T·怀特．建筑语汇[M]．林敏哲，林明毅，译．大连：大连理工大学出版社，2001．

[15] 刘先觉．密斯·凡德罗[M]．北京：中国建筑工业出版社，1992．

[16] 刘先觉．阿尔瓦·阿尔托[M]．北京：中国建筑工业出版社，1998．

[17] 刘先觉，汪晓茜．外国建筑简史[M]．北京：中国建筑工业出版社，2010．

[18] [英]弗兰克·惠特福德．包豪斯[M]．林鹤，译．北京：生活·读书·新知三联书店，2002．

[19] 詹旭军，吴珏．材料与构造（下）[M]．北京：中国建筑工业出版社，2006．

[20] [美]约翰·派尔．世界室内设计史[M]．刘先觉，等译．北京：中国建筑工业出版社，2003．

[21] 宗国栋，陆涛．世界建筑艺术图集[M]．北京：中国建筑工业出版社，1992．

[22] [法]罗兰·马丁．世界建筑史丛书·希腊建筑[M]．张似赞，张军英，译．北京：中国建筑工业出版社，1999．

[23] [英]彼得默里．世界建筑史丛书·文艺复兴建筑[M]．王贵祥，译．北京：中国建筑工业出版社，1999．

[24] [意大利]曼弗雷多·塔夫里，弗朗切斯科·达尔科．世界建筑史丛书·现代建筑卷[M]．刘先觉，译．北京：中国建筑工业出版社，2000．

[25] 《大师》编辑部．沃尔特·格罗皮乌斯[M]．武汉：华中科技大学出版社，2007．

[26] 《大师》编辑部．勒·柯布西耶[M]．武汉：华中科技大学出版社，2007．

[27] 《大师》编辑部．密斯·凡·德·罗[M]．武汉：华中科技大学出版社，2007．

[28] 《大师》编辑部．赖特[M]．武汉：华中科技大学出版社，2007．

[29] 项秉仁．赖特[M]．北京：中国建筑工业出版社，1993．

[30] 李大夏．路易·康[M]．北京：中国建筑工业出版社，1993．

[31] 王天赐．贝聿铭[M]．北京：中国建筑工业出版社，1995．

[32] 王英健．外国建筑史实例集[M]．北京：中国电力出版社，2006．

[33] [美]肯尼斯·弗兰姆普顿．现代建筑——一部批判的历史[M]．张钦楠，等译．北京：生活·读书·

新知三联书店，2005.

［34］［日］安藤忠雄. 安藤忠雄论建筑［M］. 白林，译. 北京：中国建筑工业出版社，2003.

［35］Adolf K. Placek. Macmillan Encyclopedia of Architects［M］. New York：The Free Press，1982.

［36］William Cartis. Modern Architecture since 1900［M］. London：Phaidon Press Ltd.，1982.

［37］Muriel Emanuel. Contemporary Architects［M］. New York：Macmillan Press Ltd.，1980.

［38］Marvin Trachtenburg，Isabella，Hyman. Architecture：From Prehistory to Post Modernism［M］. New York：Prentice Hall Inc，1986.

［39］Marian Moffett，Michael Fazio，Lawrence Wodehouse. Buildings across Time：An Introduction to World Architecture［M］. Boston：McGraw-Hill Higher Education，2004.

北京大学出版社土木建筑系列教材(已出版)

序号	书名	主编	定价	序号	书名	主编	定价
1	工程项目管理	董良峰 张瑞敏	43.00	50	工程财务管理	张学英	38.00
2	建筑设备(第2版)	刘源全 张国军	46.00	51	土木工程施工	石海均 马 哲	40.00
3	土木工程测量(第2版)	陈久强 刘文生	40.00	52	土木工程制图(第2版)	张会平	45.00
4	土木工程材料(第2版)	柯国军	45.00	53	土木工程制图习题集(第2版)	张会平	28.00
5	土木工程计算机绘图	袁 果 张渝生	28.00	54	土木工程材料(第2版)	王春阳	50.00
6	工程地质(第2版)	何培玲 张 婷	26.00	55	结构抗震设计(第2版)	祝英杰	37.00
7	建设工程监理概论(第3版)	巩天真 张泽平	40.00	56	土木工程专业英语	霍俊芳 姜丽云	35.00
8	工程经济学(第2版)	冯为民 付晓灵	42.00	57	混凝土结构设计原理(第2版)	邵永健	52.00
9	工程项目管理(第2版)	仲景冰 王红兵	45.00	58	土木工程计量与计价	王翠琴 李春燕	35.00
10	工程造价管理	车春鹂 杜春艳	24.00	59	房地产开发与管理	刘 薇	38.00
11	工程招标投标管理(第2版)	刘昌明	30.00	60	土力学	高向阳	32.00
12	工程合同管理	方 俊 胡向真	23.00	61	建筑表现技法	冯 柯	42.00
13	建筑工程施工组织与管理(第2版)	余群舟 宋会莲	31.00	62	工程招投标与合同管理(第2版)	吴 芳 冯 宁	43.00
14	建设法规(第2版)	肖 铭 潘安平	32.00	63	工程施工组织	周国恩	28.00
15	建设项目评估	王 华	35.00	64	建筑力学	邹建奇	34.00
16	工程量清单的编制与投标报价	刘富勤 陈德方	25.00	65	土力学学习指导与考题精解	高向阳	26.00
17	土木工程概预算与投标报价(第2版)	刘 薇 叶 良	37.00	66	建筑概论	钱 坤	28.00
18	室内装饰工程预算	陈祖建	30.00	67	岩石力学	高 玮	35.00
19	力学与结构	徐吉恩 唐小弟	42.00	68	交通工程学	李 杰 王 富	39.00
20	理论力学(第2版)	张俊彦 赵荣国	40.00	69	房地产策划	王直民	42.00
21	材料力学	金康宁 谢群丹	27.00	70	中国传统建筑构造	李合群	35.00
22	结构力学简明教程	张系斌	20.00	71	房地产开发	石海均 王 宏	34.00
23	流体力学(第2版)	章宝华	25.00	72	室内设计原理	冯 柯	28.00
24	弹性力学	薛 强	22.00	73	建筑结构优化及应用	朱杰江	30.00
25	工程力学(第2版)	罗迎社 喻小明	39.00	74	高层与大跨建筑结构施工	王绍君	45.00
26	土力学(第2版)	肖仁成 俞 晓	25.00	75	工程造价管理	周国恩	42.00
27	基础工程	王协群 章宝华	32.00	76	土建工程制图(第2版)	张黎骅	38.00
28	有限单元法(第2版)	丁 科 殷水平	30.00	77	土建工程制图习题集(第2版)	张黎骅	34.00
29	土木工程施工	邓寿昌 李晓目	42.00	78	材料力学	章宝华	36.00
30	房屋建筑学(第2版)	聂洪达 郐恩田	48.00	79	土力学教程(第2版)	孟祥波	34.00
31	混凝土结构设计原理	许成祥 何培玲	28.00	80	土力学	曹卫平	34.00
32	混凝土结构设计	彭 刚 蔡江勇	28.00	81	土木工程项目管理	郑文新	41.00
33	钢结构设计原理	石建军 姜 袁	32.00	82	工程力学	王明斌 庞永平	37.00
34	结构抗震设计	马成松 苏 原	25.00	83	建筑工程造价	郑文新	39.00
35	高层建筑施工	张厚先 陈德方	32.00	84	土力学(中英双语)	郎煜华	38.00
36	高层建筑结构设计	张仲先 王海波	23.00	85	土木建筑CAD实用教程	王文达	30.00
37	工程事故分析与工程安全(第2版)	谢征勋 罗 章	38.00	86	工程管理概论	郑文新 李献涛	26.00
38	砌体结构(第2版)	何培玲 尹维新	26.00	87	景观设计	陈玲玲	49.00
39	荷载与结构设计方法(第2版)	许成祥 何培玲	30.00	88	色彩景观基础教程	阮正仪	42.00
40	工程结构检测	周 详 刘益虹	20.00	89	工程力学	杨云芳	42.00
41	土木工程课程设计指南	许 明 孟苗超	25.00	90	工程设计软件应用	孙香红	39.00
42	桥梁工程(第2版)	周先雁 王解军	37.00	91	城市轨道交通工程建设风险与保险	吴宏建 刘宽亮	75.00
43	房屋建筑学(上: 民用建筑)	钱 坤 王若竹	32.00	92	混凝土结构设计原理	熊丹安	32.00
44	房屋建筑学(下: 工业建筑)	钱 坤 吴 歌	26.00	93	城市详细规划原理与设计方法	姜 云	36.00
45	工程管理专业英语	王竹芳	24.00	94	工程经济学	都沁军	42.00
46	建筑结构CAD教程	崔钦淑	36.00	95	结构力学	边亚东	42.00
47	建设工程招投标与合同管理实务(第2版)	崔东红	49.00	96	房地产估价	沈良峰	45.00
48	工程地质(第2版)	倪宏革 周建波	30.00	97	土木工程结构试验	叶成杰	39.00
49	工程经济学	张厚钧	36.00	98	土木工程概论	邓友生	34.00

序号	书名	主编	定价	序号	书名	主编	定价
99	工程项目管理	邓铁军 杨亚频	48.00	133	建筑构造原理与设计(上册)	陈玲玲	34.00
100	误差理论与测量平差基础	胡圣武 肖本林	37.00	134	城市生态与城市环境保护	梁彦兰 阎利	36.00
101	房地产估价理论与实务	李龙	36.00	135	房地产法规	潘安平	45.00
102	混凝土结构设计	熊丹安	37.00	136	水泵与水泵站	张伟 周书葵	35.00
103	钢结构设计原理	胡习兵	30.00	137	建筑工程施工	叶良	55.00
104	钢结构设计	胡习兵 张再华	42.00	138	建筑学导论	裘鞠 常悦	32.00
105	土木工程材料	赵志曼	39.00	139	工程项目管理	王华	42.00
106	工程项目投资控制	曲娜 陈顺良	32.00	140	园林工程计量与计价	温日琨 舒美英	45.00
107	建设项目评估	黄明知 尚华艳	38.00	141	城市与区域规划实用模型	郭志恭	45.00
108	结构力学实用教程	常伏德	47.00	142	特殊土地基处理	刘起霞	50.00
109	道路勘测设计	刘文生	43.00	143	建筑节能概论	余晓平	34.00
110	大跨桥梁	王解军 周先雁	30.00	144	中国文物建筑保护及修复工程学	郭志恭	45.00
111	工程爆破	段宝福	42.00	145	建筑电气	李云	45.00
112	地基处理	刘起霞	45.00	146	建筑美学	邓友生	36.00
113	水分析化学	宋吉娜	42.00	147	空调工程	战乃岩 王建辉	45.00
114	基础工程	曹云	43.00	148	建筑构造	宿晓萍 隋艳娥	36.00
115	建筑结构抗震分析与设计	裴星洙	35.00	149	城市与区域认知实习教程	邹君	30.00
116	建筑工程安全管理与技术	高向阳	40.00	150	幼儿园建筑设计	龚兆先	37.00
117	土木工程施工与管理	李华锋 徐芸	65.00	151	房屋建筑学	董海荣	47.00
118	土木工程试验	王吉民	34.00	152	园林与环境景观设计	董智 曾伟	46.00
119	土质学与土力学	刘红军	36.00	153	中外建筑史	吴薇	36.00
120	建筑工程施工组织与概预算	钟吉湘	52.00	154	建筑构造原理与设计(下册)	梁晓慧 陈玲玲	38.00
121	房地产测量	魏德宏	28.00	155	建筑结构	苏明会 赵亮	50.00
122	土力学	贾彩虹	38.00	156	工程经济与项目管理	都沁军	45.00
123	交通工程基础	王富	24.00	157	土力学试验	孟云梅	32.00
124	房屋建筑学	宿晓萍 隋艳娥	43.00	158	土力学	杨雪强	40.00
125	建筑工程计量与计价	张叶田	50.00	159	建筑美术教程	陈希平	45.00
126	工程力学	杨民献	50.00	160	市政工程计量与计价	赵志曼 张建平	38.00
127	建筑工程管理专业英语	杨云会	36.00	161	建设工程合同管理	余群舟	36.00
128	土木工程地质	陈文昭	32.00	162	土木工程基础英语教程	陈平 王凤池	32.00
129	暖通空调节能运行	余晓平	30.00	163	土木工程专业毕业设计指导	高向阳	40.00
130	土工试验原理与操作	高向阳	25.00	164	土木工程CAD	王玉岚	42.00
131	理论力学	欧阳辉	48.00	165	外国建筑简史	吴薇	38.00
132	土木工程材料习题与学习指导	鄢朝勇	35.00				

如您需要更多教学资源如电子课件、电子样章、习题答案等，请登录北京大学出版社第六事业部官网www.pup6.cn搜索下载。

如您需要浏览更多专业教材，请扫下面的二维码，关注北京大学出版社第六事业部官方微信（微信号：pup6book），随时查询专业教材、浏览教材目录、内容简介等信息，并可在线申请纸质样书用于教学。

感谢您使用我们的教材，欢迎您随时与我们联系，我们将及时做好全方位的服务。联系方式：010-62750667，donglu2004@163.com，pup_6@163.com，lihu80@163.com，欢迎来电来信。客户服务QQ号：1292552107，欢迎随时咨询。